Office 2024
Microsoft 365 対応

The Best Guide to Microsoft PowerPoint for Beginners and Learners.

PowerPoint 2024
やさしい教科書

わかりやすさに自信があります!

リブロワークス

SB Creative

本書の掲載内容

本書は、2025年2月28日の情報に基づき、PowerPoint 2024の操作方法について解説しています。また、本書ではWindows版のPowerPoint 2024およびMicrosoft 365の画面を用いて解説しています。ご利用のPowerPointやOSのバージョン・種類によっては、項目の位置などに若干の差異がある場合があります。あらかじめご了承ください。

本書に関するお問い合わせ

この度は小社書籍をご購入いただき誠にありがとうございます。小社では本書の内容に関するご質問を受け付けております。本書を読み進めていただきます中でご不明な箇所がございましたらお問い合わせください。なお、ご質問の前に小社Webサイトで「正誤表」をご確認ください。最新の正誤情報を下記のWebページに掲載しております。

本書サポートページ https://isbn2.sbcr.jp/30201/

上記ページに記載の「正誤情報」のリンクをクリックしてください。
なお、正誤情報がない場合、リンクをクリックすることはできません。

ご質問送付先

ご質問については下記のいずれかの方法をご利用ください。

Webページより

上記のサポートページ内にある「お問い合わせ」をクリックしていただき、ページ内の「書籍の内容について」をクリックするとメールフォームが開きます。要綱に従ってご質問をご記入の上、送信してください。

郵送

郵送の場合は下記までお願いいたします。

〒105-0001
東京都港区虎ノ門2-2-1
SBクリエイティブ　読者サポート係

■本書内に記載されている会社名、商品名、製品名などは一般に各社の登録商標または商標です。本書中では®、™マークは明記しておりません。

■本書の出版にあたっては正確な記述に努めましたが、本書の内容に基づく運用結果について、著者およびSBクリエイティブ株式会社は一切の責任を負いかねますのでご了承ください。

©2025 LibroWorks
本書の内容は著作権法上の保護を受けています。著作権者・出版権者の文書による許諾を得ずに、本書の一部または全部を無断で複写・複製・転載することは禁じられております。

はじめに

　PowerPointは、セミナーや企画書、資料作成のためのスライドを作成するプレゼンテーションソフトです。ワープロソフトのWord、表計算ソフトのExcelと並ぶ三種の神器として、多くの企業で広く使われています。

　その人気の理由は、忙しいビジネスパーソンでも短時間で習得できる「シンプルな操作性」と、写真や表、グラフなどを自在に組み合わせられる「表現力の高さ」をあわせ持つことです。また、PowerPointの作図機能は他のプレゼンテーションソフトと比べても高機能で、少し時間をかければ複雑な図版を作ることもできます。そのため、ビジネスユースだけでなく、図解が要求される教育分野でも活躍します。

　本書は、最新のPowerPoint 2024を対象に、ビジネスの現場で求められる一通りの機能を、細かく手順を追って解説しています。PowerPointは手軽に使える機能だけでも十分役立つのですが、あまり知られていない便利な機能もたくさん搭載されています。例えば、構成の検討段階で役に立つ「アウトライン表示」や、全体のデザインを微調整できる「スライドマスター」などは、マイナー機能扱いされがちなのですが、実際にはかなり有用な機能です。これらもプレゼンテーション制作の流れに沿う形で解説しています。

　特に作図機能については、ビジネスでよく使われる「構成図」を題材に、アイコンやコネクタ、吹き出しなどの主要なパーツの使い方だけでなく、「丸点線の描き方」のような細かなテクニックまで取り上げました。

　また、AIアシスタントサービスであるCopilotのリリースに伴い、生成AIでプレゼンテーションを編集できるようになりました。プレゼンテーションの作成方法の1つの選択肢にしていただけるよう、PowerPointでCopilotを使用するために必要な契約についての解説をはじめ、プレゼンテーションのスライドや画像の生成方法の解説などを盛り込みました。

　さまざまな現場で実践的に使える内容となったと考えております。

　昨今、さまざまな要因から、リモートワークやウェビナー、オンライン学習などの需要が高まっています。これまで直接会って説明していたことも、インターネット越しに伝え、説得しなければいけません。その状況では、テキストのみの説明よりも、図やグラフなどの表現がさらに重要になってきます。つまり、PowerPointの活躍の場がさらに増えるといえるのです。

　本書が、皆さまのあらゆる活躍の場で、役に立つ1冊となれば幸甚です。

2025年2月　リブロワークス

本書の使い方

- 本書では、PowerPoint 2024をこれから使う人を対象に、アプリの使い方を画面をふんだんに使用して、とにかく丁寧に解説しています。基本操作から文字の入力、図形の作成、資料の印刷・出力、プレゼンの実行の際に役立つ機能まで、実務で使える力を身につけることができます。
- PowerPointには、入力作業が効率化したり、見栄えのよい資料を作成したりできる機能が豊富に備わっています。本書では、実用的な機能の数々を、わかりやすい作例で紹介していきます。

紙面の構成

練習用ファイル
セクションで使用するファイルの名前です。ファイルのダウンロード方法などは8ページで解説しています。

解説
各項目の操作の内容を解説しています。操作手順の画面と合わせてお読みください。

Memo
セクションで解説している機能・操作に関連する知識を掲載しています。

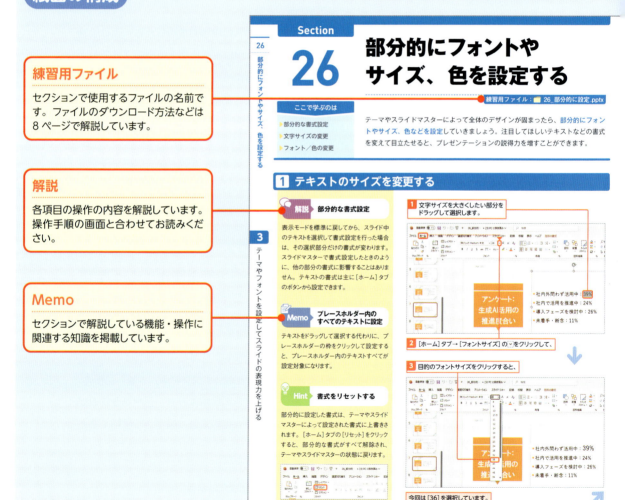

効率よく学習を進める方法

1 まずは概要をつかむ
各章の冒頭では、その章で扱うテーマの概要を、用語の説明を交えて紹介しています。その章で何を知ろうとしているのかを確認して、学習を進めていきましょう。

2 実際にやってみる
本書の各項目では、練習用ファイルとしてサンプルを用意しています。紙面を見ながら実際に操作手順を実行して、結果を確認しながら読み進めてください。

3 リファレンスとして活用
一通り学習し終わった後も、本書を手元に置いてリファレンスとしてご活用ください。MemoやHintなどの関連情報もステップアップにお役立てください。

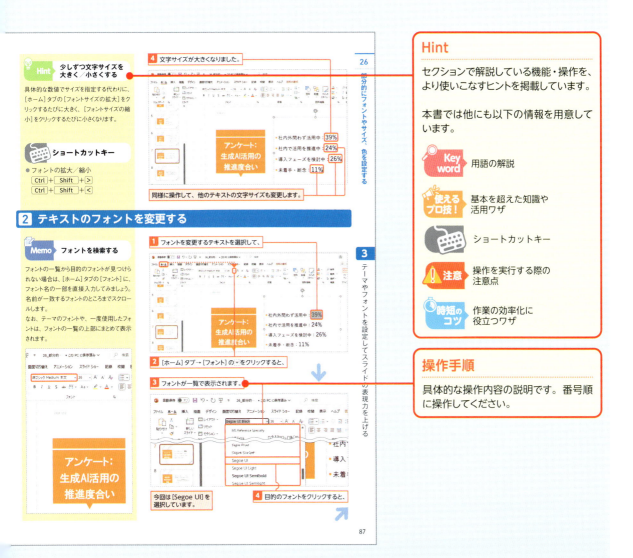

▶▶ マウス／タッチパッドの操作

クリック

画面上のものやメニューを選択したり、ボタンをクリックしたりするときに使います。

左ボタンを1回押します。

左ボタンを1回押します。

右クリック

操作可能なメニューを表示するときに使います。

右ボタンを1回押します。

右ボタンを1回押します。

ダブルクリック

ファイルやフォルダーを開いたり、アプリを起動したりするときに使います。

左ボタンを素早く2回押します。

左ボタンを素早く2回押します。

ドラッグ

画面上のものを移動するときや、図形のサイズや形を変更するときに使います。

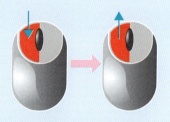

左ボタンを押したままマウスを移動し、移動先で左ボタンを離します。

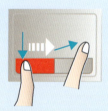

左ボタンを押したままタッチパッドを指でなぞり、移動先で左ボタンを離します。

≫ よく使うキー

Esc(エスケープ)キー
操作を取り消すときに使います。

半角/全角キー
日本語入力モードと半角英数モードを切り替えます。

Delete(デリート)キー
カーソルの右側の文字を削除します。

テンキー
電卓のように数字や演算記号が集まったキーです。

BackSpace(バックスペース)キー
カーソルの左側の文字を削除します。

Shift(シフト)キー
他のキーと組み合わせて使います。

スペースキー
空白の入力や漢字への変換に使います。

Enter(エンター)キー
文字の確定や改行入力で使います。

矢印キー
カーソルを上下左右に移動します。

Ctrl(コントロール)キー
他のキーと組み合わせて使います。

ショートカットキー

複数のキーを組み合わせて押すことで、特定の操作をすばやく実行することができます。本書中では ○○ + △△ キーのように表記しています。

▶ Ctrl + A キーという表記の場合

2つのキーを同時に押します。

▶ Ctrl + Shift + Esc キーという表記の場合

3つのキーを同時に押します。

練習用ファイルの使い方

学習を進める前に、本書の各セクションで使用する練習用ファイルをダウンロードしてください。以下のWebページからダウンロードできます。

練習用ファイルのダウンロードページ

https://www.sbcr.jp/support/4815631058/

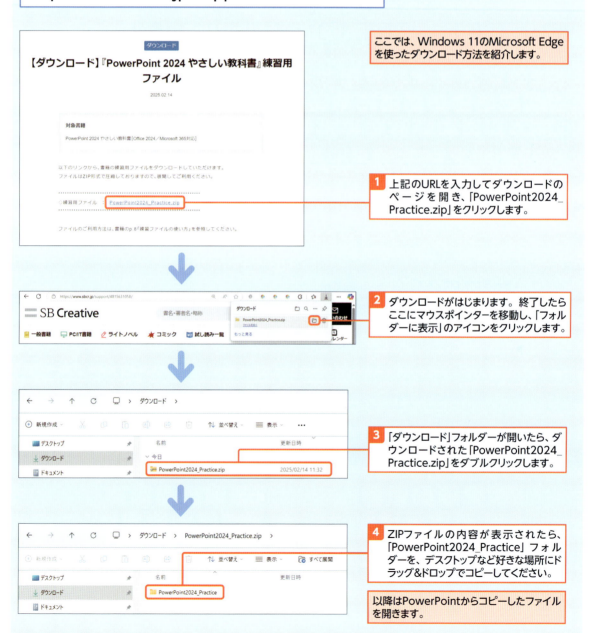

練習用ファイルの内容

練習用ファイルの内容は下図のようになっています。ファイルの先頭の数字がセクション番号を表します。なお、セクションによっては練習用ファイルがない場合もあります。

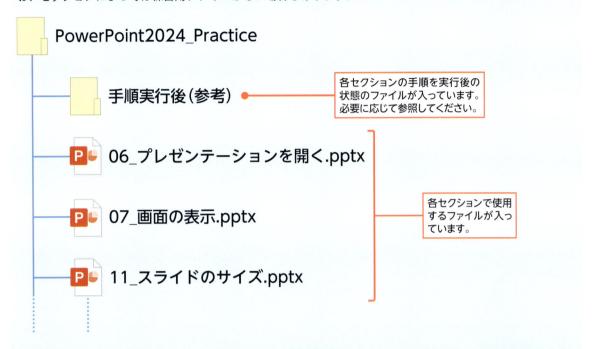

使用時の注意点

練習用ファイルを開こうとすると、画面の上部に警告が表示されます。これはインターネットからダウンロードしたファイルには危険なプログラムが含まれている可能性があるためです。本書の練習用ファイルは問題ありませんので、[編集を有効にする]をクリックして、各セクションの操作を行ってください。

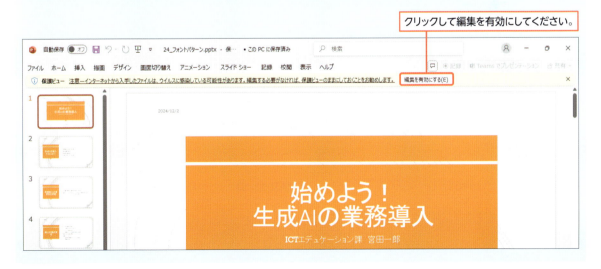

≫ CONTENTS

第 1 章 PowerPoint 2024の基本操作を知る   23

Section 01 PowerPoint 2024でできること   24

作成したスライドをさまざまな場面で利用できる
図表からグラフまで幅広く対応する表現力

Section 02 PowerPointを起動／終了する   26

起動して白紙のスライドを表示する
PowerPointを終了する

Section 03 PowerPointの画面構成を知る   28

PowerPointの画面構成
基本的なリボンの種類と機能

Section 04 リボンを使うには   30

リボンを切り替えて機能を実行する
Backstageビューを表示する

Section 05 プレゼンテーションを保存する   32

プレゼンテーションをファイルとして保存する

Section 06 プレゼンテーションを開く   34

Backstageビューからファイルを開く
デザイン適用済みの新規プレゼンテーションを開く
テンプレートを検索する

Section 07 画面の表示を調整する   38

画面の表示倍率を変更する
表示モードを切り替える

Section 08 わからないことを調べる   40

Microsoft Searchを利用する
ヘルプ機能を利用する

Section 09 PowerPointのオプション画面を知る   42

オプション画面を表示する

第 2 章 スライド作成の基本をマスターする 43

Section 10　新規プレゼンテーションを作成する 44

アプリの起動時に新規作成する
スライドの種類（レイアウト）

Section 11　スライドのサイズを変更する 46

プレゼンテーションを表示する環境に応じてサイズを決める
スライドのサイズを変更する

Section 12　タイトルを入力する 48

タイトルとサブタイトルを入力する

Section 13　新規スライドを追加する 50

2ページ目のスライドを挿入する
スライドのレイアウトを変更する

Section 14　本文のテキストを入力する 52

スライドのタイトルを入力する
箇条書きで本文を入力する
記号を入力する
テキストをコピーする

Section 15　アウトライン表示を使って構成を考える 56

アウトライン表示に切り替える
アウトライン表示でテキストを入力する

Section 16　連番付きの箇条書きにする 58

箇条書きの記号を連番に変更する
箇条書きを編集する

Section 17　箇条書きの行頭記号を変更する 60

行頭記号の種類を変更する

Section 18　文字を検索／置換する 62

テキストを検索する
検索したテキストを別のテキストに置き換える

Section 19 すべてのスライドに社名や日付を入れる　64

すべてのスライドの下端に社名を入れる
すべてのスライドの下端に発表日を入れる

Section 20 スライドの並び順を入れ替える　66

ドラッグ＆ドロップで入れ替える
切り取り／貼り付けで入れ替える

Section 21 スライドを複製／コピー／削除する　68

スライドを複製する
スライドをコピーする
スライドを削除する
スライド一覧表示でスライドを削除する

第 3 章　テーマやフォントを設定してスライドの表現力を上げる　71

Section 22 PowerPointのデザイン機能を知る　72

デザインを選ぶだけで全体を変更できる「テーマ」
新しいテーマの作成もできる「スライドマスター」
部分的な書式設定は最後の手段

Section 23 テーマと配色を設定する　74

スライドに統一されたデザインを適用する
テーマのバリエーションを選択する
バリエーションにない配色に変更する
スライドの背景色を変更する

Section 24 フォントパターンを設定する　78

タイトルと本文のフォントをまとめて変更する
オリジナルのフォントパターンを作成する
組み合わせるフォントを選択する

Section 25 スライドマスターで全体の書式を設定する　82

スライドマスターはスライドのひな型
タイトルの文字サイズを変更する
タイトルの行間を変更する

| Section 26 | 部分的にフォントやサイズ、色を設定する | 86 |

テキストのサイズを変更する
テキストのフォントを変更する
テキストの色を変更する

| Section 27 | 強調や下線などの文字書式を設定する | 90 |

テキストを太字にする
テキストに下線を引く
下線を太くして色を変更する

| Section 28 | 段落を中央や右に寄せる | 94 |

テキストを中央に揃える
テキストを右端に寄せる

| Section 29 | 字下げの幅を微調整する | 96 |

数値を指定してインデントを入れる
タブを利用して数値の位置を揃える

第 4 章 画像や図をスライドに挿入する 99

| Section 30 | 写真を挿入する | 100 |

パソコンに保存した画像を挿入する
インターネット上の画像を検索して挿入する
画像をスライドの背景にする

| Section 31 | 画像の位置やサイズを変更する | 104 |

画像のサイズを変更する
画像を移動する

| Section 32 | 画像を切り抜く | 106 |

画像を指定した範囲でトリミングする
画像を図形で切り抜く
枠内に表示される範囲を変更する
描画した図形で画像を切り抜く
文字で画像を切り抜く

Section 33 画像の明るさやコントラストを調整する　112

明るさを調整する
色鮮やかさを調整する

Section 34 画像に枠線や影を付ける　114

枠線を付ける
影を付ける

Section 35 画像の背景を削除する　116

被写体の輪郭を自動検出する
切り抜く範囲を微調整する

Section 36 アイコンを利用する　118

アイコンの一覧を表示する
アイコンを挿入する

Section 37 箇条書きから図表を作成する　120

テキストをSmartArtに変換する
SmartArtのテキストを編集する
SmartArtに図形を追加する

Section 38 図表の見た目を変更する　124

配色を変更する
図表内の図形に枠線を付ける

Section 39 組織図を作成する　126

プレースホルダーから組織図を新規作成する
不要な要素を削除する
組織図を完成させる

第 5 章　表を作成する　129

Section 40 表を作成する　130

空の表を挿入する
表にデータを入力する
行や列を選択する

Section 41 行や列を挿入／削除する　134

列を挿入する
行を挿入する

Section 42 セルを結合／分割する　136

横方向に隣接するセルを結合する
縦方向に隣接するセルを結合する

Section 43 列幅や行の高さを調整する　138

枠線をドラッグして列幅を変える
行の高さを数値で指定して調整する

Section 44 セル内の配置を調整する　140

セルの文字揃えを変更する
セルの文字の上下の位置を変更する

Section 45 表のデザインを変更する　142

表の配色をまとめて変更する
オプションで書式を変更する

Section 46 罫線を変更する　144

表全体の罫線をまとめて変更する
一部の罫線を変更する

Section 47 Excelの表を貼り付ける　148

Excelで作成した表をコピーする
PowerPointのスライドにコピーした表を貼り付ける
Excelでの表の変更が自動反映されるようにする

第 6 章 グラフを作成する　151

Section 48 作成できるグラフの種類を知る　152

グラフを構成する要素
PowerPointで作成できるグラフ
主なグラフ

Section 49 縦棒グラフを作成する　　　156

縦棒グラフを挿入する
グラフのデータを入力する
グラフを修正する

Section 50 グラフの書式を変更する　　　160

グラフのスタイルを変更する
データラベルの書式を変更する

Section 51 グラフ要素の表示／非表示を変更する　　　162

グラフタイトルを非表示にする
凡例の位置を変更する
縦軸の目盛線の間隔を変更する

Section 52 折れ線グラフを作成する　　　164

折れ線グラフを挿入する
グラフのデザインを変更する

Section 53 円グラフを作成する　　　168

円グラフを挿入する
グラフのデザインを変更する

Section 54 散布図を作成する　　　170

散布図を挿入する
グラフのデザインを変更する

Section 55 複合グラフを作成する　　　172

パレート図について
複合グラフを挿入する
降下線を追加する
軸の書式を設定する

Section 56 Excelで作成したグラフを貼り付ける　　　176

Excelで作成したグラフを挿入する

第7章 作図機能を使いこなす 177

Section 57 PowerPointの作図機能を知る 178

4種類の図形を組み合わせる
作図の補助機能を使いこなす

Section 58 アイコンとコネクタを使って構成図を作る 180

スライドにアイコンを挿入する
アイコンをコネクタで接続する

Section 59 図形の位置を調整する 184

図形を移動する
図形をコピーする

Section 60 四角形や円を配置する 186

四角形を作る
図形のサイズを変更する
図形の重なり順を変更する
円を作る

Section 61 線や塗りを整える 190

図形の色を変更する
図形の枠線の色や太さ、種類を変更する
複数の図形の色と枠線をまとめて設定する
コネクタの色と太さを変更する
アイコンの色を変更する

Section 62 F4 キーで同じ操作を繰り返す 196

同じ操作を繰り返す
同じ操作を複数の対象にまとめて繰り返す

Section 63 書式を貼り付ける 198

書式をコピーする
書式を貼り付ける

Section 64 テキストを配置する 200

テキストボックスを作る
テキストボックスにテキストを入力する

Section 65　吹き出しを追加して強調する　202

吹き出しを作る
吹き出しのサイズと先端部分の位置を調整する
吹き出しにテキストを入力する
吹き出しの色と枠線を変更する

Section 66　吹き出しの余白を調整する　206

吹き出しのテキストを改行する
吹き出しの余白を設定する

Section 67　図形をグループ化する　208

グループ化とは
複数の図形をグループ化する
グループ内の図形を選択する

Section 68　円弧を使って矢印を描く　212

円弧を描く
円弧に矢印を設定する

Section 69　折れ線の矢印を描く　216

折れ線を描く
折れ線に矢印を設定する

Section 70　波カッコ（ブレス）でグループを表す　218

波カッコを作る
波カッコを編集する

Section 71　図形の中に箇条書きを書く　220

吹き出しに箇条書きを入力する
吹き出しにインデントを設定する
段組みと行間を設定する
吹き出しの余白を設定する

Section 72　頂点を編集する　224

図形の頂点を表示する
図形の頂点を削除する

Section 73　重なり合った図形を選択する　228

[選択]作業ウィンドウを表示する

| Section 74 | 図形を結合する | 230 |

複数の図形を合体する

| Section 75 | さまざまな図形を知ろう | 232 |

知っておきたい図形

第 8 章 アニメーションを設定する 233

| Section 76 | アニメーション機能の概要を知る | 234 |

図形にアニメーションを設定する
文字にアニメーションを設定する
スライドが切り替わるときのアニメーションを設定する

| Section 77 | 図形にアニメーションを設定する | 236 |

図形にアニメーション[スライドイン]を設定する
アニメーションの動きを変更する
アニメーションを手動でプレビューする
アニメーションを解除する

| Section 78 | アニメーションの順番を変更する | 240 |

アニメーションの再生順を確認する
アニメーションの再生順を変更する
アニメーションのタイミングを設定する
アニメーションの再生時間を設定する
アニメーションの動きを最終的に確認する

| Section 79 | アニメーションの効果音を設定する | 244 |

アニメーションに効果音[プッシュ]を設定する

| Section 80 | 文字にアニメーションを設定する | 246 |

箇条書きにアニメーション[フェード]を設定する
アニメーションの動きを確認する

| Section 81 | グラフにアニメーションを設定する | 248 |

グラフにアニメーション[ワイプ]を設定する
アニメーションの動きを変更する
グラフの背景に設定されているアニメーションを解除する
アニメーションの動きを最終的に確認する

19

Section 82 軌跡に沿って図形を動かす　252

図形を軌跡に沿わせる
アニメーションの動きを確認する

Section 83 画面切り替えのアニメーションを設定する　254

スライドを回転させながら画面を切り替える
画面切り替えを確認する
画面の切り替えに合わせて文字を置き換える
画面切り替えを確認する

Section 84 ナレーションを録音する　258

ナレーションの録音の準備をする
ナレーションを録音する

Section 85 スライドに音楽を設定する　260

スライドに音楽を挿入する
音楽のオプションを設定する

Section 86 動画を挿入する　262

スライドに動画を挿入する
動画をトリミングする

Section 87 パソコンの操作を記録する　264

パソコンの利用シーンを録画する

第9章 プレゼンテーションの実行と資料の配布　265

Section 88 プレゼンテーションをアウトプットする方法を確認する　266

プレゼンテーションの発表に役立つ機能
スライドの共有、配布に役立つ機能

Section 89 ノートを書き込む　268

ノートペインにメモを書く
[ノート]表示モードに切り替える

Section 90 手描きの説明を追加する　270

描画ツールで手描きの描き込みをする
アニメーションを設定する

Section 91 プレゼンテーションをリハーサルする 272

リハーサル機能とは
リハーサルを実行する

Section 92 一部のスライドを非表示にする 274

スライドを再生時に表示されないようにする

Section 93 プレゼンテーションを校閲する 276

「コメント」の環境を設定する
「クラシック コメント」でコメントを書く
コメントに返信する
「モダン コメント」で表に対してコメントを書く
「モダン コメント」で文字部分に対してコメントを書く
アクセシビリティチェックを行う

Section 94 スライドショーを実行する 282

プレゼンテーションの準備をする
外部ディスプレイにスライドショーを表示して操作する
パソコンの画面でスライドショーを操作する
レーザーポインターを使用する

Section 95 配布資料を印刷する 286

配布資料マスターを表示する
1枚の用紙に印刷するスライドの配置を確認する
スライドショーのタイトルや作成者を入力する
配布資料形式で印刷する

Section 96 プレゼンテーションの目次となるスライドを作成する 290

サマリーズームのスライドを作成する
スライドへのリンクを挿入する

Section 97 プレゼンテーションを画像として書き出す 292

スライドを誰でも閲覧可能な画像に変換する
スライドをBMP形式の画像として書き出す
書き出した画像ファイルを確認する

Section 98 プレゼンテーションをPDFとして書き出す 296

PDF形式のファイルを書き出す

Section 99 プレゼンテーションを動画として書き出す 298

動画として書き出すことができる要素
動画として書き出す

| Section 100 | Teamsでオンラインのプレゼンテーションを行う | 302 |

ビデオ会議のスケジュールを設定する
プレゼンテーションを始める準備をする
プレゼンテーションを実行する
ビデオ会議を終了する

第10章 使い方が広がるその他の機能　307

| Section 101 | よく使う機能を集めたタブ（リボン）を作る | 308 |

オリジナルのリボンを作成する
オリジナルのリボンにボタンを追加する

| Section 102 | Microsoftアカウントでサインインする | 312 |

OneDriveとは
OneDriveの利用を開始する

| Section 103 | ネット上のファイル共有スペースを使う | 314 |

OneDriveにプレゼンテーションを保存する
パソコン内のファイルをOneDriveに移動する
アプリからOneDriveのファイルを開く
エクスプローラーからOneDriveのファイルを開く
プレゼンテーションの共同編集に招待する
共同編集に参加する
他のユーザーが変更した箇所を確認する

| Section 104 | Copilotを使ってプレゼンテーションや画像を作る | 320 |

Copilotとは
個人向けのCopilotの利用を開始する
Wordファイルを元にプレゼンテーションを作成する
画像を作成して挿入する

便利なショートカットキー　　　326
用語集　　　　　　　　　　　　328
索引　　　　　　　　　　　　　332

第 1 章

PowerPoint 2024の基本操作を知る

　この章では、PowerPointでできることと、実際に使い始めるために必要となる基礎知識を説明します。PowerPointの起動から始まり、機能の実行に欠かせないリボンの使い方、表示モード、操作を調べられるヘルプ機能などを紹介します。

Section 01 ▶ PowerPoint 2024 でできること

Section 02 ▶ PowerPoint を起動／終了する

Section 03 ▶ PowerPoint の画面構成を知る

Section 04 ▶ リボンを使うには

Section 05 ▶ プレゼンテーションを保存する

Section 06 ▶ プレゼンテーションを開く

Section 07 ▶ 画面の表示を調整する

Section 08 ▶ わからないことを調べる

Section 09 ▶ PowerPoint のオプション画面を知る

Section 01 PowerPoint 2024でできること

ここで学ぶのは
- PowerPointとは
- 作成できるスライド
- 作図機能／グラフ作成機能

PowerPoint 2024は、**写真や図表、グラフなどを配置したスライド**を作成できる、プレゼンテーションソフトの代表格です。その表現力は、社内外に向けたプレゼンテーションを成功させる強い味方となります。優れた作図機能を活かし、**オンラインのセミナーや授業のための資料作成**に使われるケースも増えています。

1 作成したスライドをさまざまな場面で利用できる

解説　PowerPoint 2024の魅力とは

PowerPoint 2024は、忙しいビジネスパーソンでも短時間で習得できるシンプルさながら、複雑な図表やグラフも作成できるプレゼンテーションソフトです。PowerPoint 2024より表現力に優れたグラフィックスソフトや、より簡単に使えるスライド作成ソフトも存在します。しかしPowerPoint 2024は、表現力と操作性を適度なバランスで両立し、かつ圧倒的な普及率を誇ります。
PowerPoint 2024のファイル形式を読み書きできるアプリやサービスは非常に多いため、発表会場からWeb上までさまざまな場面で利用できます。

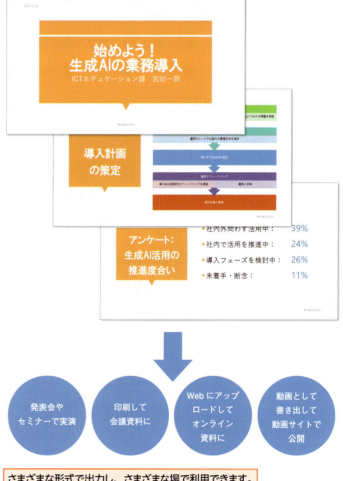

2 図表からグラフまで幅広く対応する表現力

手早くデザインを変更できる

デザインテーマとバリエーションが用意されており、そこから選ぶだけでスライド全体の配色やテーマを変えることができます。既存のテーマに飽き足らない場合は、スライドマスターを編集して独自のテンプレートを作ることも可能です（82ページ参照）。

手軽に選択できるデザインテーマ

豊富なアイコン素材が使える作図機能

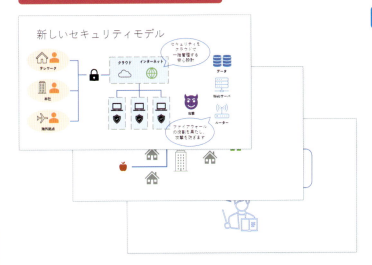

基本図形やアイコンの組み合わせで作図できる

PowerPointの作図機能は、頭にイメージした図を手軽に再現できる優れたツールです。四角形や円、矢印、吹き出しなどの基本図形が揃っているので、それらを配置してテキストを追加するだけで完成します。使いやすいアイコン素材が標準で用意されているのも嬉しい点です。

Excelと完全に同等のグラフ作成機能

Excelの機能を利用するグラフ作成機能が用意されています。機能や操作方法も同じなので、Excelに慣れた方ならすぐに意図通りのグラフを作成できるはずです。Excelで作成済みのグラフや表があれば、それを貼り付けることもできます。

Excelと同じ機能を持つグラフ作成機能

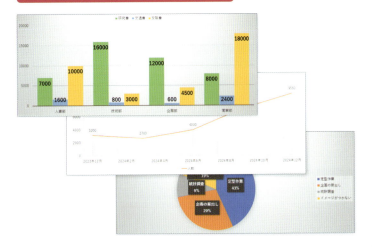

Section 02 PowerPointを起動／終了する

ここで学ぶのは
- 起動／終了
- スタート画面
- ピン留め

早速、**PowerPointを起動**しましょう。起動すると**スタート画面**が表示され、新規プレゼンテーションファイルを作成できます。スタートメニューをたどって起動するのが標準の手順ですが、よりすばやく起動したい場合は、PowerPointをタスクバーなどに**ピン留め**しておくと便利です。

1 起動して白紙のスライドを表示する

スタート画面とプレゼンテーションファイル

PowerPoint起動時に表示される画面を「スタート画面」といいます。ここではファイルの新規作成や既存のファイルを開く操作を行えます。また、PowerPointの文書ファイルのことを、「プレゼンテーション」と呼びます。Excelの「ブック」やWordの「ドキュメント」と同等の呼び名です。

テンプレートの利用

白紙のプレゼンテーションだけでなく、テンプレート（ひな型）のデザインが適用済みのプレゼンテーションを新規作成することもできます（36ページ参照）。

[Designer]作業ウィンドウが表示される

Microsoft 365のサブスクリプション契約を行っている場合、プレゼンテーション作成時などに、画面の右端に[Designer]作業ウィンドウが表示されることがあります。この作業ウィンドウにはデザインに関する提案が表示されます。不要な場合は[×]をクリックして閉じてください。

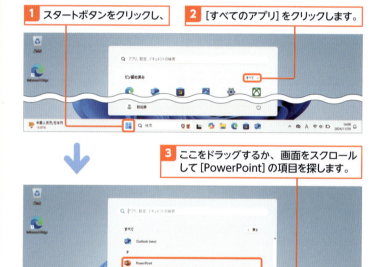

1. スタートボタンをクリックし、
2. [すべてのアプリ]をクリックします。
3. ここをドラッグするか、画面をスクロールして[PowerPoint]の項目を探します。
4. [PowerPoint]をクリックします。

5. PowerPointが起動し、スタート画面が表示されます。

6. [新しいプレゼンテーション]をクリックします。

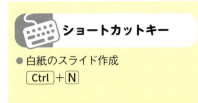

- 白紙のスライド作成
  Ctrl + N

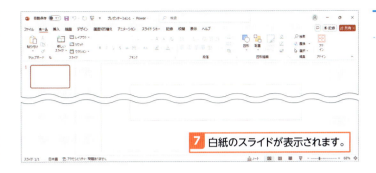

2 PowerPointを終了する

解説 PowerPointを終了する

PowerPointを終了するには、画面右上の[×]ボタンをクリックするか、Backstageビュー（34ページ参照）の[閉じる]をクリックします。

[閉じる]をクリックすると、PowerPointが終了します。

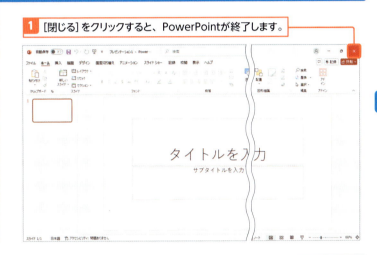

時短のコツ PowerPointを簡単に起動できるようにする

スタートメニューにピン留めする

スタートメニューのPowerPointの項目を右クリックし、[スタートにピン留めする]をクリックすると、PowerPointがスタートメニューの[ピン留め済み]の領域に追加されます。

タスクバーにピン留めする

スタートメニューのPowerPointの項目を右クリックし、[詳細]→[タスクバーにピン留めする]をクリックすると、タスクバーに常にPowerPointのアイコンが表示されます。

Section 03

PowerPointの画面構成を知る

ここで学ぶのは
- 画面構成
- リボン
- 作業ウィンドウ

操作方法の説明を始める前に、**PowerPointの画面各部の名称**などを確認しておきましょう。機能を呼び出すための**リボン**や、図やグラフなどの詳細設定を行う**作業ウィンドウ**は必ず覚えておいてほしい名前です。

1 PowerPointの画面構成

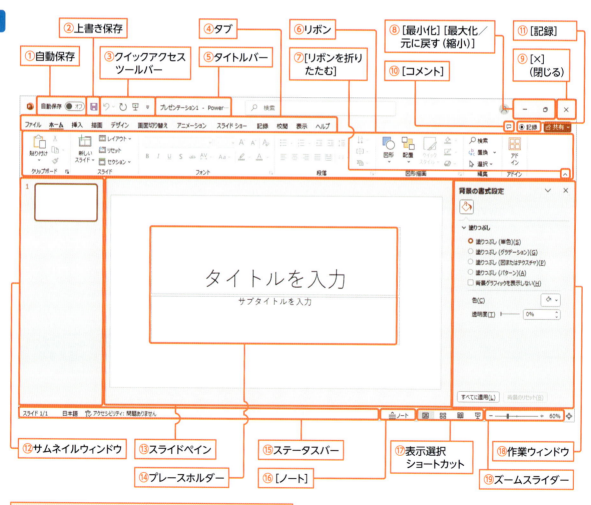

実行する環境によって表示される項目が異なる場合があります。

名称	機能
①自動保存	ファイルをOneDriveに保存するとオンになり、作業内容が自動的に保存されるようになる（315ページ参照）
②上書き保存	作業内容を上書き保存する。新規作成ファイルの場合、名前を付けて保存になる
③クイックアクセスツールバー	よく使う機能のボタンが登録されている。登録するボタンは変更できる
④タブ	クリックしてリボンの内容を切り替える
⑤タイトルバー	開いているファイル名が表示される
⑥リボン	PowerPointの各機能を実行するためのボタン（コマンド）などが表示される領域。ボタンは機能ごとにグループにまとめられている
⑦［リボンを折りたたむ］	リボンを折りたたんで、編集領域を広げることができる
⑧［最小化］［最大化／元に戻す（縮小）］	［最小化］でウィンドウをタスクバーにしまい、［最大化］でウィンドウをデスクトップ一杯に表示する
⑨［×］（閉じる）	クリックするとプレゼンテーションのウィンドウを閉じて、PowerPointを終了する
⑩［コメント］	［コメント］作業ウィンドウ（277ページ参照）の表示／非表示を切り替えるためのボタン
⑪［記録］	ナレーションを録音する画面（258ページ参照）を表示するためのボタン
⑫サムネイルウィンドウ	プレゼンテーションを構成するスライドが、ページ順にサムネイル（縮小版）で表示される領域。サムネイルをクリックすると、編集対象のスライドが切り替わる
⑬スライドペイン	編集対象となるスライドが表示される領域。ここでテキストを入力したり、その他のオブジェクトを挿入、編集したりできる
⑭プレースホルダー	文字などを挿入するために最初から配置されている枠。スライドのレイアウトにより変化する
⑮ステータスバー	選択中のテキスト入力モードや、編集中のスライドのページ番号などが表示される領域
⑯［ノート］	選択中のスライドにメモを書き留めるためのノートペイン（268ページ参照）の表示／非表示を切り替えるためのボタン
⑰表示選択ショートカット	プレゼンテーションの表示モードを切り替えるためのボタン（39ページ参照）
⑱作業ウィンドウ	さまざまな詳細設定を行うために表示されるウィンドウ。機能によって設定項目は異なる
⑲ズームスライダー	スライドの表示倍率を変更するためのボタン。右側のボタンをクリックすると、メインウィンドウの大きさに合わせてスライドの大きさが変更される

2 基本的なリボンの種類と機能

リボン名（タブ名）	機能
①ホーム	コピーや貼り付け、スライドの新規作成、テキストのフォントサイズ変更など、基本的な編集を行う
②挿入	表や写真、動画、グラフなど、さまざまなオブジェクトをスライドに挿入、配置する
③描画	ペンツールなどを使って、スライド上にフリーハンドで描画する。タッチ操作対応のパソコンで表示されるが、タッチ操作非対応のパソコンでも表示／非表示ができる（270、310ページ参照）
④デザイン	プレゼンテーションの配色やレイアウト、デザインを変更する
⑤画面切り替え	スライドを切り替える際の特殊効果の設定を行う
⑥アニメーション	オブジェクトに動きを付けるアニメーション効果を設定する
⑦スライドショー	スライドショーの再生やナレーションの録音、オンラインのプレゼンテーションなどを行う
⑧記録	スライドショーや画面の録画、スクリーンショットの撮影、動画にエクスポートなど、スライドの記録に関係する操作を行う
⑨校閲	スペルチェックなどのテキストの校正と翻訳、コメントの入力などを行う
⑩表示	プレゼンテーションの表示モードを切り替えたり、表示サイズを変更したりする
⑪ヘルプ	PowerPointの操作や機能でわからないことを調べる

Section 04 リボンを使うには

ここで学ぶのは
- リボンの切り替え
- タブ
- Backstage ビュー

PowerPointは、WordやExcelと共通の**リボン**というインターフェースで操作します。リボンの**タブ**をクリックすると、表示されるリボンが切り替わります。左端の[ファイル]をクリックした場合のみ、ファイルに関する操作を行うための**Backstage ビュー**という画面が表示されます。

1 リボンを切り替えて機能を実行する

Memo メニューが表示されるボタン

リボンに用意されているボタン（コマンド）の中で、▽が表示されているものは、クリックするとメニューが表示されます。表示されていないものは、クリックするとすぐに機能が実行されます。また、ボタンによっては、アイコン部分は機能の実行、文字部分はメニュー表示と操作が分かれていることがあります。

Hint ウィンドウサイズでボタンの数が変わる

リボンに表示されるボタンの数はウィンドウサイズによって変わります。ウィンドウを狭めるとグループが折りたたまれてボタン化されるので、グループ内のボタンをクリックするまでに手順が1つ増えることになります。そのため、ウィンドウの幅が広いほうが操作しやすくなります。

① 切り替えたいタブをクリックすると、

② 表示されるリボンが切り替わります。

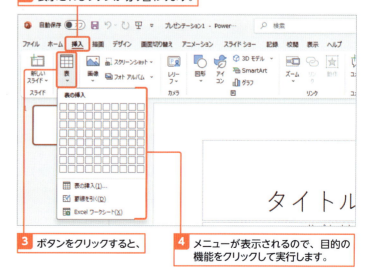

③ ボタンをクリックすると、

④ メニューが表示されるので、目的の機能をクリックして実行します。

2 Backstageビューを表示する

Keyword　Backstageビュー

Backstageビューには、プレゼンテーションの保存や新規作成、印刷といったファイルに関する操作がまとめられています。Backstageビューから元の画面に戻るには、画面左上の⊖をクリックするか、Escキーを押します。

Keyword　ダイアログ起動ツール

リボンのグループ内には、[ダイアログ起動ツール]（⬓）が含まれているものがあります。ダイアログ起動ツール（⬓）をクリックするとダイアログが表示され、より詳細な設定を行えます。

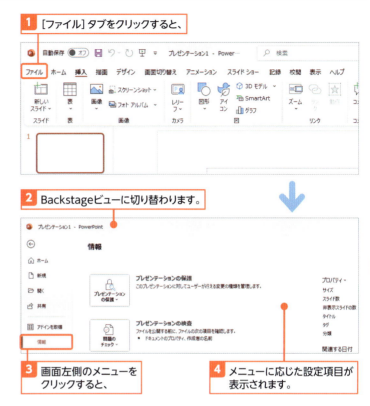

1. [ファイル]タブをクリックすると、
2. Backstageビューに切り替わります。
3. 画面左側のメニューをクリックすると、
4. メニューに応じた設定項目が表示されます。

使えるプロ技！　リボンを折りたたんでスライドをより大きく表示する

リボンを折りたたむことで、編集領域を広げてスライドをより大きく表示できます。折りたたむには、リボン右端にある[リボンを折りたたむ]∧をクリックすると、タブのみの表示に切り替わります。この状態では、タブをクリックしたときにリボンが表示され、リボン以外の部分をクリックするとタブのみの表示に戻ります。リボンの常時表示に戻すには、クリックして表示したリボン右端下の[リボンの固定]⊟をクリックします。

1. [リボンを折りたたむ]をクリックすると、
2. タブのみの表示になります。

タブをクリックするとリボンが表示されます。

Section 05 プレゼンテーションを保存する

ここで学ぶのは
- ファイルの保存
- ファイル名の入力
- 名前を付けて保存

PowerPointで作成したプレゼンテーションは、**ファイルとして保存**できます。保存しておくことで、他の人にファイルを受け渡したり、共有したりできるようになります。プレゼンテーションの作成が途中であっても、ファイルとして保存しておけば、次回そのファイルを開き、続きから作業を始められます。

1 プレゼンテーションをファイルとして保存する

 解説　ファイルを保存する

ファイル（プレゼンテーション）を保存する操作には、「名前を付けて保存」と「上書き保存」の2種類があります。「名前を付けて保存」は新規作成したプレゼンテーションを初めて保存する場合や、何か理由があって別のファイルとして保存したい場合に使います。「上書き保存」は、保存済みのファイルに対して変更を反映したい場合に使います。
「上書き保存」を実行しても、プレゼンテーションをまだ一度も保存していない場合は、「名前を付けて保存」になります。

 ショートカットキー

- 上書き保存（名前を付けて保存）
  Ctrl + S

 Memo　ウィンドウを閉じる

プレゼンテーションの編集が終了し、ウィンドウを閉じたい場合は、右上の［×］をクリックします。

 Memo　自動保存

OneDriveに保存すると、自動保存がオンになり、以降の保存操作を行う必要がなくなります（315ページ参照）。

1 ［ファイル］タブをクリックして、

保存していないプレゼンテーションのタイトルバーには仮のファイル名が表示されます。

2 ［名前を付けて保存］をクリックし、

3 ［参照］をクリックします。

注意　拡張子は消さずに保存する

Windowsの設定によっては、[ファイル名]の欄に「.pptx」という拡張子が表示されていることがあります。これを消して保存すると、ファイルを開けなくなってしまいます。誤って消して保存した場合は、Windowsのエクスプローラーでファイル名を変更して「.pptx」を付けてください。なお、[ファイル名]で拡張子を消しても、[ファイルの種類]で[PowerPointプレゼンテーション]が選択されていると、拡張子が付いた状態で保存されます。

Hint　保存せずにウィンドウを閉じようとすると

プレゼンテーションを編集して保存せずに、[×]をクリックしてウィンドウを閉じようとすると、以下のようなメッセージが表示されます。編集内容が失われると困る場合は[保存]をクリックして保存してください。

4 [名前を付けて保存]ダイアログが表示されます。

5 保存先を選択して、

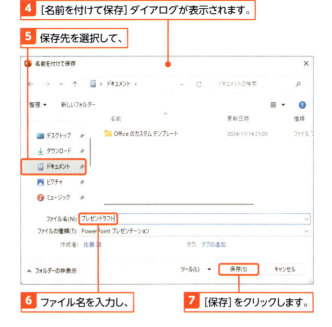

6 ファイル名を入力し、

7 [保存]をクリックします。

8 プレゼンテーションがファイルとして保存され、タイトルバーにファイル名が表示されます。

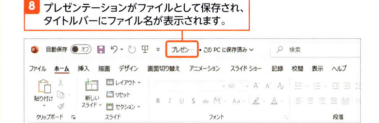

05 プレゼンテーションを保存する

1 PowerPoint 2024の基本操作を知る

使えるプロ技！　よく使うフォルダーにすばやく保存する

[名前を付けて保存]の画面は、過去に使用したフォルダーに保存しやすくなっています。画面の右側に過去に保存したフォルダーが日付順に大きく表示されており、それらをクリックするとその場所に保存できます。フォルダー名にマウスポインターを合わせるとピンのアイコンが表示され、それをクリックしてピン留めすることもできます。ピンのアイコンを再度クリックすると、ピン留めを解除することができます。

よく使うフォルダーは「ピン留め」できます。

過去にプレゼンテーションを保存したフォルダーが日付順に表示されます。

33

Section 06 プレゼンテーションを開く

練習用ファイル：📁 06_プレゼンテーションを開く.pptx

ここで学ぶのは
- ファイルを開く
- テンプレートを開く
- テンプレートの検索

プレゼンテーションをファイルとして保存しておけば、その**ファイルをPowerPointで開いて**、スライド作成や編集の作業の続きを始められます。ここでは**テンプレート**を利用して新規プレゼンテーションを開く方法も合わせて解説します。

1 Backstageビューからファイルを開く

Memo ファイルをダブルクリックして開く

ファイルは右の手順の他、エクスプローラーでファイルのアイコンをダブルクリックしても、PowerPointが起動して開くことができます。

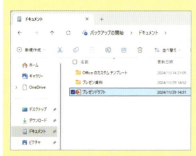

注意 拡張子を削除すると開けなくなる

拡張子を表示する設定にしているときに、誤ってファイル名から拡張子「.pptx」を削除してしまうと、開けなくなるので注意しましょう。誤って削除した場合は、拡張子の付いたファイル名に変更してください。

1 [ファイル] タブをクリックして、

2 [開く] をクリックし、

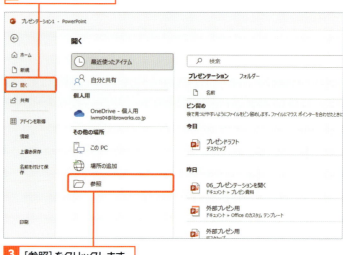

3 [参照] をクリックします。

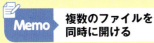

複数のファイルを同時に開ける

PowerPointでは、複数のファイルを個別のウィンドウに表示して、切り替えながら編集することができます。右の手順でファイルを開いた場合も、新しいウィンドウで開かれるので、すでに開いていたファイルが閉じることはありません。

ショートカットキー

- Backstageビューの[開く]を表示する
  Ctrl + O

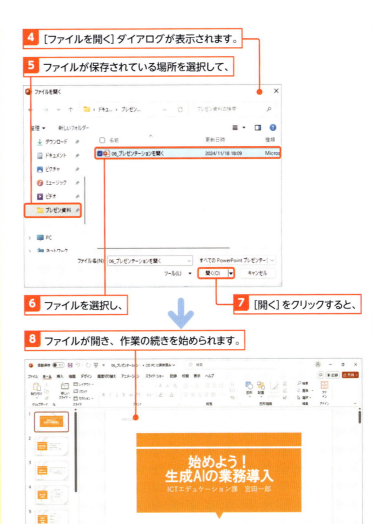

④ [ファイルを開く]ダイアログが表示されます。

⑤ ファイルが保存されている場所を選択して、

⑥ ファイルを選択し、

⑦ [開く]をクリックすると、

⑧ ファイルが開き、作業の続きを始められます。

最近使ったファイルを開く

最近使ったファイルは、Backstageビューの[開く]に表示されています。これをクリックしてすばやく既存のファイルを開くことができます。最近使用したファイルの一覧は、Backstageビューの[ホーム]にも表示されます。

今日使用したPowerPointのファイルが表示されています。

2 デザイン適用済みの新規プレゼンテーションを開く

解説 テンプレートの利用

プレゼンテーションのひな型となるファイルのことを「テンプレート」と呼びます。テンプレートはデザインがあらかじめ設定されており、なかには参考用のスライドが数枚挿入されたものもあります。

テンプレートはBackstageビューの[新規]に用意されており、選択して新規プレゼンテーションを作成できます。独自のテンプレートを作成することも可能です。

使えるプロ技 テンプレートを自作するには？

テンプレートを自作するには、テンプレートとするスライドを作成してから、33ページ上段の画面で[ファイルの種類]に[PowerPointテンプレート]を選択して保存します。この方法で保存したテンプレートファイルの拡張子は「.potx」となります。

注意 インターネットに接続していないと種類が減る

テンプレートの中にはインターネットからダウンロードする「オンラインテンプレート」が含まれます。そのため、インターネットに接続していない場合、表示される種類が減り、ダウンロード済みのものと、リボンの[デザイン]タブにも表示されるテーマ(74ページ参照)のみになります。

1 Backstageビューを表示して[新規]をクリックします。

2 目的のデザインのテンプレートをクリックすると、

3 テンプレートの説明が表示されます。

4 [作成]をクリックすると、

5 テンプレートのデザインが適用済みの新規プレゼンテーションが作成されます。

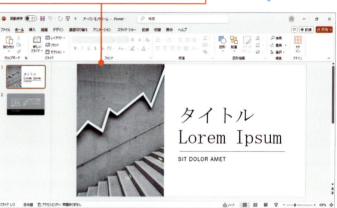

3 テンプレートを検索する

解説　テンプレートの検索

オンラインのものも含めると、テンプレートの種類は非常に多いため、1画面には表示しきれません。必要なテンプレートがすぐに見つからない場合は、キーワードを入力して検索しましょう。「ビジネス」や「学校」などのキーワードを入力して検索するとマッチするものが表示され、それを使ってプレゼンテーションを新規作成できます。

Hint　検索の候補を利用する

キーワードを入力するボックスの下に、[検索の候補]が表示されています。これらをクリックして検索することもできます。イメージに合うテンプレートが見つからないときは利用してみましょう。

Hint　テンプレートファイルを開く

自作したり、他の人から受け取ったりしたPowerPointテンプレートファイルを利用するには、[ドキュメント]フォルダーの[Officeのカスタムテンプレート]フォルダー内に[PowerPointテンプレート]として保存します。すると、テンプレートの選択画面に[個人用]という項目が出現し、保存したテンプレートファイルを利用できるようになります。

1 [新規]の画面でキーワードを入力して、Enterキーを押すと、

2 キーワードにマッチするテンプレートが検索・表示されます。

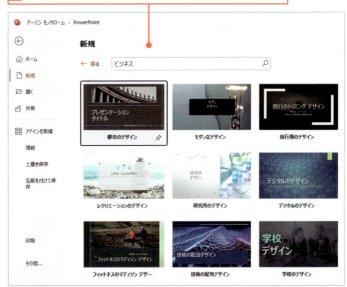

前ページの手順と同様に、テンプレートからプレゼンテーションを新規作成できます。

Section 07 画面の表示を調整する

練習用ファイル： 07_画面の表示.pptx

ここで学ぶのは
- 画面の拡大／縮小
- ズームスライダー
- 表示モード

ズームスライダーをドラッグすれば、スライドペイン上の**スライドの表示を拡大／縮小**できます。スライド上に配置した図や写真などの細部を確認したいとき、全体を俯瞰して見たい場合に利用しましょう。また、PowerPointには用途に応じて切り替えられるいくつかの**表示モード**が用意されています。

1 画面の表示倍率を変更する

Memo マウスのホイールを使って拡大／縮小する

ホイール付きマウスを使っている場合は、Ctrlキーを押しながらマウスのホイールを手前に回すとスライドを縮小、奥に回すと拡大表示することができます。

Hint 倍率を数値指定する

表示倍率を直接入力して拡大／縮小するには、ステータスバーのズームスライダー右側にある倍率が表示されている部分をクリックして、[ズーム]ダイアログを表示します。ここで[指定]に倍率を入力して、[OK]をクリックします。なお、ズームスライダー左右にある－＋をクリックしても拡大／縮小できます。

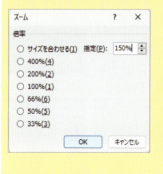

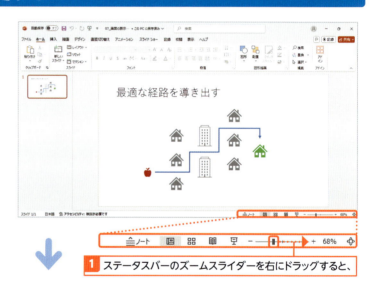

1 ステータスバーのズームスライダーを右にドラッグすると、

2 スライドペインのスライドが拡大表示されます。

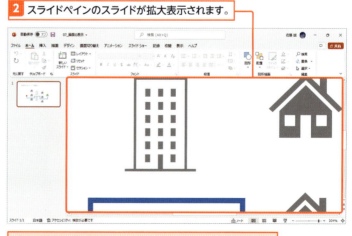

ズームスライダーを左にドラッグすると、縮小表示されます。

2 表示モードを切り替える

解説　表示モード

PowerPointにはいくつかの表示モードが用意されており、ステータスバーのボタンか[表示]リボンなどで切り替えます。初期設定では、編集に適した[標準]の表示モードが選択されています。スライドの順番を検討したい場合は[スライド一覧]、全体の仕上がりを確認したいときは[閲覧表示]か[スライドショー]を利用します。

Hint　ノートを表示する

標準の表示モードで、ステータスバーの[ノート]をクリックすると、ノートを入力する欄の表示/非表示を切り替えることができます。

Hint　アウトライン表示

アウトライン表示モードでは、画面左のサムネイルウィンドウに各スライドに入力されたテキストのみが表示されます。プレゼンテーション作成の序盤で、構成を検討しながらテキストを入力するときに役立ちます。アウトライン表示モードは[表示]リボンで切り替えます（56ページ参照）。

ステータスバーのボタン

スライド一覧

スライドのサムネイルが一覧表示され、ドラッグ＆ドロップで並べ替えることができます。

閲覧表示

スライドがPowerPointのウィンドウ内でプレビュー再生されます。

スライドショー

プレゼンテーションを実演する際に使い、スライドが全画面で表示されます。

Section 08 わからないことを調べる

ここで学ぶのは
- Microsoft Search
- ヘルプ機能

PowerPointの操作方法や機能についてわからないことがあれば、**Microsoft Search**や**ヘルプ機能**を利用しましょう。どちらもやりたいことや調べたいことをキーワードで入力すると、最適な機能を提示してくれたり、機能についての説明文を表示してくれたりするので便利です。

1 Microsoft Search を利用する

Key word　Microsoft Search

Microsoft Searchを利用すると、PowerPointに備わる機能をキーワードの入力で検索することができます。検索結果の一覧から機能を直接実行できるので、機能を呼び出すボタンがどのリボンにあるかわからないといった場合に利用するといいでしょう。

ショートカットキー
- Microsoft Search
  Alt + Q

1 [検索] をクリックして、

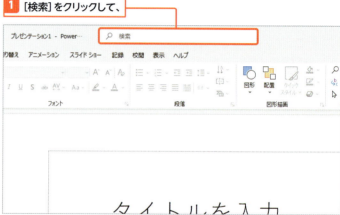

2 実行したい機能に関するキーワードを入力すると、

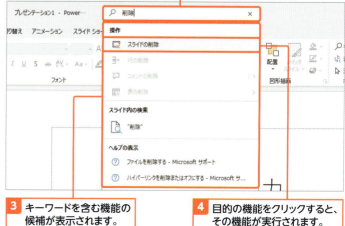

3 キーワードを含む機能の候補が表示されます。

4 目的の機能をクリックすると、その機能が実行されます。

2 ヘルプ機能を利用する

Key word ヘルプ

ヘルプでは、PowerPointやその他のMicrosoft Officeソフトウェア（Word、Excelなど）の機能や使い方について、キーワードで検索して調べることができます。なお、ヘルプを利用するには、パソコンがインターネットに接続されている必要があります。

Memo 作業ウィンドウを閉じる

［ヘルプ］をはじめとする作業ウィンドウを閉じるには、作業ウィンドウ右上にある［×］をクリックします。

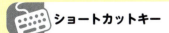

ショートカットキー

● ［ヘルプ］作業ウィンドウの表示
　F1

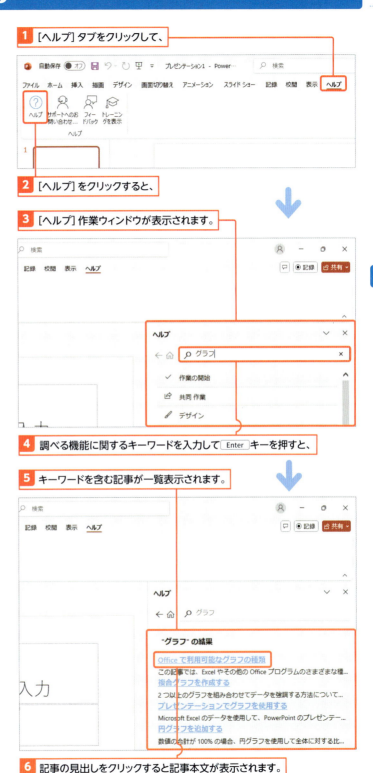

1 ［ヘルプ］タブをクリックして、

2 ［ヘルプ］をクリックすると、

3 ［ヘルプ］作業ウィンドウが表示されます。

4 調べる機能に関するキーワードを入力してEnterキーを押すと、

5 キーワードを含む記事が一覧表示されます。

6 記事の見出しをクリックすると記事本文が表示されます。

Section 09 PowerPointのオプション画面を知る

ここで学ぶのは
- オプション
- リボンのカスタマイズ
- ボタンの追加

PowerPointが初期設定のままでは使いにくい場合は、[PowerPointのオプション] ダイアログを利用しましょう。ファイルの保存や文章校正など、PowerPointのさまざまな動作の設定を変更できます。

1 オプション画面を表示する

PowerPointのオプション

[PowerPointのオプション] ダイアログでは、PowerPointの各種設定を変更したり、リボンには表示されない一部の機能を実行したりできます。PowerPointをより使いやすくカスタマイズしたい場合や、不要な機能を無効にしたい場合などは、このダイアログで設定を変更しましょう。画面左のメニューから項目を選択すると、画面右にその項目に含まれる各種設定が表示され、設定を変更したら [OK] をクリックすると反映されます。
Backstageビューの左のメニューの下側の項目は、Backstageビューのサイズが小さく表示しきれないときに、右の手順 2 のように [その他] としてまとめられます。

リボンやクイックアクセスツールバーのカスタマイズ

[PowerPointのオプション] ダイアログを利用して独自のリボンを作成したり（308ページ参照）、クイックアクセスツールバーにボタンを追加したりすることができます（311ページ参照）。

1 [ファイル] タブをクリックして、Backstageビューを表示し、

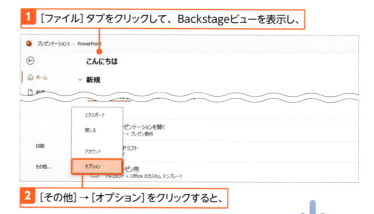

2 [その他] → [オプション] をクリックすると、

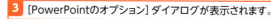

3 [PowerPointのオプション] ダイアログが表示されます。

4 設定を変更したら、[OK] をクリックするとダイアログが閉じます。

第 2 章

スライド作成の基本を
マスターする

ここからは、実際のスライド作成方法を解説していきます。この章ではテキストのみのプレゼンテーションを作成しながら、PowerPointの基本操作を解説します。空のプレゼンテーションを新規作成するところから始めて、1枚ずつスライドを追加して、各スライドにタイトルや本文などを入力していきましょう。

Section 10 ▶ 新規プレゼンテーションを作成する

Section 11 ▶ スライドのサイズを変更する

Section 12 ▶ タイトルを入力する

Section 13 ▶ 新規スライドを追加する

Section 14 ▶ 本文のテキストを入力する

Section 15 ▶ アウトライン表示を使って構成を考える

Section 16 ▶ 連番付きの箇条書きにする

Section 17 ▶ 箇条書きの行頭記号を変更する

Section 18 ▶ 文字を検索／置換する

Section 19 ▶ すべてのスライドに社名や日付を入れる

Section 20 ▶ スライドの並び順を入れ替える

Section 21 ▶ スライドを複製／コピー／削除する

Section 10 新規プレゼンテーションを作成する

ここで学ぶのは
- プレゼンテーション
- 新規作成
- レイアウト

プレゼンテーションは、起動時に表示されるスタート画面か、Backstageビューから**新規に作成**することができます。新規プレゼンテーションには、タイトル用のスライドだけが挿入されており、必要に応じてさまざまな**レイアウト**のスライドを追加していきます。

1 アプリの起動時に新規作成する

解説 プレゼンテーションの新規作成

PowerPointを起動するとスタート画面が表示されます。ここの[ホーム]か[新規]の画面でプレゼンテーションを新規作成できます。[ホーム]には新規作成用のボタンの他、過去に編集したファイルを開くための一覧があり、[新規]はテンプレートを選びやすいというメリットがあります（36ページ参照）。

Memo 作業中に新規作成する

プレゼンテーションの編集中に、別のプレゼンテーションを新規作成したい場合は、[ファイル]タブをクリックしてBasckstageビューを表示し、[新規]をクリックします（34ページ参照）。

ショートカットキー

- 新規プレゼンテーションを作成する
  Ctrl + N

PowerPointを起動するとスタート画面が表示されます。

1 [新規]をクリックして、

2 [新しいプレゼンテーション]をクリックします。

3 空のプレゼンテーションが作成されます。

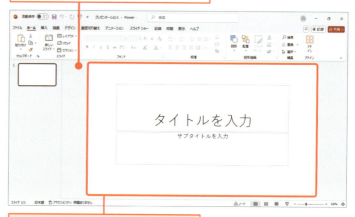

タイトル用のスライドが挿入されています。

2 スライドの種類（レイアウト）

解説　プレゼンテーションとスライド

プレゼンテーションは、1つ以上のスライドから構成されます。新規作成時に最初から挿入されているスライドは「タイトルスライド」といい、プレゼンテーション全体のタイトルや発表者名などを入力するために使われます。スライドには、いくつかの種類（レイアウト）があります。タイトルスライド以外でよく使われるのが、1つのスライドタイトルとコンテンツ（内容）を配置できる「タイトルとコンテンツ」です。その他、コンテンツを2つ配置できるものや、タイトルしかないものなどがあります。

Key word　プレースホルダー

プレースホルダーとは、スライド上にテキストや表、グラフなどを挿入するためのアタリとなる枠のことです。未入力の状態では「タイトルを入力」のように、何を入力すべきかが表示されています。表やグラフなどのコンテンツ（内容）を挿入可能なプレースホルダーは、中央に挿入用のボタンが表示されています。

挿入ボタン

タイトルスライド

プレゼンテーションのタイトルとサブタイトルを入力するプレースホルダーを持ちます。

タイトルとコンテンツ

スライドのタイトルとコンテンツ（テキストや図表）を配置するプレースホルダーを持ちます。

スライドレイアウトの種類

Officeテーマの中からスライドを選択します。

Section 11 スライドのサイズを変更する

練習用ファイル： 11_スライドのサイズ.pptx

ここで学ぶのは
- スライドのサイズ
- スライドのサイズ変更
- 16:9 / 4:3

スライドのサイズは、初期設定ではデジタルテレビ放送などでも使われている横長の「16:9」になっています。サイズは最終的な出力先に合わせて変更することができますが、スライドが完成した後に変更すると、レイアウトが崩れてしまうことがあるので、なるべく早い段階で変更しておくことをおすすめします。

1 プレゼンテーションを表示する環境に応じてサイズを決める

解説 初期設定のスライドのサイズ

スライドのサイズを最終的に出力する環境に合わせておかないと、出力時に余白ができたり、文字が小さくなってしまうなどの問題が出てきます。初期設定のスライドのサイズは「16:9」で、この数値は「幅」と「高さ」の比率を示しています。
「16:9」はデジタルテレビ放送や最近のノートパソコンでも多いサイズですが、実際に発表で使うプロジェクターでは、アナログテレビ放送などで使われていた「4:3」のサイズも多くあります。
標準では「16:9」と「4:3」の2種類からサイズを選択しますが、「A4」などの用紙サイズで設定することも可能です。

「16:9」のサイズ

一般的なパソコンのディスプレイやテレビなど、横幅の広い出力先に最適なサイズです。

「4:3」のサイズ

アナログテレビ放送などで使われていたサイズで、現在でも一部のプロジェクターなどに採用されています。

2 スライドのサイズを変更する

Hint 他のサイズに変更する

[スライドのサイズ]のメニューから[ユーザー設定のスライドのサイズ]をクリックすると表示されるダイアログでは、[スライドのサイズ指定]のリストから「16:9」と「4:3」以外のサイズを選択できます。用紙への印刷が最終的な出力の場合は、ここで用紙に合わせたサイズを選択しましょう。

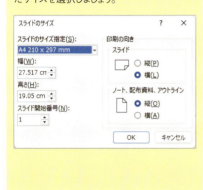

1 [デザイン]タブをクリックし、
2 [スライドのサイズ]をクリックして、
3 [標準(4:3)]をクリックすると、
4 [スライドのサイズが「4:3」に変更されます。

以降は16:9のサイズで解説するので、設定を戻してください。

使えるプロ技! サイズ変更時の調整方法

すでにオブジェクトなどが配置された状態で、スライドのサイズを現在よりも小さく(狭く)しようとするとダイアログが表示されます。このダイアログでは、サイズ変更時の調整方法を、[最大化]と[サイズに合わせて調整]のいずれかから選択します。

16:9(元のサイズ)から小さく(狭く)すると、ダイアログが表示されるため、サイズの調整方法を選択します。

4:3 [最大化]

調整は最小限なので、一部のオブジェクトがはみ出します。

4:3 [サイズに合わせて調整]

すべてのオブジェクトが収まるように調整されます。

Section 12 タイトルを入力する

練習用ファイル：📁 12_タイトルの入力.pptx

ここで学ぶのは
▶ タイトル
▶ サブタイトル
▶ プレースホルダー

プレゼンテーションの新規作成時にはじめから用意されている1枚のスライドは、**プレゼンテーションのタイトル**を入力するためのものです。このスライドには、**プレースホルダー**と呼ばれる2つの枠が用意され、この枠の中にタイトルやサブタイトルを入力します。

1 タイトルとサブタイトルを入力する

解説 タイトル入力用のスライド

プレゼンテーション作成時にはじめから用意されているスライドは、プレゼンテーションの表紙となるものです。そのため、タイトルやサブタイトルを入力するためのプレースホルダーが最初から用意されており、それぞれにタイトル用、サブタイトル用の書式があらかじめ設定されています。

Memo プレースホルダーの入力指示

プレースホルダーには、「タイトルを入力」「サブタイトルを入力」などの入力指示が表示されています。これらは実際の文字を入力すると消えるもので、実行中のプレゼンテーションや印刷資料などには表示されません。

Memo プレースホルダー内での改行

プレースホルダー内で Enter キーを押すと、その場所で改行されます。

1 「タイトルを入力」と表示されているプレースホルダーをクリックすると、

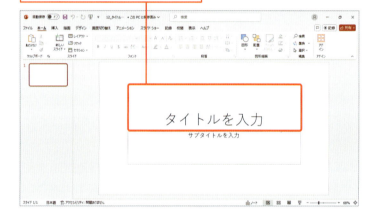

2 カーソルが表示されてテキストを入力できるようになります。

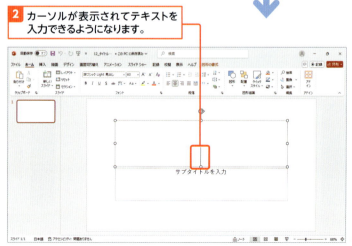

Memo プレースホルダーのサイズは変更できる

プレースホルダーをクリックして選択すると、枠の周囲に円形のハンドルが表示されます。これらをドラッグすると、プレースホルダーの位置やサイズを変更できます。操作方法は第7章で説明する図形と同じです。

ハンドルをドラッグしてサイズを変更できます。

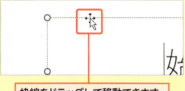

枠線をドラッグして移動できます。

Hint テキストがプレースホルダーに収まらない場合

プレースホルダーに収まり切らない量のテキストを入力した場合、収まるように自動的に文字サイズが縮小されます。また、枠の左下にサイズ調整を示すアイコンが表示されます。これをクリックすると、そのままはみ出せるか、文字サイズを縮めてプレースホルダーに収めるかを選択できます。

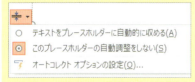

コンテンツのプレースホルダーでは選択肢が増えます（53ページ参照）。

---

3 プレゼンテーションのタイトルを入力します。

「始めよう!」の後で改行しています。

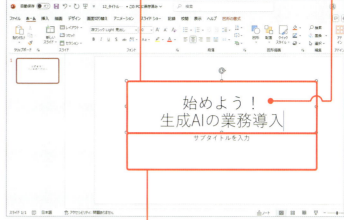

4 「サブタイトルを入力」と表示されているプレースホルダーをクリックすると、

5 クリックしたプレースホルダーに、カーソルが表示されます。

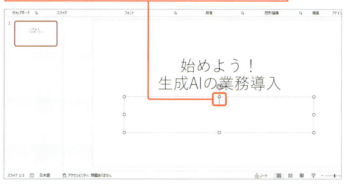

6 サブタイトル（ここでは発表者、作成者名）を入力します。

---

12 タイトルを入力する

2 スライド作成の基本をマスターする

49

Section 13 新規スライドを追加する

練習用ファイル：📁 13_新規スライド.pptx

ここで学ぶのは
▶ スライドの追加
▶ 白紙のレイアウト
▶ レイアウトの変更

タイトルの入力が終わったら、内容を書くための**スライドを追加**しましょう。スライドにはいくつかの種類（レイアウト）があり、「**タイトルとコンテンツ**」「**タイトルのみ**」「**白紙**」などがよく使われます。スライドを挿入した後で**レイアウトを変更**することも可能です。

1 2ページ目のスライドを挿入する

解説　スライドを追加する

右の手順に従ってレイアウトを選択すると、現在選択しているスライドの後に新しいスライドが追加されます。なお、新しいスライドは、[挿入]タブにある[新しいスライド]からも追加できます。

Memo　白紙のレイアウト

白紙のレイアウトはプレースホルダーを持たないスライドです。入力する場所がないため、[挿入]タブからテキストボックスやグラフなどを配置して利用します。既存のレイアウトに縛られたくないときに使用します。

時短のコツ　スライドを簡単に追加する

[ホーム]タブの[新しいスライド]のアイコンをクリックするか、スライドを追加するショートカットキーを押すと、直前に選択したレイアウトのスライドが挿入されます。

ショートカットキー

● 新しいスライドの追加
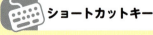

1 [ホーム]タブ →[新しいスライド]の文字部分をクリックします。

2 目的のレイアウトをクリックすると、

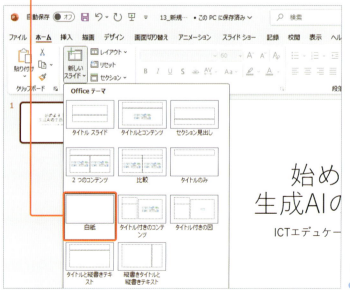

> **Hint** スライドの並べ替えと削除
>
> スライドの順番を入れ替える方法については66ページ、不要なスライドを削除する方法については69ページを参照してください。

3 タイトルのスライドに続く新しいスライドが挿入されます。

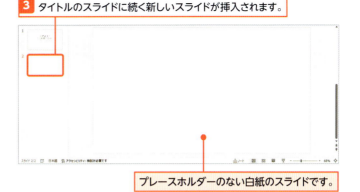

プレースホルダーのない白紙のスライドです。

2 スライドのレイアウトを変更する

> **解説** レイアウトを変更する
>
> スライドの挿入後にレイアウトを変えたくなった場合は、[ホーム] タブの [レイアウト] で変更できます。ただし、すでにプレースホルダーに内容を入力済みの状態でレイアウトを変更すると、配置などが崩れることがあります。

1 レイアウトを変更するスライドを選択して、

2 [ホーム] タブ→ [レイアウト] をクリックし、

3 目的のプレースホルダーのレイアウトをクリックすると、

4 スライドのレイアウトが変更されます。

> **Memo** 右クリックでレイアウトを変更する
>
> 選択中のスライド上、またはサムネイルウィンドウの目的のスライド上で右クリックすると表示されるメニューから [レイアウト] をクリックすると①、サブメニューからスライドのレイアウトを変更できます②。

Section 14 本文のテキストを入力する

練習用ファイル： 14_本文のテキスト.pptx

ここで学ぶのは
- タイトル／本文／記号の入力
- テキストボックス
- テキストのコピー

一般的なスライドは、**タイトルとコンテンツ（内容）**から構成されます。コンテンツのプレースホルダーにテキストを入力すると、初期設定で**箇条書き**になります。これは要件を箇条書きにしてシンプルに伝えるためです。ここでは箇条書きを含めた**テキストの入力方法**について解説します。

1 スライドのタイトルを入力する

解説 スライドのタイトル

スライドには、本文をよく読まなくても内容が理解できるようタイトルを付けます。入力方法はタイトルスライドのプレースホルダーと同じです。タイトルという名前に釣られて、タイトルスライドと混同しないように注意してください。

① クリックしてスライドを選択し、

② タイトルを入力するプレースホルダーをクリックし、テキストを入力します。

2 箇条書きで本文を入力する

解説 箇条書きを入力する

プレゼンテーションの本文には、一般的に箇条書きを用います。長い文章で読ませるよりも、短い文の箇条書きにしたほうが短時間で内容を伝えられるからです。そのため、コンテンツ用のプレースホルダーには、はじめから箇条書きの書式が設定されています。

① 本文を入力するプレースホルダーをクリックします。

Memo 収まり切らないテキストは自動調整される

コンテンツ用のプレースホルダーに収まり切らない量のテキストを入力した場合、収まるように自動的に文字サイズが縮小されます。また、プレースホルダーの左下にサイズ調整アイコンが表示されます。クリックするとメニューが表示され、文字サイズの縮小以外に、「スライドを分割する」「2段組にする」などの対応を選ぶことができます。

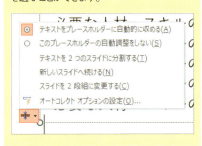

2 本文の1行目を入力すると、自動的に先頭に記号の付いた箇条書きになります。

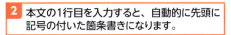

3 行末で Enter キーを押して改行すると、

4 2行目以降も先頭に記号が付き、箇条書きになります。

使えるプロ技！ テキストボックスを追加する

プレースホルダー以外にテキストを入力する枠が必要な場合は、[挿入]タブから「テキストボックス」を挿入します。テキストボックスの使い方は、プレースホルダーとほとんど同じです。スライドに最初からあるものがプレースホルダー、後から追加するものがテキストボックスと考えてください。

テキストボックスには横書きと縦書きがあります。また、初期設定では箇条書きの書式が設定されていないため、通常のテキストになります。箇条書きにしたい場合は、221ページを参照してください。

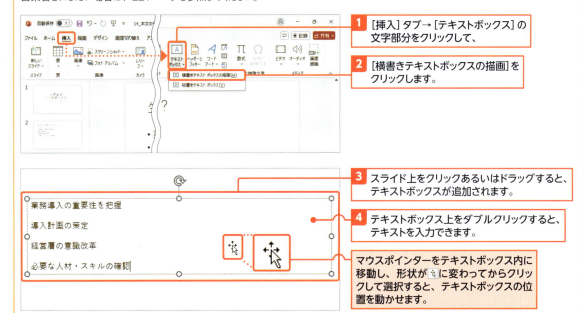

1 [挿入]タブ→[テキストボックス]の文字部分をクリックして、

2 [横書きテキストボックスの描画]をクリックします。

3 スライド上をクリックあるいはドラッグすると、テキストボックスが追加されます。

4 テキストボックス上をダブルクリックすると、テキストを入力できます。

マウスポインターをテキストボックス内に移動し、形状がに変わってからクリックして選択すると、テキストボックスの位置を動かせます。

3 記号を入力する

解説 [記号と特殊文字]ダイアログ

矢印や数学記号、罫線記号などのキーボードから入力しにくい記号は、[記号と特殊文字]ダイアログを使って挿入します。記号が一覧表示されるので、そこから選んで挿入できます。

Hint 段組みを設定する

スライドに長い文章を入れる必要がある場合は、段組みにすると1行の文字数が減って読みやすくなります。段組みにするには、[ホーム]タブの[段の追加または削除]をクリックし①、[2段組み]などをクリックします②。

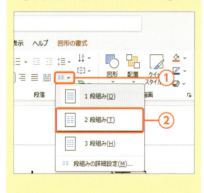

1 記号を入力する位置にカーソルを移動して、

2 [挿入]タブ→[記号と特殊文字]をクリックすると、

3 [記号と特殊文字]ダイアログが表示されます。

4 [種類]から記号の種類を選択すると、

5 選択した種類に含まれる記号が表示されるので、目的の記号をクリックします。

6 [挿入]をクリックして、

7 [×]をクリックします。

8 記号が挿入されます。

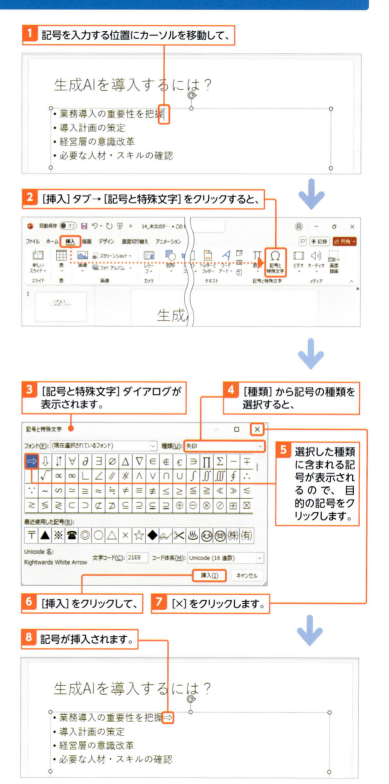

4 テキストをコピーする

 コピーと切り取り

別の場所に入力済みのテキストをコピーしたい場合は、右の手順のように操作します。[コピー]の代わりに[切り取り] ✕ をクリックすると、選択したテキストが消え、[貼り付け]をクリックした場所に移動します。

 [貼り付けのオプション]ボタン

コピーしたテキストを貼り付けると、直後に[貼り付けのオプション]が表示されます。このボタンをクリックするか Ctrl キーを押すと、貼り付ける形式を選択できます。

① 貼り付けた場所と同じ書式にする
② コピー元と同じ書式にする
③ テキストを画像として貼り付ける
④ 書式を適用せずに貼り付ける

 形式を選択して貼り付ける

[ホーム]タブの[貼り付け]の文字部分をクリックしても、貼り付ける形式を選択できます。

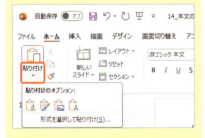

1 コピーするテキストを選択して、

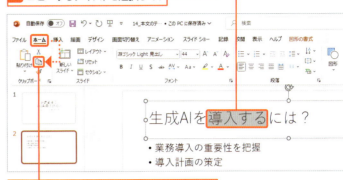

2 [ホーム]タブ→[コピー]をクリックします。

3 コピー先にカーソルを移動して、

4 [ホーム]タブ→[貼り付け]をクリックすると、

5 コピーしたテキストが貼り付けられます。

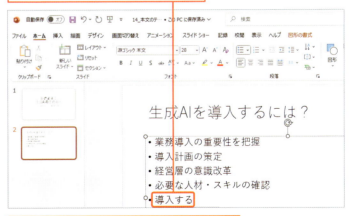

フォントなどの書式は、コピー先に合わせられます。

Section 15 アウトライン表示を使って構成を考える

練習用ファイル：15_アウトライン表示.pptx

ここで学ぶのは
- アウトライン表示
- 表示の切り替え
- テキストの編集

プレゼンテーションの構成がなかなかまとまらないときは、**アウトライン表示**を使ってみましょう。アウトライン表示では、すべてのスライドのテキストが1つの箇条書きとしてまとめて表示されます。そのおかげで、スライドの操作や書式などを意識せずに、**集中して構成を考える**ことができます。

1 アウトライン表示に切り替える

 アウトライン表示

アウトライン表示は、スライドのタイトルやコンテンツを、目次のような1つの箇条書きにする表示モードです。直接編集することもでき、その変更はリアルタイムでスライドに反映されます。

プレゼンテーションを新規作成したものの、どんなスライドを入れるべきか考えがまとまらないこともあります。そんなときは、アウトライン表示で発表に含めたい項目をすべて入力してしまい、順番を入れ替えながら構成を練ってみましょう。

Memo アウトライン表示でスライドを入れ替える

アウトライン表示で、各スライドのタイトルとなる行の先頭にある□をクリックすると、そのスライドに含まれるすべての行が選択されます。この状態でドラッグすると、スライドの並び順を入れ替えることができます。

Hint プレースホルダー以外は表示されない

アウトライン表示で表示されるのは、プレースホルダーに入力したテキストだけです。プレースホルダー以外のテキストボックスなどは表示されません。

1 [表示]タブ →[アウトライン表示]をクリックします。

2 アウトライン表示に切り替わります。

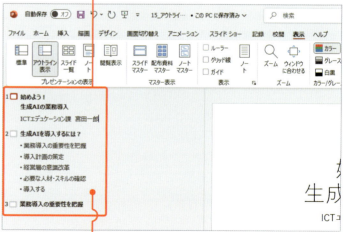

スライドの構成要素が箇条書きで表示されます。太字が各スライドのタイトル、字下げされた項目が本文になります。

2 アウトライン表示でテキストを入力する

解説　アウトライン表示でテキストを編集する

アウトライン表示では、Enterキーによる改行や、DeleteやBack spaceキーによる削除などの編集が、スライドの挿入や削除として反映されます。また、字下げがタイトルと本文を表すため、TabキーとShift＋Tabキーでタイトルと本文を切り替えることができます。スライドの挿入や削除といった細かな操作を意識せず、構成検討に集中できるのがアウトライン表示の大きなメリットです。

Memo　スライドのレイアウト

アウトライン表示でスライドを挿入した場合、スライドのレイアウトは直前のスライドと同じものになります。必要に応じて後から変更してください。

注意　グラフや表が削除されることがある

アウトライン表示に表示されるのはテキストだけで、それ以外のグラフや表、図などは表示されません。そのため、行の先頭の□をクリックして、Back spaceキーによってスライドを削除しようとすると、そのスライドに含まれるものも一緒に削除されるという警告が表示されます。削除されると困る場合は［いいえ］をクリックしてください。

アウトライン表示が向いているのは序盤の構成検討なので、グラフや図などを細かく作り込んでからアウトライン表示で編集するのは避けるべきでしょう。

1 Enterキーを押して改行しながら、スライドのタイトルを入力していきます。

2 Tabキーを押して字下げすると、スライドの本文になります。

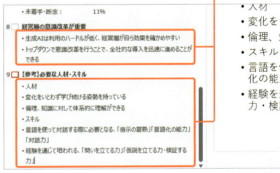

3 ［表示］タブ→［標準］をクリックします。

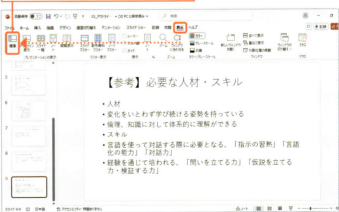

アウトラインの通りにスライドが挿入されています。

Section 16 連番付きの箇条書きにする

練習用ファイル：16_連番付きの箇条書き.pptx

スライド本文の箇条書きの行頭は、記号ではなく**連番**にすることもできます。**箇条書きの並び順に意味を持たせる**必要がある場合は、連番にするといいでしょう。連番の数字はアルファベットにすることもでき、途中に行を追加すると、連番が自動的に振りなおされます。

ここで学ぶのは
- 箇条書き
- 連番
- 箇条書きの編集

1 箇条書きの記号を連番に変更する

Hint 連番の数字を変更する

連番は、右の例のような数字ではなく、丸数字やアルファベットなどにすることもできます。連番の種類を変更するには、テキストを選択してから[ホーム]タブの[段落番号]の▽をクリックし、表示される一覧から目的の種類をクリックします。

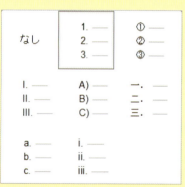

Memo 最初から連番で入力する

初期設定では、コンテンツ用のプレースホルダーは箇条書きの書式が設定されています。ただし、はじめから連番で入力したい場合は、コンテンツ用のプレースホルダーをクリックしてカーソルを表示しておき、[ホーム]タブの[段落番号]をクリックしてから、入力を開始します。

1 箇条書きのテキストを選択して、

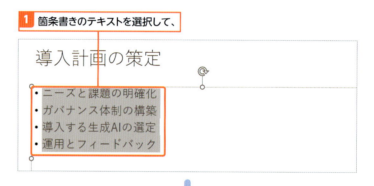

2 [ホーム]タブ→[段落番号]をクリックすると、

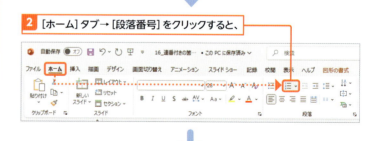

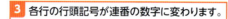

3 各行の行頭記号が連番の数字に変わります。

2 箇条書きを編集する

 連番は自動的に振りなおされる

箇条書き機能による連番は、行の追加や削除に応じて自動的に振りなおされます。また、箇条書きにはレベルがあり、字下げ（インデント）するとレベルが下がります。連番はレベルごとに振りなおされます。

Hint 連番の開始番号を変更する

[ホーム]タブで[段落番号]の～をクリックすると表示されるメニューで、[箇条書きと段落番号]をクリックすると、[箇条書きと段落番号]ダイアログが表示されます。ここで[開始]に数値を指定すると、指定した数値や文字を先頭にした連番が振られます。

Memo 箇条書きのレベルを変更する

箇条書きのレベルを変更するには、[ホーム]タブの[インデントを増やす]や[インデントを減らす]をクリックします。また、行の先頭で[Tab]キーや[Shift]+[Tab]キーを押しても字下げを変更できます。

1 連番が設定された行の末尾で[Enter]キーを押して改行し、

2 新たなテキストを追加すると、追加した行も含めて連番が振りなおされます。

3 字下げする行にカーソルを移動して、

4 [インデントを増やす]をクリックすると、

5 行が字下げされ、連番が「1」になります。

他の行は連番が振りなおされます。

Section 17 箇条書きの行頭記号を変更する

練習用ファイル：📁 17_箇条書きの行頭記号.pptx

ここで学ぶのは
- 行頭記号の変更
- 箇条書きの解除
- 箇条書きの詳細設定

スライド本文の箇条書きの**行頭記号**は、初期設定では「・」になっていますが、後から**他の記号に変更**できます。また、行頭記号の色はテキストと同じものになっていますが、行頭記号の色だけを変更して目立たせることもできます。

1 行頭記号の種類を変更する

解説 行頭記号の変更

箇条書きの行頭記号を変更するには、変更したい箇条書き全体を選択してから記号の種類を選択します。箇条書きの一部だけを選択した場合は、その行の記号だけが変わります。
全スライドの行頭記号をまとめて変えたい場合は、スライドマスターを編集します（82ページ参照）。

1 行頭記号を変更するテキストを選択して、

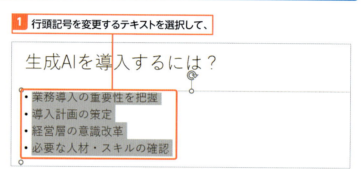

2 [ホーム]タブ→[箇条書き]の〰をクリックします。

Hint 箇条書きを解除する

箇条書きの記号を消して通常のテキストにしたい場合は、[ホーム]タブの[箇条書き]をクリックします。また、箇条書きの行頭で[Backspace]キーを押しても解除できます。

3 行頭記号の種類が表示されるので、目的の記号をクリックすると、

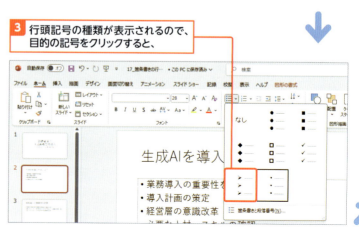

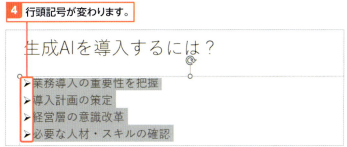

4 行頭記号が変わります。

  箇条書きの詳細設定

箇条書きの書式は、[箇条書きと段落番号] ダイアログで細かく調整できます。行頭記号の色やサイズを変えたり、一覧にない記号などを設定したりできます。

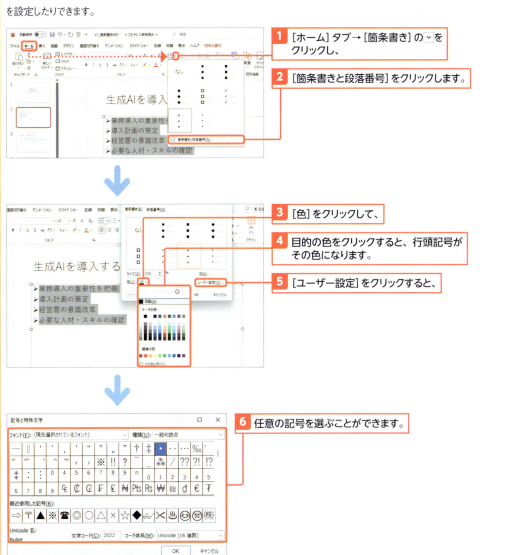

1 [ホーム] タブ → [箇条書き] の ✓ をクリックし、

2 [箇条書きと段落番号] をクリックします。

3 [色] をクリックして、

4 目的の色をクリックすると、行頭記号がその色になります。

5 [ユーザー設定] をクリックすると、

6 任意の記号を選ぶことができます。

Section 18 文字を検索／置換する

練習用ファイル： 18_検索と置換.pptx

ここで学ぶのは
- 検索
- 置換
- 一括置換

スライドのタイトルや本文として入力されたテキストの中から、特定の単語やフレーズを探したい場合は、**検索機能**を利用します。また、検索したテキストを別のテキストに置き換える**置換機能**を使えば、スペルミスや表記ゆれなどを効率的に修正できます。

1 テキストを検索する

解説　検索と置換

検索機能は、プレゼンテーション内のすべてのテキストを対象に、指定した文字列を検索し、該当するものがあれば選択して表示する機能です。置換機能は検索した文字列を、指定した別の文字列に置き換えるための機能で、用語の変更などをまとめて行えます。

Memo　最後まで検索すると

検索機能と置換機能では、現在選択されているスライドから文字列の検索を始めて、スライドの並び順通りにプレゼンテーション全体を検索します。最後のスライドまで検索が完了すると、以下のダイアログが表示されるので、[OK]をクリックします。

1 [ホーム]タブ→[検索]をクリックします。

2 [検索]ダイアログが表示されます。

3 検索するテキストを入力して、

4 [次を検索]をクリックすると、

5 プレゼンテーション内で該当するテキストが検索され、選択されます。

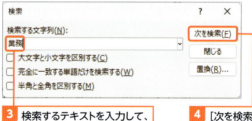

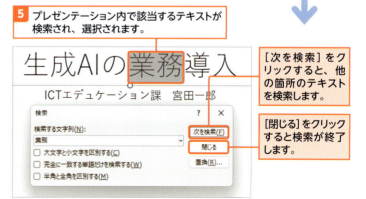

[次を検索]をクリックすると、他の箇所のテキストを検索します。

[閉じる]をクリックすると検索が終了します。

2 検索したテキストを別のテキストに置き換える

解説　1つずつ確認しながら置き換える

右の手順では、[次を検索]をクリックして置換する文字列を検索し、該当するものが見つかったら[置換]をクリックして置き換えるという操作を繰り返して、1つずつ置換しています。プレゼンテーション内のすべての対象文字列を一括して置換すると、内容の整合性が取れなくなる可能性がある場合は、この方法で置換するようにしましょう。

時短のコツ　一括して置換する

右の手順の[置換]ダイアログで、[すべて置換]をクリックすると、プレゼンテーション内のすべての該当文字列を一括して置換します。

ショートカットキー

- [検索]ダイアログの表示
  Ctrl + F
- [置換]ダイアログの表示
  Ctrl + H

---

1 [ホーム]タブ→[置換]をクリックして、

2 置き換え前のテキストを[検索する文字列]に入力し、

3 置き換え後のテキストを[置換後の文字列]に入力します。

4 [次を検索]をクリックすると、

5 [検索する文字列]に入力したテキストが検索され、該当するものが選択されます。

6 [置換]をクリックすると、

7 選択されたテキストが[置換後の文字列]に入力したテキストに置き換えられます。

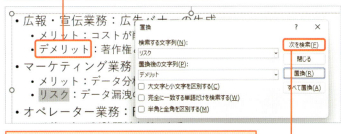

[次を検索]をクリックして、同様の操作を繰り返します。

Section 19 すべてのスライドに社名や日付を入れる

練習用ファイル：19_ヘッダーとフッター.pptx

ここで学ぶのは
- ヘッダー
- フッター
- 日付の指定

各スライドの下端の領域のことを**フッター**と呼びます。ここには、プレゼンテーションの発表者の**社名**や**発表日**などを記述できます。各スライドに個別にこれらの情報を記述するのは手間ですが、PowerPointではすべてのスライドに一括して記述できる機能が備わっているので、これを利用しましょう。

1 すべてのスライドの下端に社名を入れる

解説　フッターの利用

すべてのスライドの同じ位置に、社名など同じ情報を記述するには、右の手順に従ってフッターにその情報を入力します。[すべてに適用]をクリックすると、フッターに入力した情報が一括してすべてのスライドに記述されます。

Memo　フッターの情報を削除する

フッターの情報も、それぞれテキストボックスに入力されているため、クリックすると選択できます。選択した状態で[Back space]キーを押すと削除できますが、削除されるのは操作中のスライドのテキストボックスのみで、他のスライドには残ります。一括して削除したい場合は、[ヘッダーとフッター]ダイアログで[フッター]のチェックを外し、[すべてに適用]をクリックします。

1 [挿入]タブ→[ヘッダーとフッター]をクリックすると、

2 [ヘッダーとフッター]ダイアログが表示されます。

3 [フッター]にチェックを入れます。

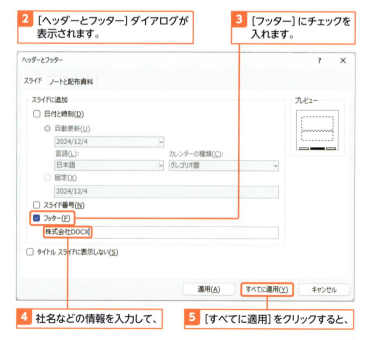

4 社名などの情報を入力して、

5 [すべてに適用]をクリックすると、

> **Memo ヘッダーとは**
>
> ヘッダーは、Officeにおいては上端の領域のことを指します。PowerPointではスライドにヘッダーはなく、配布資料マスターを開いたときのみ表示されます（286ページ参照）。

6 すべてのスライドの同じ位置に、社名が表示されます。

2 すべてのスライドの下端に発表日を入れる

> **解説 日付も同じダイアログで設定する**
>
> ［挿入］タブの［日付と時刻］をクリックした場合も、［ヘッダーとフッター］ダイアログが表示されます。ですから、［挿入］タブの［ヘッダーとフッター］をクリックして表示してもかまいません。

1 ［挿入］タブ→［日付と時刻］をクリックすると、

2 ［ヘッダーとフッター］ダイアログが表示されます。

3 ［日付と時刻］にチェックを入れます。

4 ［固定］をクリックして、

> **Hint 現在の日付を自動表示する**
>
> ［ヘッダーとフッター］ダイアログで［固定］の代わりに［自動更新］を選択すると、プレゼンテーションを開いた時点での日付が自動的に表示されるようになります。常に最新の日付を表示したい場合は、こちらを利用してください。

5 表示する日付を入力し、

6 ［すべてに適用］をクリックすると、

7 すべてのスライドの同じ位置に、日付が表示されます。

Section 20 スライドの並び順を入れ替える

練習用ファイル：📁 20_スライドの並び順.pptx

ここで学ぶのは
- スライドの入れ替え
- ドラッグ＆ドロップで入れ替え
- 切り取り／貼り付けで入れ替え

プレゼンテーションの実行時には、通常サムネイルウィンドウ最上部のスライドから下に向かって再生されるため、ここでの**スライドの並び順**は非常に重要になります。並び順はスライドのサムネイルを**ドラッグ＆ドロップ**すれば入れ替えられるので、適切な並び順にしましょう。

1 ドラッグ＆ドロップで入れ替える

解説　ドラッグ＆ドロップで入れ替える

表示モードが［標準］の場合、サムネイルウィンドウで目的のスライドのサムネイルをドラッグ＆ドロップすれば、スライドを移動して位置を入れ替えることができます。このとき、Ctrlキーを押しながらドラッグ＆ドロップすると、スライドが別の位置にコピーされます。

1 サムネイルウィンドウで並び順を変えるスライドをドラッグして、

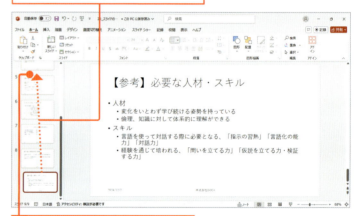

2 目的の位置で指を離すと（ドロップ）、

Hint　離れた位置に移動する

プレゼンテーションのスライド数が多いと、ドラッグ＆ドロップでスライドを移動させるのは面倒です。このような場合は、次ページのように操作して、スライドを移動させる方が効率的です。

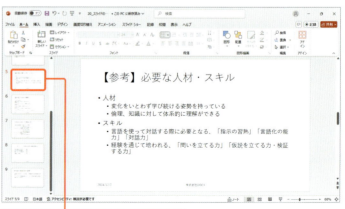

3 スライドの順番が入れ替えられます。

2 切り取り／貼り付けで入れ替える

Hint　サムネイルウィンドウで切り取り／貼り付け

サムネイルウィンドウでスライドを右クリックすると、メニューが表示されます。このメニューから、スライドの切り取りや貼り付けを行うこともできます。

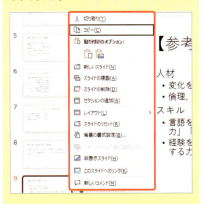

Hint　スライド一覧表示で並び順を変える

表示モードの［スライド一覧］（39ページ参照）では、スライドのサムネイルをドラッグ＆ドロップで並べ替えることができます。［標準］の表示モードと同様に、Ctrlキーを押しながらドラッグ＆ドロップすれば、スライドがコピーされます。

ショートカットキー

- スライドの切り取り
  スライドを選択して Ctrl + X
- スライドの貼り付け
  貼り付け位置を選択して Ctrl + V

---

① サムネイルウィンドウで並び順を変えるスライドをクリックして、

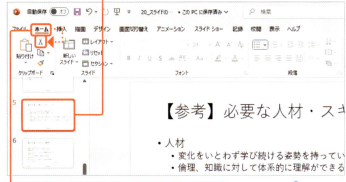

② ［ホーム］タブ→［切り取り］をクリックすると、

③ 選択したスライドが消えます。

④ 移動する位置をクリックすると目印として赤い線が表示されるので、

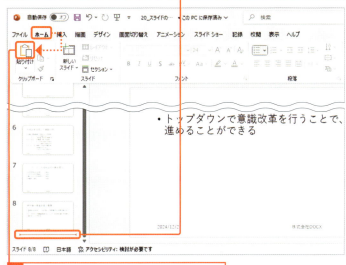

⑤ ［ホーム］タブ→［貼り付け］をクリックすると、

⑥ 最初に選択したスライドが赤い線の位置に移動します。

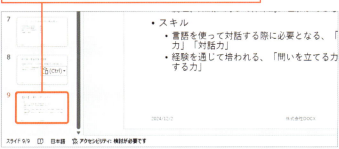

Section 21 スライドを複製／コピー／削除する

練習用ファイル： 📁 21_複製とコピーと削除.pptx

ここで学ぶのは

▶ スライドの複製
▶ スライドのコピー
▶ スライドの削除

既存のスライドと同じレイアウトのスライドを作りたい、元のスライドは念のため残して大幅に修正したいといった場合は、**スライドを複製**します。さらにここでは、スライドを**コピー**したり、不要なスライドを**削除**したりする方法も解説します。

1 スライドを複製する

解説　スライドの複製

まったく同じスライドをプレゼンテーション内に追加したい場合は、スライドをコピーするよりも複製する方が、操作手順が少なく済み、効率的です。複製は右の手順のように操作する他、[挿入] タブの [新しいスライド] の文字部分をクリックして表示されるメニューからも同様の操作で行えます。また、スライドを右クリックすると表示されるメニューから [スライドの複製] をクリックしても同様です。

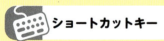
ショートカットキー
● スライドの複製
　スライドを選択して Ctrl + D

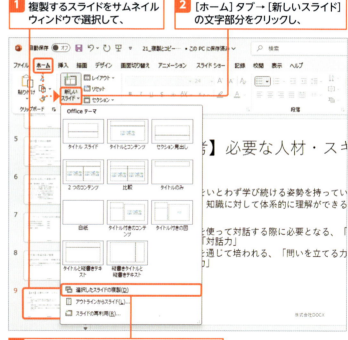

1 複製するスライドをサムネイルウィンドウで選択して、

2 [ホーム] タブ→ [新しいスライド] の文字部分をクリックし、

3 [選択したスライドの複製] をクリックすると、

4 選択したスライドの直下に同じスライドが複製されます。

2 スライドをコピーする

解説　スライドのコピー

同じ内容のスライドをプレゼンテーション内にコピーするには、右の手順のように操作します。また、離れた位置にスライドをコピーする場合は、サムネイルウィンドウをスクロールし、コピーしたい位置を選択します。

1 コピーするスライドをサムネイルウィンドウで選択して、

2 [ホーム]タブ→[コピー]をクリックし、

3 コピーする位置をクリックして、

4 [ホーム]タブ→[貼り付け]をクリックすると、

5 選択した位置にスライドがコピーされます。

3 スライドを削除する

Hint　削除を取り消す

右の手順に従ってスライドを削除した直後であれば、Ctrl+Zキーを押すと削除を取り消すことができます。プレゼンテーションを閉じてしまうと削除を取り消すことができなくなる点に注意してください。

1 削除するスライドをサムネイルウィンドウで右クリックして、

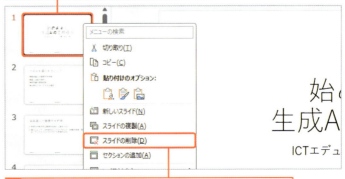

2 [スライドの削除]をクリックすると、スライドが削除されます。

4 スライド一覧表示でスライドを削除する

解説　スライド一覧表示

スライド一覧表示は、画面全体にスライドのサムネイルを表示するモードです。スライド枚数が非常に多い場合に利用すると、全体像を見ながら不要なスライドの削除や順番の入れ替えができます。

Hint　スライドの順序を入れ替える

スライド一覧表示でスライドの順序を入れ替えるには、66ページと同様の手順で行うことができます。スライド一覧表示は、サムネイルウィンドウが横に広がったような状態と考えるとわかりやすいでしょう。

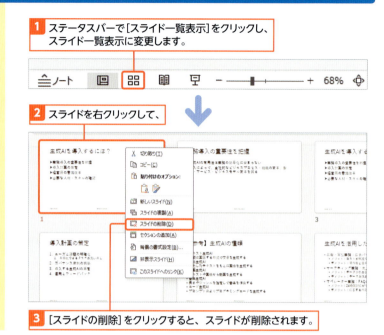

1 ステータスバーで[スライド一覧表示]をクリックし、スライド一覧表示に変更します。

2 スライドを右クリックして、

3 [スライドの削除]をクリックすると、スライドが削除されます。

使えるプロ技！　セクションを設定する

教材や資料を目的としたプレゼンテーションでは、スライド数が数十枚から数百枚に及ぶこともあります。その場合は途中に区切りを入れないと、どのスライドを見ているのかわからなくなってしまいます。内容の大きな区切りとなる位置に「セクション」を追加しましょう。セクションを追加すると、サムネイルウィンドウの表示にも区切りが表示されるため、全体の構成が把握しやすくなります。また、セクション冒頭に使うための「セクション見出し」というスライドレイアウトもあります。

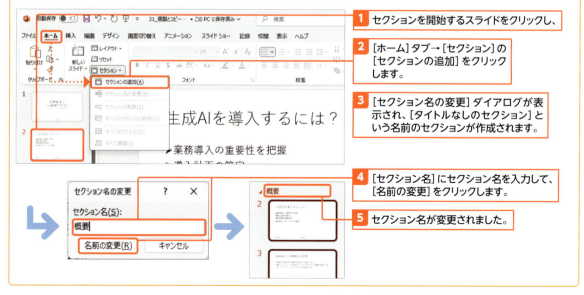

1 セクションを開始するスライドをクリックし、

2 [ホーム]タブ→[セクション]の[セクションの追加]をクリックします。

3 [セクション名の変更]ダイアログが表示され、[タイトルなしのセクション]という名前のセクションが作成されます。

4 [セクション名]にセクション名を入力して、[名前の変更]をクリックします。

5 セクション名が変更されました。

第 3 章

テーマやフォントを設定して
スライドの表現力を上げる

　内容がよいプレゼンテーションでも、見た目が地味なために注目してもらえないこともあります。PowerPointのデザイン機能を利用して、見た目を整えていきましょう。デザイン調整の基本的な流れとしては、まず「テーマ」「配色」「フォントパターン」「スライドマスター」などを利用して全体の見た目を整えてから、特に強調したい部分などを調整します。

Section 22	▶ PowerPoint のデザイン機能を知る
Section 23	▶ テーマと配色を設定する
Section 24	▶ フォントパターンを設定する
Section 25	▶ スライドマスターで全体の書式を設定する
Section 26	▶ 部分的にフォントやサイズ、色を設定する
Section 27	▶ 強調や下線などの文字書式を設定する
Section 28	▶ 段落を中央や右に寄せる
Section 29	▶ 字下げの幅を微調整する

Section 22 PowerPointのデザイン機能を知る

ここで学ぶのは
- テーマ
- スライドマスター
- 部分的な書式設定

PowerPointのデザイン機能は、プレゼンテーションの外観を一気に変えられる便利なものですが、全体を変更できる「テーマ」「スライドマスター」や「部分的な書式設定」など、いくつかに分かれています。それぞれの役割を把握して使い分けないと無駄な作業が増えてしまいます。ここではそれらの概要を説明します。

1 デザインを選ぶだけで全体を変更できる「テーマ」

 テーマ機能

[デザイン]タブの[テーマ]は、最も手軽に使えるデザイン機能です。選択肢の中からテーマを選ぶだけで、プレゼンテーション全体の外観を一気に変えることができます。フォントや背景色だけでなく、タイトルとコンテンツの並びすら変わることがあります。デザインに苦手意識がある人は、まずテーマの利用をおすすめします。

 テーマの配色、フォント

テーマの配色とフォントは、テーマの書式の一部だけを変える設定です。おおまかなデザインはよいが色使いが気に入らない、フォントがイマイチというときに使用します。

 プレースホルダー以外は調整されないことがある

テーマが影響するのは、全体の配色、フォント、スライドに最初からあるプレースホルダーの配置などです。自分で追加したテキストボックスなどは調整されないことがあります。

テーマの一覧からデザインを選ぶだけで……

プレゼンテーション全体の外観が大きく変わります。

なかにはタイトルとコンテンツの配置を変えるテーマもあります。

2 新しいテーマの作成もできる「スライドマスター」

解説　スライドマスターでデザインを微調整

テーマの配色やフォント以外の部分もカスタマイズしたい場合は、「スライドマスター」を利用します。スライドマスターは、スライドのレイアウトの書式を設定する機能です。この章では、テーマの文字サイズと行間を調整するために使いますが、オリジナルのテーマやレイアウトを作ることもできます。

スライドマスターは強力な機能ですが、それだけに難易度も高めです。「PowerPointの機能はおおむね理解した」という自信がついてから挑戦することをおすすめします。

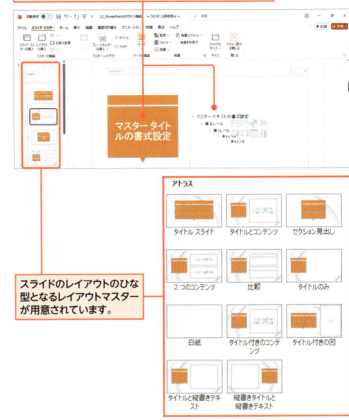

スライドマスターのプレースホルダーの書式を変更すると、全スライドに反映されます。

スライドのレイアウトのひな型となるレイアウトマスターが用意されています。

3 部分的な書式設定は最後の手段

解説　部分的な書式設定

全体の文字サイズや文字色ではなく、特に目立たせたい部分だけ書式を変えたいこともあります。その場合は、[ホーム]タブや[書式]タブにあるボタンを利用します。これらで行った書式設定は、そのときに選択している部分だけに反映されます。

部分的な書式設定を行う機能はシンプルで使いやすいのですが、すべてのスライドの文字サイズを変更するといった目的には不向きです。テーマやスライドマスターと使い分けましょう。

一部分だけ書式を変えたいときは、[ホーム]タブなどのボタンを利用します。

Section 23 テーマと配色を設定する

練習用ファイル： 23_テーマと配色.pptx

ここで学ぶのは
- デザインの適用
- バリエーションの選択
- 配色／背景色の変更

初期設定のプレゼンテーションは、飾りがほとんどない白紙に近い状態です。より訴求力を高めるために、**テーマ**を利用して全体のデザインを変更しましょう。テーマは、スライドの**配色**や**フォント**、**タイトル**などの**配置**をまとめて登録したもので、切り替えるとプレゼンテーション全体のイメージが一気に変わります。

1 スライドに統一されたデザインを適用する

Key word　テーマ

「テーマ」とは、スライドの背景とその配色、フォントや文字サイズなど、スライドのデザイン設定がまとめられたものです。PowerPointにはあらかじめ40種類以上のテーマが用意されています。

Memo　初期設定はOfficeテーマ

テーマ一覧の左上にある白紙のプレゼンテーションにはほとんど装飾がありませんが、これには「Officeテーマ」という名前のテーマが設定されています。さまざまなテーマに切り替えた後で結局白紙の状態に戻したくなったら選択しましょう。

1 [デザイン] タブをクリックして、

2 [テーマ] グループの [テーマ] (▽) をクリックすると、

3 テーマの一覧が表示されます。

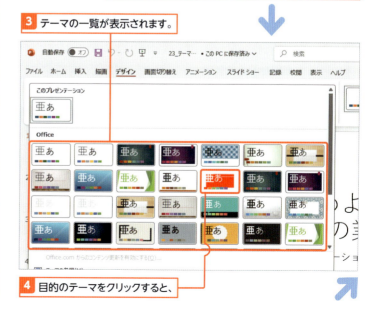

4 目的のテーマをクリックすると、

注意 テーマ変更時に図表がくずれることがある

テーマによっては、タイトルやコンテンツの配置やサイズが大きく変わるものもあります。そのため、図表を作成してからテーマを変更した場合、図表がスライドに収まらなくなって大幅な変更作業が発生することがあります。図表を作り込む前に、テーマは確定しておきましょう。

5 プレゼンテーションのすべてのスライドにテーマが適用されます。

2 テーマのバリエーションを選択する

解説 テーマのバリエーション

テーマの一部のデザイン要素を変更したものが、バリエーションとして用意されています。変更されるのは主に、配色や模様などです。選択したテーマがイメージと少し違うと感じた場合は、バリエーションの中によいものがないか探しましょう。
さらに[バリエーション]グループの[バリエーション]（▽）をクリックすると、配色やフォント、背景などを細かく調整できます。

1 [デザイン]タブをクリックして、

2 [バリエーション]グループで目的の配色をクリックすると、

3 すべてのスライドの配色がまとめて変更されます。

3 バリエーションにない配色に変更する

 解説　テーマの配色

[バリエーション] グループの [バリエーション]（▼）をクリックすると表示される [配色] では、プレゼンテーション全体の配色をまとめて変更できます。色の組み合わせだけを変えたいときに役立つ機能です。
選択した配色は、文字だけでなく図形やグラフなどにも反映されるため、全体のイメージが大きく変わります。暖色系を選んで温かみを出す、寒色系を選んでクールなイメージを強めるといった調整が可能です。

 Hint　オリジナルの配色を作成する

配色一覧の下部にある [色のカスタマイズ] を選択すると、[テーマの新しい配色パターンを作成] ダイアログが表示されます。ここでオリジナルの色の組み合わせを作ることができます。

1 [デザイン] タブ→ [バリエーション] グループの [バリエーション]（▼）をクリックして、

2 [配色] をクリックし、

3 目的の配色をクリックすると、

4 すべてのスライドの配色がまとめて変更されます。

4 スライドの背景色を変更する

Memo 背景の書式設定

最近では暗い背景を使用したプレゼンテーションも人気があります。背景色を変えたい場合は、右の手順で背景のスタイルを選択しましょう。一覧に気に入った背景色がない場合は、[デザイン]タブの[背景の書式設定]をクリックして作業ウィンドウを表示すると、より細かく色などを変更できます。

Hint 効果を変更する

バリエーションの[効果]では、図形に対してドロップシャドウや光彩、光沢などの特殊効果を設定できます。

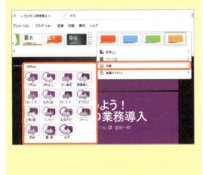

1 [デザイン]タブ→[バリエーション]グループの[バリエーション]（▽）をクリックして、

2 [背景のスタイル]をクリックし、

3 目的の背景色をクリックすると、

4 すべてのスライドの背景色がまとめて変更されます。

配色と背景を変更しましたが、オレンジ色のバリエーションの状態に戻してから次ページに進んでください。

Section 24 フォントパターンを設定する

練習用ファイル： 24_フォントパターン.pptx

ここで学ぶのは
- フォントの変更
- フォントパターン
- フォントの組み合わせ

プレゼンテーションは箇条書きや表など多くの文字が配置されるので、**文字のデザイン（フォント）** が与える影響は絶大です。フォント次第で、信用感や楽しさなど、与えるイメージが変化します。テーマでは、タイトル用とコンテンツ用のフォントを個別に設定でき、これらをまとめて**フォントパターン**といいます。

1 タイトルと本文のフォントをまとめて変更する

解説　フォントパターン

フォントパターンは、スライドのタイトルとコンテンツに設定するフォントの組み合わせです。フォントをいろいろ使いすぎると統一感がなくなるため、基本的にはこのセクションの手順でフォントパターンとして設定します。

Hint　欧文フォントの組み合わせもある

フォントパターンの名前が「Franklin Gothic、HG創英角ゴシックUB、HGゴシックE」となっている場合、タイトル用フォントはHG創英角ゴシックUB、コンテンツ用フォントはHGゴシックEに設定され、さらに半角の英数字のみがFranklin Gothicになります。Franklin Gothicのように英数字にしか設定できないフォントを「欧文フォント」と呼びます。

1 [デザイン]タブをクリックして、

2 [バリエーション]グループの[バリエーション]（▽）をクリックします。

3 [フォント]をクリックして、

今回は[HGPゴシックE]を選択しています。

4 目的のフォントセットをクリックすると、

注意 インストールされていないフォントは使えない

インターネット上で配布されているフォントなども、ダウンロードしてインストールすれば使用可能になります。ただし、パソコンにインストールされていないフォントは使用できません。また、他人にプレゼンテーションを渡した場合、その人のパソコンにフォントがないと表示が変わることがあります。

5 すべてのスライドのタイトルと本文のフォントが一括で変更されます。

フォントが［HGPゴシックE］に変更されました。

2 オリジナルのフォントパターンを作成する

解説 フォントパターンを作成する

既存のフォントパターンの中にイメージに合うものがない場合は、オリジナルのフォントパターンを作成します。右の手順で［新しいテーマのフォントパターンの作成］ダイアログを表示し、フォントの組み合わせを選択します。設定する項目は次の4つです。

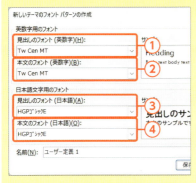

① 見出し（タイトル）の英数字のフォント
② 本文（コンテンツ）の英数字のフォント
③ 見出し（タイトル）の日本語のフォント
④ 本文（コンテンツ）の日本語のフォント

1 ［バリエーション］グループの［バリエーション］（ 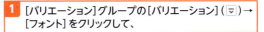 ）→［フォント］をクリックして、

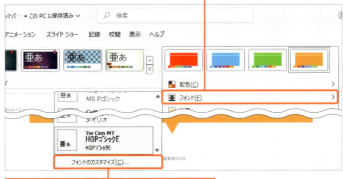

2 ［フォントのカスタマイズ］をクリックすると、

3 ［新しいテーマのフォントパターンの作成］ダイアログが表示されます。

3 組み合わせるフォントを選択する

> **Memo** タイトルとコンテンツのフォントを使い分ける
>
> フォントパターンの設定は4種類ありますが、日本人向けのプレゼンテーションを作成するのであれば、優先して設定するのは、日本語用の見出し（タイトル）と本文（コンテンツ）用のフォントです。

1 [見出しのフォント（日本語）]の ∨ をクリックすると、

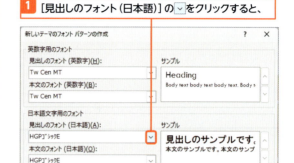

> **Memo** フォントを選ぶコツ
>
> 太いフォントは目立つ代わりに長文は読みにくくなるため、一般的には、タイトルに太いフォント、コンテンツに細いフォントを指定します。タイトル用に細いフォントを使うこともありますが、セオリーから外れるので少々センスが必要です。また、フォントには非常に細いものもあり、シャープなイメージを与えますが、再生環境によっては読みにくくなる恐れがあります。

2 フォントが一覧で表示されます。

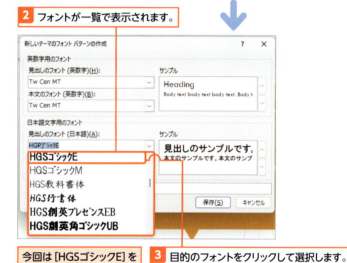

今回は[HGSゴシックE]を選択しています。

3 目的のフォントをクリックして選択します。

> **Hint** ユーザー定義のフォントパターン
>
> フォントパターンを作成すると、[バリエーション]グループの[バリエーション]（▽）→[フォント]の一覧に「ユーザー定義」として表示されるようになります。テーマ関連の設定はパソコン内で共有されるので、他のプレゼンテーションでも簡単に設定できます。

4 同様に操作して、[本文のフォント（日本語）]のフォントを選択します。

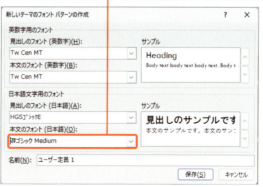

今回は[游ゴシック Medium]を選択しています。

Memo 英数字用フォントの設定

英数字用のフォントでは、日本語用のフォントと同じ和文フォントか、欧文フォントのどちらかを使います。日本語用のフォントと合わせた場合は、デザインに統一感が出ます。ただし、プレゼンテーション内の英単語に違和感がある場合は欧文フォントの使用も検討しましょう。

オリジナルVersion
オリジナルVersion

和文フォント（HGゴシックE）のみと、欧文フォント（Franklin Gothic Medium）の組み合わせ

5 必要に応じて、[見出しのフォント（英数字）][本文のフォント（英数字）]のフォントも選択し、

6 [名前]にフォントパターンに付ける名前を入力して、

7 [保存]をクリックします。

8 すべてのスライドにユーザー定義のフォントパターンが適用され、タイトルと本文のフォントが変わります。

使えるプロ技！ ユーザー定義のフォントパターンを編集、削除する

作成済みのユーザー定義のフォントパターンは、[バリエーション]グループのメニューに表示され、設定変更もそこから行います。使わないフォントパターンが増えてしまった場合は、削除することもできます。

1 [バリエーション]グループの[バリエーション]（▽）→[フォント]をクリックして、

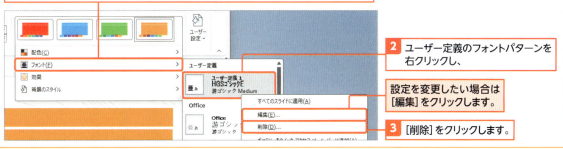

2 ユーザー定義のフォントパターンを右クリックし、

設定を変更したい場合は[編集]をクリックします。

3 [削除]をクリックします。

Section 25 スライドマスターで全体の書式を設定する

練習用ファイル： 📁 25_スライドマスター.pptx

ここで学ぶのは
▶ 全体の書式設定
▶ スライドマスター
▶ レイアウトマスター

テーマによって設定された書式を微妙に調整したい場合は、**スライドマスター表示**を利用します。スライドマスター表示は、プレゼンテーション全体の書式や体裁を設定する特殊な表示モードです。ここではテーマの微調整に使いますが、使いこなせば**オリジナルのテーマ**や**スライドレイアウト**を作ることもできます。

1 スライドマスターはスライドのひな型

「スライドマスター」は、プレゼンテーションに含まれるすべてのスライドのひな型です。例えば、スライドマスターで文字サイズの変更や画像の配置を行うと、それらはすべてのスライドに反映されます。

スライドマスター表示のサムネイルウィンドウには、スライドではなく「スライドのレイアウト」が表示されています。ここで編集したいレイアウトを選択し、プレースホルダーの書式などを設定していきます。先に紹介したテーマも、スライドマスターを利用して作られています。

2 タイトルの文字サイズを変更する

 スライドマスターの編集

スライドマスターを編集するには、表示モードをスライドマスター表示に切り替えます。スライドマスター表示では、サムネイルウィンドウにレイアウトの一覧が表示されます。それ以外の部分はほとんど変わりませんが、スライドマスターで行った編集は、すべてのスライドに反映されるという点には注意してください。

 [スライドマスター] タブ

スライドマスター表示に切り替えると、[スライドマスター] タブが表示されます。このタブにはスライドマスター専用の編集機能がまとめられており、新しいレイアウトやプレースホルダーの追加などを行えます。

 コンテキストタブ

特定の操作を行った際、[スライドマスター] タブのように、タブが一時的に追加されることがあります。このタブのことを、「コンテキストタブ」と呼びます。

解説 レイアウトマスターの編集

ここでは、「タイトルとコンテンツ」のレイアウトマスターを選択し、タイトルの書式を変更します。1つのレイアウトマスターだけを編集しているので、他のレイアウトは変化しません。すべての文字サイズなどを変更したい場合は、サムネイルウィンドウの一番上に表示されているスライドマスターを選択してください。

1 [表示] タブをクリックして、

2 [スライドマスター] をクリックすると、

3 表示モードが [スライドマスター] に切り替わります。

[スライドマスター] タブが表示されます。

スライドマスターとレイアウトマスターのサムネイルが表示されます。

4 「タイトルとコンテンツ」のレイアウトマスターをクリックして、

5 タイトルのプレースホルダーをクリックします。

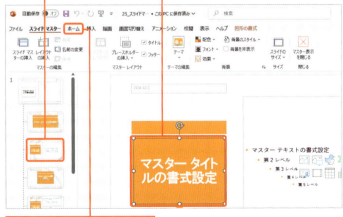

6 [ホーム] タブをクリックして、

解説　[ホーム]タブでの書式設定

スライドマスター表示で文字サイズなどを変更するには、[ホーム]タブのボタンを使用します。標準表示などで通常の書式変更（86ページ参照）をする場合と操作は変わりません。
また、プレースホルダーの枠線や背景色などを設定したい場合は、第7章で解説している図形の書式設定を行います。

 Hint　コンテンツの箇条書きを編集する

コンテンツのプレースホルダーには、箇条書きが入っています。ここで書式を変更すると、[タイトルとコンテンツ]の箇条書きの書式を変更できます。レベルごとにサイズや記号を変えることも可能です。箇条書きの書式設定については、58ページを参照してください。

7 [フォント]グループの[フォントサイズ]に目的の文字サイズの数値を入力して、

8 Enter キーを押すと、

9 文字サイズが変更されます。

3 タイトルの行間を変更する

 解説　行の間隔の設定

行と行の間隔を行間といい、PowerPointでは段落内の行間と、段落の上下のアキ間隔を設定可能です。
一般的に、タイトルなどはまとまり感を重視して行間を狭めにし、本文などの長文は読みやすさを優先して行間を広め（文字サイズ基準で1.5行程度）に設定します。ただし、プレゼンテーションのテキストは画面に映し出すものなので、行間を狭めにして段落間を広げたほうが読みやすいこともあります。

1 テキストの行間を変更するプレースホルダーをクリックして、

2 [ホーム]タブ→[行間]をクリックし、

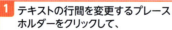
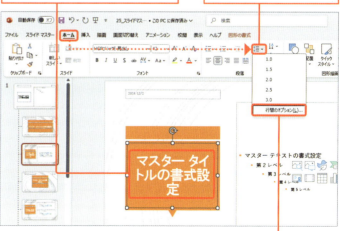

3 [行間のオプション]をクリックします。

解説 行間の倍数指定

[段落]ダイアログの[行間]では、行間の指定方法を1行、1.5行、2行、固定値、倍数から選択できます。[2行]を選択すると、行の高さが文字サイズのおおむね2倍になります。それ以外の倍率にしたい場合は、[倍数]を選択します。[固定値]の場合はpt(ポイント)単位で指定します。

注意 調整が終わったらスライドマスター表示を閉じる

スライドマスターの編集が終わったら、必ず[スライドマスター]タブの[マスター表示を閉じる]をクリックしてください。スライドマスター表示のまま操作して、誤ってプレースホルダーなどを削除してしまったりすると、プレゼンテーション全体に影響が出ます。

使えるプロ技！ 独自のレイアウトマスターを追加する

独自のレイアウトを追加したい場合は、[スライドマスター]タブの[レイアウトの挿入]をクリックします①。タイトルのみのレイアウトが配置されるので②、必要に応じて[プレースホルダーの挿入]の▼をクリックしてコンテンツ用のプレースホルダーを追加します③。

---

4 [インデントと行間隔]タブをクリックし、

5 [行間]で[倍数]を選択して、

6 [間隔]に数値を入力し、

7 [OK]をクリックすると、

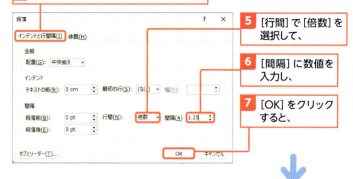

8 タイトルの行間が変更されます。

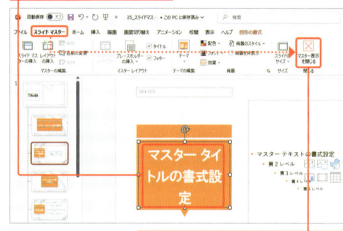

9 [スライドマスター]タブ→[マスター表示を閉じる]をクリックすると、

10 同じレイアウトのスライドすべてに、レイアウトマスターに加えた変更が反映されています。

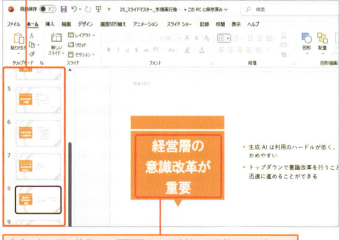

文字の折り返し位置は、Enterキーで改行して調整してください。

Section 26 部分的にフォントやサイズ、色を設定する

練習用ファイル：26_部分的に設定.pptx

ここで学ぶのは
- 部分的な書式設定
- 文字サイズの変更
- フォント／色の変更

テーマやスライドマスターによって全体のデザインが固まったら、**部分的にフォントやサイズ、色などを設定**していきましょう。注目してほしいテキストなどの書式を変えて目立たせると、プレゼンテーションの説得力を増すことができます。

1 テキストのサイズを変更する

解説　部分的な書式設定

表示モードを標準に戻してから、スライド中のテキストを選択して書式設定を行った場合は、その選択部分だけの書式が変わります。スライドマスターで書式設定したときのように、他の部分の書式に影響することはありません。テキストの書式は主に［ホーム］タブのボタンから設定できます。

Memo　プレースホルダー内のすべてのテキストに設定

テキストをドラッグして選択する代わりに、プレースホルダーの枠をクリックして設定すると、プレースホルダー内のテキストすべてが設定対象になります。

Hint　書式をリセットする

部分的に設定した書式は、テーマやスライドマスターによって設定された書式に上書きします。［ホーム］タブの［リセット］をクリックすると、部分的な書式がすべて解除され、テーマやスライドマスターの状態に戻ります。

1 文字サイズを大きくしたい部分をドラッグして選択します。

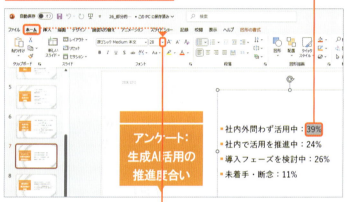

2 ［ホーム］タブ→［フォントサイズ］の をクリックして、

3 目的のフォントサイズをクリックすると、

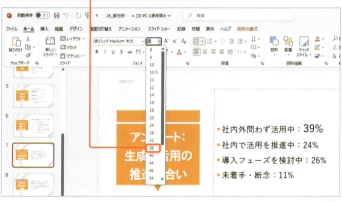

今回は［36］を選択しています。

Hint　少しずつ文字サイズを大きく／小さくする

具体的な数値でサイズを指定する代わりに、[ホーム] タブの [フォントサイズの拡大] をクリックするたびに大きく、[フォントサイズの縮小] をクリックするたびに小さくなります。

ショートカットキー

● フォントの拡大／縮小
　Ctrl ＋ Shift ＋ >
　Ctrl ＋ Shift ＋ <

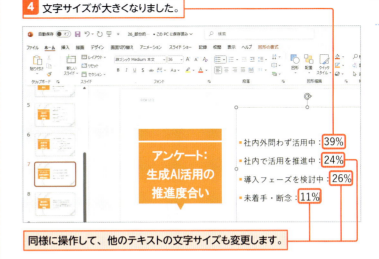

4 文字サイズが大きくなりました。

同様に操作して、他のテキストの文字サイズも変更します。

2 テキストのフォントを変更する

Memo　フォントを検索する

フォントの一覧から目的のフォントが見つけられない場合は、[ホーム] タブの [フォント] に、フォント名の一部を直接入力してみましょう。名前が一致するフォントのところまでスクロールします。
なお、テーマのフォントや、一度使用したフォントは、フォントの一覧の上部にまとめて表示されます。

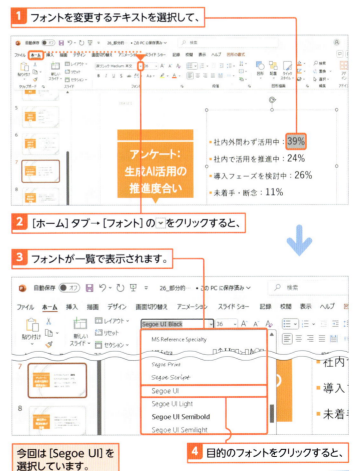

1 フォントを変更するテキストを選択して、

2 [ホーム] タブ→ [フォント] の ▼ をクリックすると、

3 フォントが一覧で表示されます。

今回は [Segoe UI] を選択しています。

4 目的のフォントをクリックすると、

Hint ミニツールバーで書式を変更する

テキストをマウスで選択すると、「ミニツールバー」が表示されます。主な書式設定用のボタンが配置されているので、リボンで操作するよりもすばやく書式設定できます。なお、キーボード操作でテキストを選択したときは、ミニツールバーは表示されません。

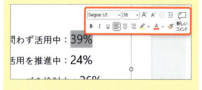

5 選択したテキストのフォントが変更されます。

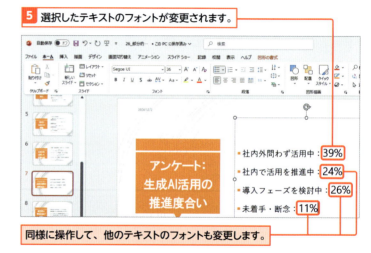

同様に操作して、他のテキストのフォントも変更します。

3 テキストの色を変更する

 解説 [色]の操作

文字の色を設定する[色]は、図形やグラフの色を設定するためにも使うので、基本的な操作方法を覚えておきましょう。[色]上部の[テーマの色]には、テーマの配色とその濃淡を変えたバリエーションが表示されています。[テーマの色]から選んだ色は、テーマや配色を変更すると合わせて変更されます。その下の[標準の色]には赤や黄など、一般的によく使われる色が表示されています。

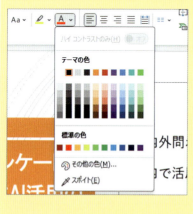

1 色を変更するテキストを選択して、

2 [ホーム]タブ→[フォントの色]のをクリックすると、

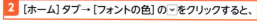

3 [色]のメニューが表示されます。

4 目的の色をクリックすると、

時短のコツ 離れた位置にある複数のテキストを選択する

離れた位置にある複数のテキストを同時に選択しておけば、そのすべてにまとめて書式を設定できます。離れた位置にある複数のテキストは、Ctrlキーを押しながらドラッグすると同時選択できます。

Ctrlキーを押しながらドラッグします。

5 選択したテキストの色が変更されます。

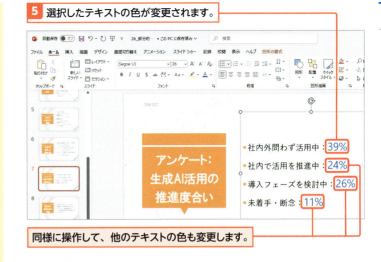

同様に操作して、他のテキストの色も変更します。

26 部分的にフォントやサイズ、色を設定する

［色］に目的の色がない場合

［色］の一覧にない色を使用したい場合は、［色］の［その他の色］①をクリックします。［色の設定］ダイアログが表示され、数値指定などで色を指定することができます。［標準］タブ②では、六角形状のタイルから色を選べます。［ユーザー設定］タブ③では、赤、青、緑の強さを指定して色を作成します。また、［色］の［スポイト］④をクリックするとマウスポインターがスポイト型に変わり、スライド内の他の場所の色をクリックで拾うことができます⑤。

● その他の色

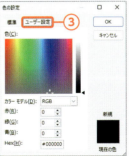

● スポイト

3 テーマやフォントを設定してスライドの表現力を上げる

89

Section 27 強調や下線などの文字書式を設定する

練習用ファイル： 27_文字書式.pptx

ここで学ぶのは
- 強調
- 下線
- ハイパーリンク

太字や**下線**、**斜体**といった一般的な**文字書式**は、ボタンをクリックするだけで設定できます。また、使いどころは決して多くはありませんが、文字間の調整や上付き／下付き、ハイパーリンクなどの**文字単位の書式設定**についても合わせて紹介します。必要になるときのために、機能の存在だけでも覚えておきましょう。

1 テキストを太字にする

解説 文字飾りの設定

太字や下線などのよく使われる文字飾りは、[ホーム]タブの[フォント]グループの各ボタンから、テキストに設定できます。文字飾りを解除するには、設定済みのテキストを選択してから①、解除する文字飾りのボタンを再度クリックします②。

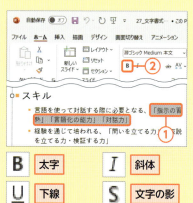

B 太字	I 斜体
U 下線	S 文字の影
ab 取り消し線	

ショートカットキー
● テキストを太字にする
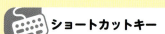
Ctrl + B

1 太字にするテキストを選択して、

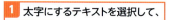
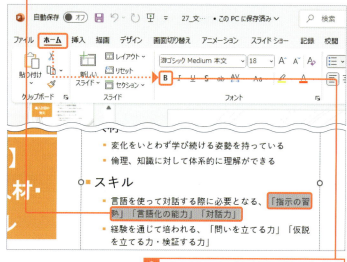

2 [ホーム]タブ→[太字]をクリックすると、

3 選択したテキストが太字になります。

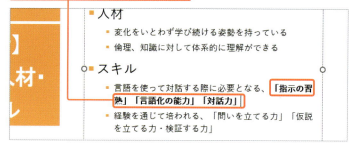

2 テキストに下線を引く

Memo 文字飾りは重ねて設定できる

同じテキストに複数の文字飾りを設定できます。例えば太字を設定済みのテキストを選択して、[ホーム] タブの [下線] をクリックすると、太字に下線が引かれます。複数の文字飾りが設定されたテキストの場合も、設定済みの文字飾りのボタンを再度クリックすれば、その文字飾りの設定は解除されます。

時短のコツ 複数の文字飾りをまとめて解除する

文字飾りは、ここで解説した方法の他にも、[ホーム] タブの [すべての書式をクリア] をクリックしても解除できます。テキストに設定された複数の文字飾りを、1クリックで解除できます。

ショートカットキー

● テキストに下線を引く
[Ctrl] + [U]

1 下線を引くテキストを選択して、

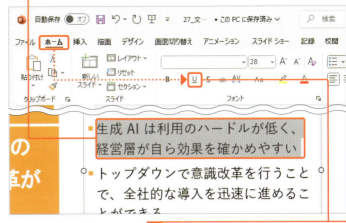

2 [ホーム] タブ→ [下線] をクリックすると、

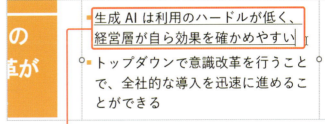

3 選択したテキストに下線が引かれます。

使えるプロ技! 蛍光ペンと [描画] タブ

太字や斜体、下線は、印刷物ならともかく画面に表示すると思ったより目立ちません。より画面で目立ちやすい装飾として「蛍光ペン」があります。黄色やピンクなどの蛍光色でテキストを強調できます。また、タッチパネル対応パソコンにPowerPointをインストールすると、[描画] タブが表示されます。これを利用するとスライドに手描きで書き込むことができます。

3 下線を太くして色を変更する

 [フォント]ダイアログ

右の手順で[フォント]ダイアログを表示すると、文字単位の書式を細かく設定することができます。

 文字の間隔を狭く／広くする

文字の間隔の設定は、狭いスペースにどうしてもテキストを押し込みたい場合や、文字間を広げてゆったりした印象を与えたい場合などに使います。テキストを選択してから[ホーム]タブの[フォント]グループにある[文字の間隔]をクリックして、メニューから[狭く]や[広く]などを選択します。

アルファベットの大文字／小文字を簡単に切り替える

[ホーム]タブの[フォント]グループにある[文字種の変換]をクリックすると表示されるメニューから、アルファベットを大文字／小文字に変換したりできます。大文字／小文字を切り替えるために、英単語を入力しなおさずに済みます。

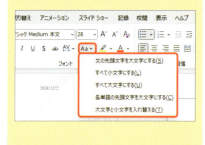

1 下線が引かれたテキストを選択して、

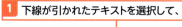
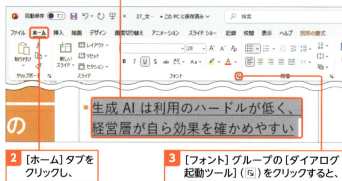

2 [ホーム]タブをクリックし、

3 [フォント]グループの[ダイアログ起動ツール]（ ）をクリックすると、

4 [フォント]ダイアログが表示されます。

5 [フォント]タブをクリックして、

6 [下線のスタイル]の をクリックし、

7 下線の種類（太線）を選択します。

8 [下線の色]をクリックして、

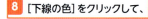
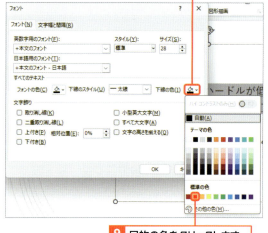

9 目的の色をクリックします。

Memo テキストを上付き／下付きにする

[フォント] ダイアログの [フォント] タブで、[上付き] にチェックを入れて [OK] をクリックすると、選択したテキストが上付き文字になります。また、[下付き] にチェックを入れると下付き文字になります。上付き／下付きに設定した際のテキストの縦位置は、[相対位置] に数値を指定して調整します。

● 上付き文字

登録商標®

● 下付き文字

H_2O

10 設定が終了したら、[OK] をクリックします。

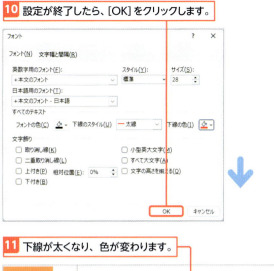

11 下線が太くなり、色が変わります。

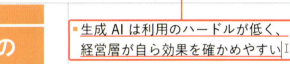

27 強調や下線などの文字書式を設定する

3 テーマやフォントを設定してスライドの表現力を上げる

使えるプロ技！ ハイパーリンクを設定する

テキストにハイパーリンクを設定すると、クリックして所定のWebページを表示させることができます。ハイパーリンクを設定するには、テキストを選択してから [挿入] タブの [リンク] をクリックし、表示されるダイアログでリンク先のWebページのURLを入力します。

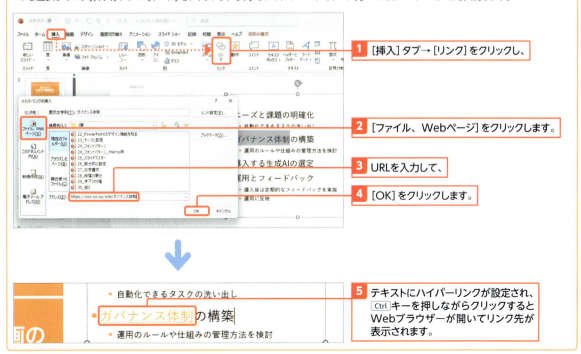

1 [挿入] タブ→ [リンク] をクリックし、

2 [ファイル、Webページ] をクリックします。

3 URLを入力して、

4 [OK] をクリックします。

5 テキストにハイパーリンクが設定され、Ctrlキーを押しながらクリックするとWebブラウザーが開いてリンク先が表示されます。

93

Section 28 段落を中央や右に寄せる

練習用ファイル: 📁 28_段落の寄せ.pptx

ここで学ぶのは
▶ 段落の書式設定
▶ 中央揃え
▶ 右揃え／左揃え

初期設定ではテキストは**左揃え**になっていることが多いのですが、デザインによっては**中央揃え**や**右揃え**にしたほうが映えることもあります。PowerPointでは段落単位で、文字の揃え方を設定できます。

1 テキストを中央に揃える

解説 段落の書式設定

改行までのひとまとまりのテキストを「段落」といいます。段落単位で設定できる書式設定には、ここで解説する文字揃えの他に、箇条書き(58ページ参照)や行間(84ページ参照)やインデント(96ページ参照)などがあります。

Hint 左揃えにする

テキストを左端に寄せるには、[ホーム]タブの[段落]グループにある[左揃え]をクリックします。

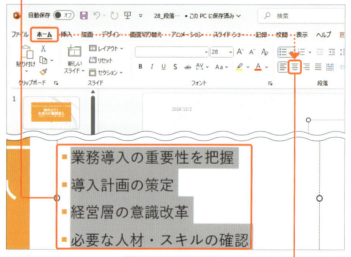

1 配置を変更するテキストを選択して、

2 [ホーム]タブ→[中央揃え]をクリックすると、

ショートカットキー

● 中央揃えにする
　[Ctrl]+[E]

● 左揃えにする
　[Ctrl]+[L]

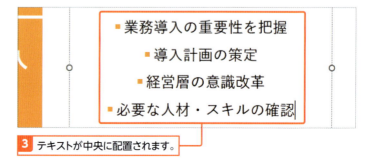

3 テキストが中央に配置されます。

2 テキストを右端に寄せる

Hint 両端揃えと均等配置

両端揃えと均等配置は機能が似ていますが、用途はまったく違います。両端揃えは複数行の長文に設定するもので、最終行以外の行末を揃えます。均等割り付けは人名や社名などを均等幅に揃えるために使います。

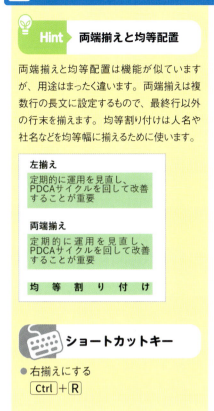

ショートカットキー

● 右揃えにする
[Ctrl]+[R]

1 配置を変更するテキストを選択して、

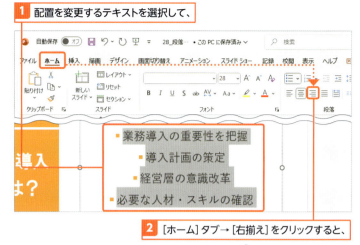

2 [ホーム]タブ→[右揃え]をクリックすると、

3 テキストが右端に配置されます。

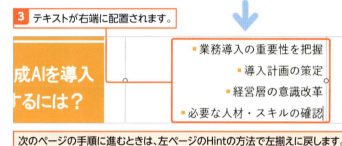

次のページの手順に進むときは、左ページのHintの方法で左揃えに戻します。

使えるプロ技！ テキストの縦方向の配置を変更する

上の手順では、横方向の段落の配置を変更していますが、縦方向の配置も同様に変更できます。縦方向の配置は、[上揃え][上下中央揃え][下揃え]の3種類が用意されており、[ホーム]タブの[段落]グループにある[文字の配置]から選択できます。

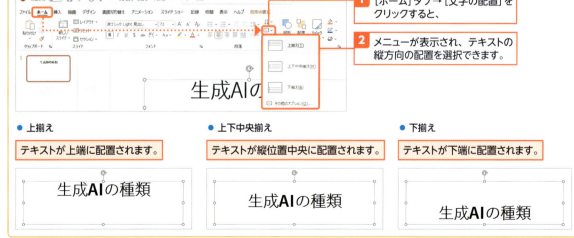

1 [ホーム]タブ→[文字の配置]をクリックすると、

2 メニューが表示され、テキストの縦方向の配置を選択できます。

● 上揃え　テキストが上端に配置されます。

● 上下中央揃え　テキストが縦位置中央に配置されます。

● 下揃え　テキストが下端に配置されます。

Section 29 字下げの幅を微調整する

練習用ファイル：29_字下げの幅.pptx

箇条書きの行頭は**インデント**という書式で下げられていますが、文字サイズを変更すると**下げ幅**が合わなくなることがあります。その場合は、[段落] ダイアログでインデントの下げ幅を調整しましょう。[段落] ダイアログでは**ぶら下げ**や**字下げ**などのインデントも設定できます。

ここで学ぶのは
- インデント
- ぶら下げ／字下げ
- ルーラー

1 数値を指定してインデントを入れる

[段落] ダイアログによるインデント調整

箇条書きは行頭の記号だけが左に突き出した形になっています。これは「ぶら下げ」という種類のインデントが設定されているためです。インデントの幅を微調整したい場合は、[段落] ダイアログで調整します。

見た目が変わるだけでレベルは下がらない

インデントは、[ホーム] タブの [インデントを増やす] や Tab キーでも設定できますが、その場合は箇条書きのレベルが下がります（59ページ参照）。つまり、親子関係のような階層があり、意味合いが変わるということです。
それに対して、[段落] ダイアログで設定した場合は、変わるのは見た目だけでレベルは変化しません。箇条書きのレベルを下げる意図なら、[インデントを増やす] や Tab キーを使いましょう。

箇条書きの文字サイズを下げると、相対的に行頭記号とテキストの間が離れて見えます。

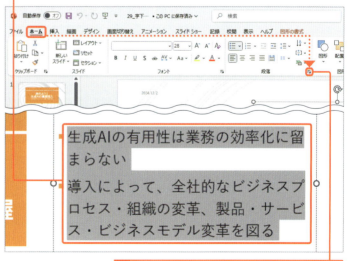

1 インデントを設定する段落を選択して、

2 [ホーム] タブ→[段落] グループの [ダイアログ起動ツール]（ ）をクリックすると、

Memo ぶら下げインデント

ぶら下げインデントは、段落全体の行頭を下げてから1行目の行頭だけを戻します。[テキストの前]で全体を0.4cm下げてから、[最初の行]で[ぶら下げ]を選び、[幅]で1行目を0.4cm下げると、最初の行が0.4cm左に飛び出したようになります。

3 [段落]ダイアログが表示されるので、[インデントと行間隔]タブをクリックします。

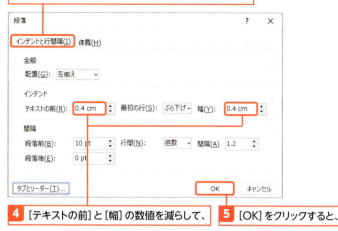

4 [テキストの前]と[幅]の数値を減らして、

5 [OK]をクリックすると、

6 行頭記号と文字が近づきます。

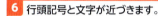

 字下げインデント

字下げインデントは、1行目を他の行よりさらに下げるインデントです。[段落]ダイアログの[最初の行]で[字下げ]を選択すると、字下げインデントになります。[テキストの前]で指定した幅だけ全体が下がり、[幅]で指定した分、さらに1行目が下がります。
段落の1行目を他の行と変えない場合は、[最初の行]で[なし]を選択します。

[最初の行]で[字下げ]を選択します。

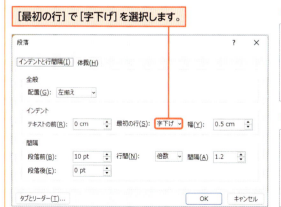

● 字下げ（テキストの前0、幅0.5）

● 字下げ（テキストの前1、幅0.5）

2 タブを利用して数値の位置を揃える

解説　行の途中の文字の位置を揃える

行の途中にある文字の位置を揃えたい場合は、タブとルーラーを利用します。
行頭にカーソルがある状態で Tab キーを押すとインデントが増えますが、行の途中にカーソルがある状態で Tab キーを押すとタブ文字が挿入されます。タブ文字はスペース記号の一種で、指定した位置に揃うよう幅を変える性質を持ちます。ルーラー上をクリックすると、タブ文字で揃える位置を指定することができます。

Key word　ルーラー

ルーラーはテキストの位置を確認し、操作するための目盛りです。上端に表示されるものが「水平ルーラー」、左端が「垂直ルーラー」と呼ばれます。ルーラー上ではタブを設定できる他、インデントの幅を微調整するインデントマーカーも表示されています。

インデントマーカー

1 [表示]タブをクリックして、

2 [ルーラー]にチェックを入れると、

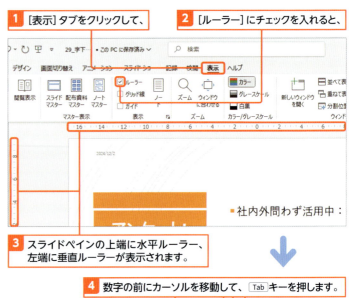

3 スライドペインの上端に水平ルーラー、左端に垂直ルーラーが表示されます。

4 数字の前にカーソルを移動して、Tab キーを押します。

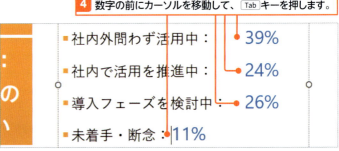

5 段落を選択し、

6 ルーラーをクリックして揃える位置を指定すると、

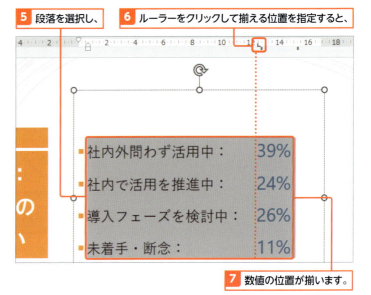

7 数値の位置が揃います。

第4章

画像や図をスライドに挿入する

　この章では、画像（写真・イラスト）や図をプレゼンテーションに挿入する方法について紹介します。また、スライドに挿入するだけでなく、SmartArtや組織図などをPowerPoint上で簡単に作成することもできます。これらを駆使してビジュアル的に訴求力の高いプレゼンテーションを作りましょう。

Section 30	▶	写真を挿入する
Section 31	▶	画像の位置やサイズを変更する
Section 32	▶	画像を切り抜く
Section 33	▶	画像の明るさやコントラストを調整する
Section 34	▶	画像に枠線や影を付ける
Section 35	▶	画像の背景を削除する
Section 36	▶	アイコンを利用する
Section 37	▶	箇条書きから図表を作成する
Section 38	▶	図表の見た目を変更する
Section 39	▶	組織図を作成する

Section 30 写真を挿入する

練習用ファイル: 📁 30_写真の挿入.pptx

ここで学ぶのは
- 画像の挿入
- オンライン画像
- 背景画像に設定

ビジュアル資料として、あるいはスライド本文に添えるワンポイントとして、**写真やイラストなどの画像**を使えば、視聴者に視覚的なインパクトを与えることができます。スライドには、自分で用意した画像はもちろん、インターネット上で無償公開されている画像も挿入できます。

1 パソコンに保存した画像を挿入する

解説　画像を挿入する

カメラで撮影してパソコンに取り込んだ写真や、他のアプリで作成したイラストなどの画像をスライドに挿入するには、[挿入] タブの [画像]→[このデバイス] をクリックして画像ファイルを指定します。別の方法として、プレースホルダーで [図] アイコンをクリックして挿入することもできます。

Hint　他のアプリの画面を挿入する

同時に起動中の他のアプリのウィンドウを、画像（スクリーンショット）としてスライドに挿入できます。スクリーンショットを挿入するには、[挿入] タブの [スクリーンショット] をクリックすると表示される [使用できるウィンドウ] から、目的のウィンドウをクリックします。なお、最小化されているウィンドウは挿入できません。

1 画像を挿入するスライドを表示しておきます。

2 [挿入] タブをクリックして、

3 [画像]→[このデバイス] をクリックすると、

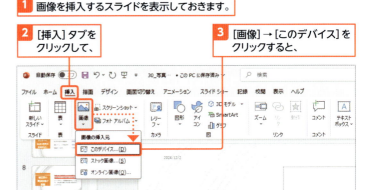

4 [図の挿入] ダイアログが表示されます。

5 画像が保存されたフォルダーを選択して、

6 画像をクリックし、

7 [挿入] をクリックすると、

Memo　プレースホルダーに別のコンテンツがあるとき

すでに別のコンテンツがプレースホルダーにある場合、画像はプレースホルダー内のコンテンツとは別に、スライドの中央に配置されます。ドラッグして移動やサイズ変更が行えます。また、スライド上にプレースホルダーがない場合も、スライドの中央に配置されます。

8 プレースホルダーに画像が挿入されます。

2 インターネット上の画像を検索して挿入する

解説　インターネット上の画像を利用する

PowerPointでは、インターネット上に公開されている写真やイラストを検索して、手軽にスライドに挿入できます。[オンライン画像]ウィンドウから、あらかじめ用意されたカテゴリーの中から多数の画像を選ぶことができる他、関連するキーワードを自分で入力して、画像を検索することもできます。この機能は、スライドの内容に適した画像がない場合に便利ですが、他人の著作物を使用することになるので、取り扱いには注意しましょう（次ページのKey word参照）。なお、[オンライン画像]に似た機能に[ストック画像]という機能もあります。こちらは画像の種類が限られていますが、ロイヤリティーフリーで使用できます（著作権料を払わなくてもよい）。

1 画像を挿入するスライドを表示しておきます。

2 [挿入]タブをクリックして、

3 [画像]→[オンライン画像]をクリックすると、

4 [オンライン画像]ウィンドウが表示されます。

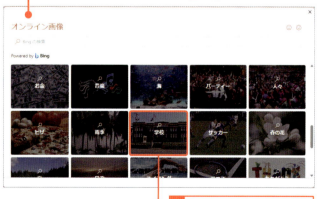

Memo　画像を削除する

スライドに挿入した画像を削除するには、クリックして選択してから、[Delete]キーあるいは[Back space]キーを押します。

5 カテゴリーをクリックすると、

Key word　Creative Commons

[オンライン画像]ウィンドウで[Creative Commonsのみ]にチェックを入れると、著作権者が第三者の使用を認めている画像のみが検索結果に表示されます。これらの画像は無許可でスライドへ挿入できますが、著作権が放棄されているわけではありません。画像の改変や商用利用には、著作権者からの許諾が必要となる場合があります。

Memo　表示される画像を絞り込む

[オンライン画像]ウィンドウでの画像の検索結果の画面で▽（フィルター）をクリックすると、画像のサイズや種類などの条件を追加して、検索結果を絞り込むことができます。

1 ▽をクリックして、

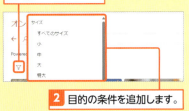

2 目的の条件を追加します。

6 カテゴリーに分類された画像が表示されます。

7 目的の画像をクリックしてチェックを入れ、

8 [挿入]をクリックすると、

9 画像が挿入されます。

3 画像をスライドの背景にする

解説　スライドの背景画像を挿入する

画像はスライドの背景として挿入することもできます。この場合は[デザイン]タブの[背景の書式設定]をクリックし、[塗りつぶし（図またはテクスチャ）]をクリックして目的の画像を選択します。背景の画像には、パソコンに保存されている画像の他にオンライン画像も使用できます。

1 背景を変更するスライドを表示しておきます。

2 [デザイン]タブをクリックして、

3 [背景の書式設定]をクリックすると、

Memo スライドの背景の設定

［背景の書式設定］作業ウィンドウでは、画像の挿入の他にも、スライドの背景を指定した色やグラデーションで塗りつぶしたり、模様に変更したりすることができます。

Hint すべてのスライドに適用する

右の手順では、現在表示しているスライドのみ背景が変更されます。すべてのスライドの背景を変更したい場合は、［背景の書式設定］作業ウィンドウの最下部にある［すべてに適用］をクリックします。

Hint 背景画像を半透明にする

画像によっては、前面に配置されているテキストや画像と重なって区別しづらいことがあります。［背景の書式設定］作業ウィンドウの［透明度］を利用して画像を半透明にすると、背景が薄くなりメリハリのあるスライドになります。［100％］で完全に透明になるので、その範囲で適切な透明度に調整しましょう。

4 ［背景の書式設定］作業ウィンドウが表示されます。

5 ［塗りつぶし（図またはテクスチャ）］を選択し、

6 ［挿入する］をクリックすると、

7 ［図の挿入］ウィンドウが表示されます。

8 ［ファイルから］をクリックし、

［オンライン画像］をクリックすると［オンライン画像］ウィンドウが表示されます。

9 画像が保存されたフォルダーを選択して、画像をクリックし、

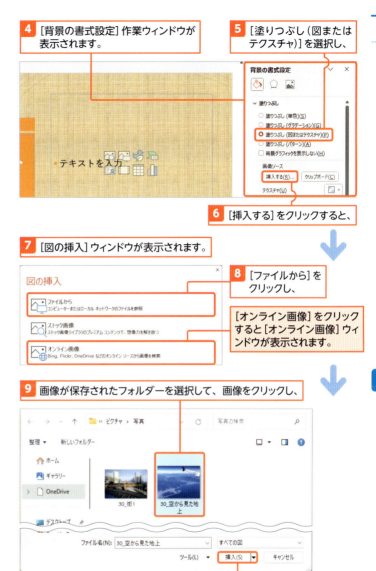

10 ［挿入］をクリックすると、

11 スライドの背景に画像が設定されます。

Section 31 画像の位置やサイズを変更する

練習用ファイル：31_画像の位置やサイズ.pptx

ここで学ぶのは
- 画像のサイズ変更
- 画像の移動
- 画像の回転

挿入した直後は、画像はスライドやプレースホルダーの中央に配置されますが、この**位置**は**ドラッグ&ドロップ**で**移動**できます。また、選択時に表示されるハンドルをドラッグすれば、**画像のサイズを変更**できます。これらの操作を覚えておけば、スライド上の画像を自由にレイアウトできるようになります。

1 画像のサイズを変更する

縦横比を保ってサイズ変更する

画像を選択すると、周囲に8つのハンドルが表示されます。画像のサイズ変更はこれらをドラッグして行います。縦と横の比率を保ったままサイズ変更するには、右の手順のように、四隅のハンドルをドラッグします。

Hint 縦横比を変えてサイズ変更する

8つのハンドルのうち、四辺の中間（中央）に表示されるハンドルをドラッグすると、画像の上下または左右のサイズが変更されます。この場合は画像が縦長または横長になり、縦横比が変更されます。

Hint 画像の中心を基点にサイズ変更する

サイズ変更は、通常はドラッグするハンドルの対角線（または反対の辺）を基点に行われます。Ctrlキーを押しながらハンドルをドラッグすると、画像の中心を基点にしてサイズが変更されます。

1 画像をクリックして選択し、

2 四隅のいずれかのハンドルをドラッグすると、

3 画像のサイズが変わります。

2 画像を移動する

Hint　ドラッグして画像を複製する

画像を移動する際に、Ctrlキーを押しながらドラッグすると、マウスのボタンから指を離した位置に同じ画像がコピーされます。

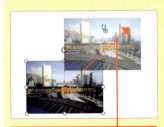

Ctrlキーを押しながらドラッグすると複製されます。

Memo　画像を回転する

画像を選択すると上中央に表示される回転ハンドルをドラッグすると、ドラッグした方向に画像を回転できます。このとき、Shiftキーを押しながらドラッグすると、ドラッグした方向に15度間隔で回転できます。

1 回転ハンドルをドラッグすると、

2 画像が回転します。

ショートカットキー

● 画像を少しずつ移動する
　画像を選択して ← → ↑ ↓

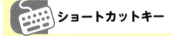

1 画像をクリックして選択し、
2 カーソルを画像の枠内に移動すると、
3 カーソルの形がこのように変わるので、
4 目的の位置までドラッグします。

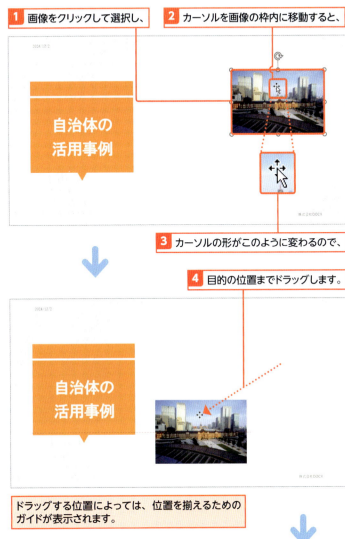

ドラッグする位置によっては、位置を揃えるためのガイドが表示されます。

5 マウスのボタンから指を離すと、画像が移動します。

Section 32 画像を切り抜く

練習用ファイル：📁 32_切り抜き.pptx

ここで学ぶのは
- トリミング
- 図形に切り抜く
- トリミングの調整

スライドに挿入した写真に、プレゼンテーションで訴求したい対象以外のものが写り込んでいると、視聴者の注目が逸れてしまうことがあります。このような写真に対しては、**トリミング**の機能を使って、**メインの対象だけを切り抜く**ように加工しましょう。

1 画像を指定した範囲でトリミングする

Key word　トリミング

画像の不要な部分を断ち切り、必要な部分だけを切り抜くことを「トリミング」といいます。PowerPointでは、一般的な画像編集アプリのように矩形で囲んだ範囲でトリミングできる他、さまざまな形状の図形を「型」にしてトリミングすることができます（108ページ参照）。

Hint　元の写真は切り抜かれない

PowerPointのトリミングは、画像の不要な部分を隠す機能です。実際の画像が切り抜かれるわけではないので、いつでも元の状態に戻すことができます。

1 画像をクリックして選択し、
2 [図の形式] タブ →[トリミング] の文字部分をクリックし、
3 [トリミング] をクリックすると、
4 画像の四隅と四辺中央に、トリミング枠が表示されます。

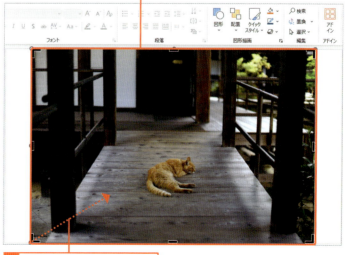

5 トリミング枠をドラッグすると、

Hint　元の画像の縦横比を維持してトリミングする

左の手順5で、画像四隅のトリミングの枠を[Shift]キーを押しながらドラッグすると、元の画像の縦横比を保ったまま、切り抜く範囲を変更できます。

Hint　トリミングをやりなおす

トリミングする範囲を再変更するには、画像を選択して[図の形式]タブ→[トリミング]をクリックし、再度トリミング枠を表示します。

Memo　トリミングを取り消す

トリミングを取り消すには、画像を選択して、[図の形式]タブにある[図のリセット]の∨をクリックし、メニューから[図のサイズのリセット]をクリックします。トリミングが取り消され、画像が元の表示サイズに戻ります。

6 枠が移動して、枠外の画像がグレーで表示されます。

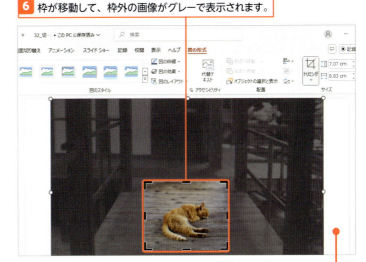

7 断ち切られる部分がグレーに、切り抜かれる部分がカラーになるように枠を調整して、

8 画像以外の余白部分をクリックすると、

9 画像が切り抜かれます。

Memo　トリミングした画像の移動とサイズ変更

トリミングした画像は、通常の画像と同様の操作で拡大／縮小や移動が行えます。画像をクリックして選択すると、画像の周囲に8つのハンドルが表示されるので、これらをドラッグしてサイズを変更します（104ページ参照）。また、クリックして選択してからドラッグすると、画像を任意の場所へ移動できます。

ハンドルをドラッグすると、サイズを変更できます。

マウスポインターが の状態でドラッグすると、移動できます。

2 画像を図形で切り抜く

解説　画像を型抜きする

画像をトリミングする際の形状は、前ページで紹介した矩形の他、任意の図形による型抜きも行えます。

Hint　縦と横の比率を決めてトリミングする

トリミング後の画像の縦横比を1:1（正方形）や4:3などに決めておきたい場合もあります。右の手順❸の後に［縦横比］をクリックするとサブメニューが表示され、目的の比率でトリミング枠を表示させることができます。

Hint　図形が写真からはみ出てしまったら？

トリミング枠をドラッグして図形のサイズ変更する際、画像の領域から枠がはみ出してしまうことがあります。図形が画像で塗りつぶされた状態に戻すには、右の手順❸の後に表示されるメニューから［塗りつぶし］をクリックします。また［枠に合わせる］をクリックすると、画像がトリミング枠内に収まるようサイズ変更されます。

● 塗りつぶし

● 枠に合わせる

❶ 画像をクリックして選択し、　❷ ［図の形式］タブをクリックし、

❸ ［トリミング］の文字部分をクリックします。

❹ ［図形に合わせてトリミング］をクリックして、

❺ 切り抜く「型」となる図形をクリックすると、

❻ 選択した図形を型にして画像がトリミングされます。

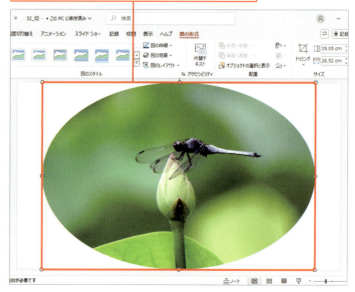

3 枠内に表示される範囲を変更する

解説　元画像の表示位置やサイズを調整する

右の手順5のように、トリミング枠の位置や大きさを維持したまま元画像を操作して、枠内に表示される範囲や倍率を変更することができます。

Hint　PowerPointの動作が遅いとき

特に写真を多用したプレゼンテーションではデータサイズが大きくなるため、作業環境によってはPowerPointの動作が遅くなってしまうことがあります。このような場合は、写真のデータサイズを圧縮しましょう。挿入された写真をクリックして選択し、[図の形式]タブ→[図の圧縮]をクリックして、[画像の圧縮]ダイアログの[解像度]で目的のデータサイズを選択し、[OK]をクリックします。

Hint　トリミングを解除／変更できないとき

画像を圧縮すると、トリミングを解除して元の画像に戻したり、トリミングの範囲を後から変更したりできなくなることがあります。トリミングの解除と範囲の変更を可能にして圧縮するには、[画像の圧縮]ダイアログで[図のトリミング部分を削除する]のチェックを外します。ただし、この方法で圧縮すると、データサイズの削減量は少なくなります。

---

1 図形で切り抜いた画像をクリックして選択し、

2 [図の形式]タブ→[トリミング]をクリックすると、

3 ハンドルとトリミング枠が表示されます。

4 トリミング枠の四隅のハンドルをドラッグすると、トリミング枠のサイズが変更されます。

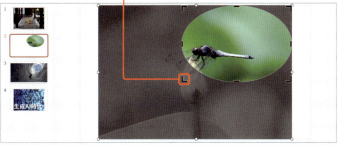

5 画像をドラッグすると移動し、トリミングされる部分が変わります。

6 画像以外の余白をクリックして、トリミングを確定します。

4 描画した図形で画像を切り抜く

Hint　図形と画像を選択する順番

[重なり抽出]では、初めに選んだ画像を基準に、2番目以降に選択したものが重なる部分を抽出します。
そのため、選択する順番を逆にすると実行結果が変わります。

● 図形を先に選択した場合

1　切り抜きたい形の図形を画像に重ねて描画して、

2　Shift キーを押しながら画像→図形の順に選択します。

3　[図形の書式]タブ→[図形の結合]をクリックして、

4　[重なり抽出]をクリックすると、

5　画像が図形の形で切り抜かれます。

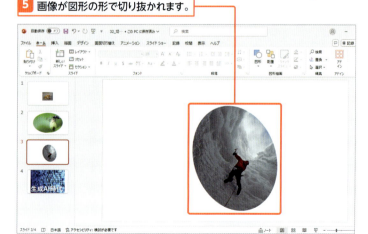

解説　切り抜いた後に形を変える

この方法で切り抜いた後、[図の形式]タブ→[トリミング]をクリックすると現れる枠を調整して、切り抜きの形を変更することができます。この場合、調整できるのは縦横比とサイズのみとなります。

Hint　自由な形で切り抜く

Section74（230ページ）で紹介する方法で作成した図形と組み合わせれば、画像を自由な形に切り抜くことができます。

5 文字で画像を切り抜く

解説 文字による画像の切り抜き

図形と同様に、文字で画像を切り抜くことができます。ただし、切り抜いた後に文字を変更することはできません。文字を変更したい場合は、元に戻す（Ctrl+Z）でテキストボックスを編集できる状態に戻すか、もう一度作り直す必要があります。

1 切り抜きたい文字をテキストボックスに打ち込んで、

2 画像に重ねて Shift キーを押しながら画像→テキストボックスの順に選択します。

3 [図形の書式] タブ→ [図形の結合] をクリックして、

4 [重なり抽出] をクリックすると、

5 画像が文字の形で切り抜かれます。

Hint 切り抜き範囲を変更する

文字で切り抜いた後にも、切り抜く画像の範囲を変更することができます。[図の形式] タブ→ [トリミング] をクリックすると、トリミング範囲を表す枠が表示されます。画像やテキストボックスをドラッグして、切り抜く範囲を変更します。

トリミング枠

Section 33 画像の明るさやコントラストを調整する

練習用ファイル: 33_明るさとコントラスト.pptx

ここで学ぶのは

- 修整
- 明るさの調整
- 彩度の調整

スライドに挿入した写真が暗い、色合いがくすんで見えるといった場合でも、PowerPoint上で手軽に明るさや色鮮やかさを調整できます。明るさや色合いの変化をプレビューしながら調整できるので、フォトレタッチの知識がなくても、簡単に見栄えのする写真に仕上げることができます。

1 明るさを調整する

解説 明るさとコントラストの調整

明るさを調整すると、画像全体が明るめ／暗めに変更されます。コントラストを調整すると、明暗差を強調したクッキリした画像にしたり、明暗差を縮めて淡い画像にしたりできます。PowerPointでは、明るさとコントラストの組み合わせから適切なものを選択して、画像に適用できます。

Hint 写真を鮮明にする／ぼかす

右の手順❷で表示される[シャープネス]では、被写体の輪郭の鮮明さを調整できます。左端のサムネイルの鮮明度が最も低く、右端が最も高くなるため、最適なサムネイルをクリックして調整しましょう。鮮明度を最も低くすると、画像全体をぼかしたようになります。

Hint 調整をリセットする

画像に設定した明るさやコントラスト、シャープネスなどを元の状態に戻すには、[調整]グループの[図のリセット]をクリックします。

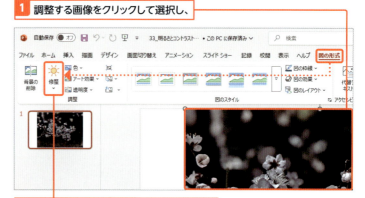

❶ 調整する画像をクリックして選択し、

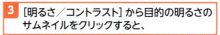

❷ [図の形式]タブ→[修整]をクリックして、

❸ [明るさ/コントラスト]から目的の明るさのサムネイルをクリックすると、

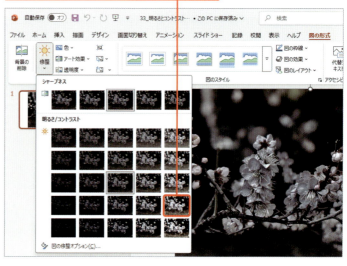

使えるプロ技！ 画像を絵画調にする

画像を絵画調に加工するには、[図の形式]タブの[アート効果]をクリックして、表示されるサムネイルの中から目的の絵画調の効果をクリックします。

● アート効果「カットアウト」

4 画像の明るさが変わります。

2 色鮮やかさを調整する

解説 彩度を調整する

彩度を調整すると、花の赤さ、木々の緑などの色合いをより強調し、鮮明にすることができます。全体的に色合いがくすんでいる場合は調整してみましょう。

Memo 色のトーン

十分な光量のない室内で撮影した写真は、照明の影響で不自然な青みや赤みがかかることがあります。右の手順で表示される[色のトーン]を利用すると、こうした写真を修整することができます。

● 温度：4700K

● 温度：11200K

1 調整する画像をクリックして選択し、

2 [図の形式]タブ→[色]をクリックし、

3 [色の彩度]から目的の色合いのサムネイルをクリックすると、

右側にあるサムネイルほど、色鮮やかになります。

4 色の鮮やかさが変わります。

Section 34 画像に枠線や影を付ける

練習用ファイル：34_枠線と影.pptx

ここで学ぶのは
- 枠線
- 影
- 枠線／影の変更

スライドに挿入した画像には、**枠線**を付けることができます。枠線には**好きな色を設定**することも可能です。また、画像には**影**を付けることもできます。影を付けることで画像を立体的に見せることができるので、スライドの中で画像の存在感が際立つような効果が期待できます。

1 枠線を付ける

解説　画像に枠線を設定する

挿入した画像は、枠線を付けて目立たせることができます。枠線は右の手順で設定している実線の他、破線や点線などにも変更できます。枠線の種類を変更するには、右の手順❸で表示されるメニューから［実線／点線］をクリックし、サブメニューから目的の枠線の種類をクリックします。

Hint　枠線を消す

設定した枠線を消すには、右の手順❸で表示されるメニューから［枠線なし］をクリックします。

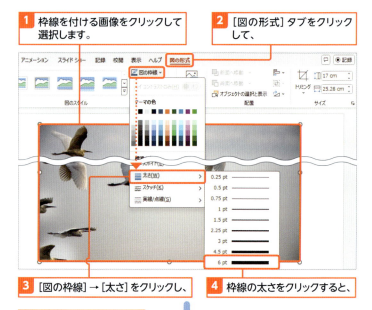

1. 枠線を付ける画像をクリックして選択します。
2. ［図の形式］タブをクリックして、
3. ［図の枠線］→［太さ］をクリックし、
4. 枠線の太さをクリックすると、
5. 画像に枠線が付きます。

2 影を付ける

Hint 画像に付けた影を消す

影を付けると、画像がスライドから浮き上がるような立体的な効果が得られます。右の手順で付けた影を消すには、右の手順3で表示されるメニューから[影なし]をクリックします。

使えるプロ技！ 影の光源の角度や濃さを変更する

右の手順4で、影の種類の最下部にある[影のオプション]をクリックすると、[図の書式設定]作業ウィンドウが表示されます。ここでは設定した影の濃淡や、光源の角度などの詳細を設定することができます。

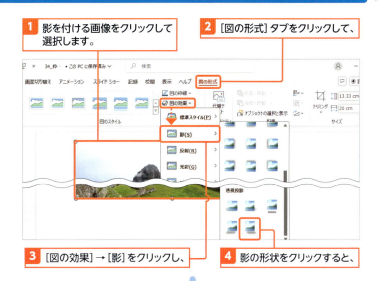

1 影を付ける画像をクリックして選択します。
2 [図の形式]タブをクリックして、
3 [図の効果]→[影]をクリックし、
4 影の形状をクリックすると、
5 画像に影が付きます。

Memo 枠の色を変更する

枠線に色を付けるには、左ページの手順3で[標準の色]に表示されている色をクリックします。また、[その他の枠線の色]をクリックするとカラーピッカーが表示され、任意の色を設定することができます。

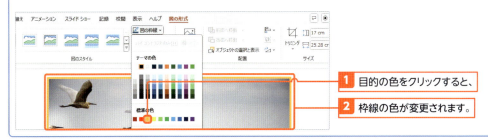

1 目的の色をクリックすると、
2 枠線の色が変更されます。

Section 35 画像の背景を削除する

練習用ファイル：35_背景の削除.pptx

ここで学ぶのは
- 被写体の切り抜き
- 背景の削除
- 切り抜き範囲の調整

Section32（106ページ）では、矩形あるいはその他の図形で画像を切り抜く方法を解説していますが、写真の**特定の被写体だけを、その輪郭に沿って切り抜く**機能も用意されています。輪郭は自動的に検出してくれるので、必要に応じて微調整してから、被写体のみを切り抜きます。

1 被写体の輪郭を自動検出する

解説　背景の削除

「背景の削除」は、被写体のみを切り抜く機能です。まずは右の手順のように操作して、切り抜く被写体の輪郭を自動検出します。自動検出によって、輪郭の外側の削除される部分が紫色に塗られます。この紫色の領域のことを「削除する領域」と呼び、元の画像がそのまま表示される領域を「保持する領域」と呼びます。

1 被写体のみを切り抜く写真をクリックして選択し、
2 ［図の形式］タブをクリックして、
3 ［背景の削除］をクリックすると、
4 被写体の輪郭が自動検出され、被写体以外の部分は紫色に塗られます。

Hint　元の画像に戻す

被写体のみの切り抜きを実行した後で、画像を元に戻すには、［図の形式］タブの［背景の削除］ボタンを再度クリックし、［背景の削除］タブの［すべての変更を破棄］をクリックします。

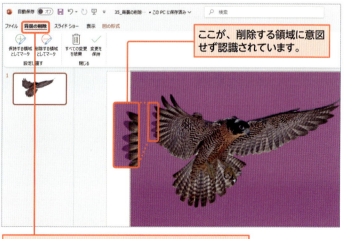

ここが、削除する領域に意図せず認識されています。

コンテキストタブの［背景の削除］タブが表示されます。

2 切り抜く範囲を微調整する

必要に応じて微調整する

被写体の輪郭の自動検出では、すべての輪郭を正しく検出できないことがあります。本来であれば切り抜く領域まで「削除する領域」になってしまった場合は、右の手順で「保持する領域」に変えます。また、削除すべき領域が「保持する領域」となった場合は、[背景の削除]タブの[削除する領域としてマーク]ボタンをクリックし、その部分をドラッグして赤色に塗ります。

被写体の輪郭が正しく検出されない場合は？

画像によっては、被写体の輪郭が正しく検出されず、保持する領域と削除する領域が意図したようにならないことがあります。このような場合は、画像のコントラストや色鮮やかさを調整してから（112ページ参照）、再度前ページと同様に操作してみましょう。

作業しやすいように、スライドを拡大表示しています（38ページ参照）。

1 [背景の削除]タブ→[保持する領域としてマーク]をクリックすると、

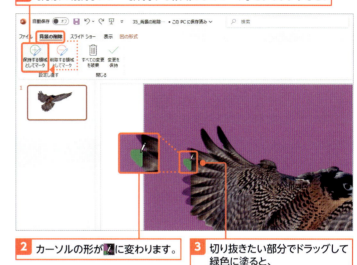

2 カーソルの形が に変わります。

3 切り抜きたい部分でドラッグして緑色に塗ると、

4 塗った部分が保持する領域になります。

5 同様に操作して他の部分も保持する領域にして、

6 [変更を保持]をクリックすると、

7 被写体が切り抜かれます。

Section 36 アイコンを利用する

練習用ファイル：📁 36_アイコン.pptx

ここで学ぶのは
- アイコン
- アイコンの挿入
- アイコンの検索

スライドのタイトルや本文、画像など、視聴者に注目してほしい部分に**アイコン**を配置しておくと、ワンポイントとなって人目を引きます。アイコンはそれ単体で何らかの事柄を象徴するシンプルなイラストで、PowerPointでは多彩なアイコンが用意されています。

1 アイコンの一覧を表示する

解説 アイコンを挿入する

PowerPointでは、あらかじめ用意された多数のアイコンが利用できます。これらのアイコンを挿入するには、[挿入]タブの[アイコン]をクリックすると表示されるアイコンの一覧で選択します。

1 アイコンを挿入するスライドを表示して、

2 [挿入]タブ→[アイコン]をクリックすると、

3 アイコンの一覧が表示されます。

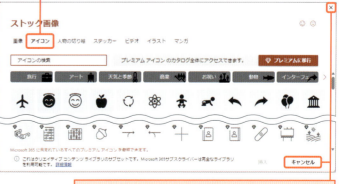

[キャンセル]か[×]をクリックするとウィンドウが閉じます。

Hint アイコンを削除する

スライドに挿入したアイコンを削除するには、アイコンをクリックして選択し、Backspace キーかDelete キーを押します。

2 アイコンを挿入する

Hint　複数のアイコンを挿入する

アイコンの一覧では、さまざまなアイコンがカテゴリー別に用意されています。挿入したいアイコンが複数ある場合は、右の手順3で複数のアイコンにチェックを入れれば、まとめて挿入できます。

Memo　アイコンのサイズを変更する

スライドに挿入したアイコンは、画像と同じようにサイズを変更できます（104ページ参照）。なお、アイコンはベクター形式の画像（293ページ参照）なので、拡大しても輪郭の線がギザギザになりません。

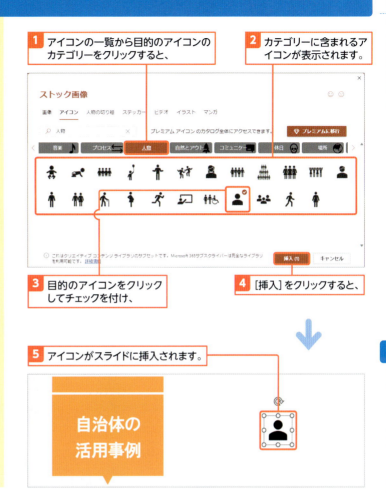

1 アイコンの一覧から目的のアイコンのカテゴリーをクリックすると、
2 カテゴリーに含まれるアイコンが表示されます。
3 目的のアイコンをクリックしてチェックを付け、
4 [挿入]をクリックすると、
5 アイコンがスライドに挿入されます。

使えるプロ技！　キーワードでアイコンを検索する

アイコンは、カテゴリーから選んで挿入する方法の他、ユーザーが任意のキーワードで検索して挿入する方法もあります。アイコンの一覧の左上にある検索ボックスにキーワードを入力すると、マッチするアイコンの候補が表示されます。この中から使いたいアイコンにチェックを入れ、[挿入]をクリックします。

1 検索ボックスにキーワードを入力すると、
2 キーワードにマッチするアイコンが検索されます。
3 目的のアイコンをクリックしてチェックを付け、
4 [挿入]をクリックするとアイコンが挿入されます。

Section 37 箇条書きから図表を作成する

練習用ファイル：37_箇条書きから作成.pptx

ここで学ぶのは
- SmartArt
- テキストの編集
- 図形の追加

PowerPointには、**組織図や流れ図、相関関係などの図表**を、あらかじめ用意されたデザインのテンプレートから簡単に作成できる**SmartArt**という機能が搭載されています。SmartArtを利用すれば、スライド本文としてすでに入力済みの箇条書きから、視覚効果の高い図表がすばやく完成します。

1 テキストを SmartArt に変換する

SmartArtで図表を作成する

SmartArtには、リストや手順を表す図表をはじめ、循環図、階層構造、集合関係、マトリックスなど多彩なカテゴリーが用意されています。これらのカテゴリーからイメージに近いテンプレートを選択するだけで、見映えのする図表が完成します。作成した図表は、後から簡単に編集することができます。

新しくSmartArtの図表を作成する

プレースホルダーを使わずに図表を新たに作成する場合は、[挿入]タブ→[SmartArt]をクリックし、次ページの手順5以降と同じ手順を行います。

箇条書きのレベルが反映される

作成する図表の見出しのレベルや階層は、箇条書きに設定したレベルと連動しています。複雑な入れ子構造を持つ組織図などの作成も、先に箇条書きを作成してからSmartArtに変更すれば、手間が軽減されます。

1 変換するテキストが入力されたプレースホルダーを選択して、

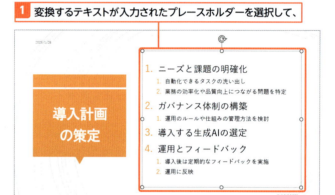

2 [ホーム]タブ→[SmartArtグラフィックに変換]をクリックすると、

3 SmartArtのテンプレートが表示されます。

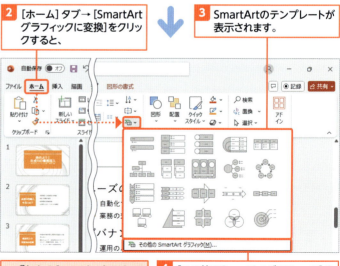

いずれかのSmartArtをクリックすると、テキストがその図表に変換されます。

4 [その他のSmartArtグラフィック]をクリックすると、

Hint 図表をテキストに戻す

SmartArtに変換後、元の箇条書きに戻すには、[SmartArtのデザイン]タブで[変換]をクリックし①、[テキストに変換]をクリックします②。

Memo 図表のサイズを変更する

作成した図表のサイズを変更するには、挿入されたプレースホルダーの周囲に表示される8つのハンドルのいずれかをドラッグします。Shiftキーを押しながら四隅をドラッグすると、縦横比を維持したままサイズを変更できます。

5 [SmartArtグラフィックの選択]ダイアログが表示されます。

6 カテゴリー(ここでは[手順])をクリックして、

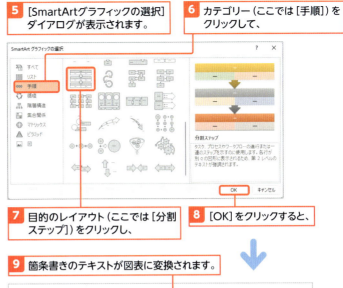

7 目的のレイアウト(ここでは[分割ステップ])をクリックし、

8 [OK]をクリックすると、

9 箇条書きのテキストが図表に変換されます。

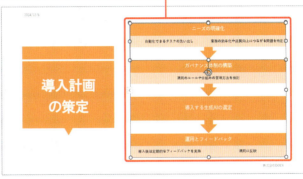

使えるプロ技！ 図表のテンプレートを変更する

図表の作成後でも、テンプレートの種類を変更することができます。作成した図表をクリックして選択し、[SmartArtのデザイン]タブ→[レイアウト]グループの一覧から、目的のテンプレートをクリックします。他のレイアウトに変更すると、テキストのサイズなどが自動調整されます。なお、[レイアウト]グループの[その他](▽)をクリックすると表示される一覧から変更することもできます。

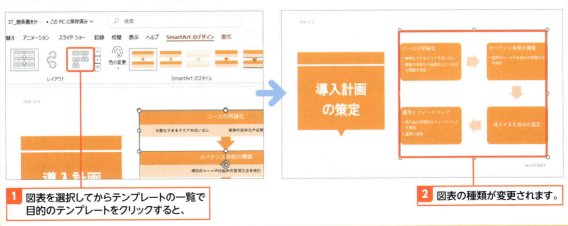

1 図表を選択してからテンプレートの一覧で目的のテンプレートをクリックすると、

2 図表の種類が変更されます。

121

2 SmartArtのテキストを編集する

解説 テキストを編集する

図表内のテキストは、後から自由に変更できます。右の手順のようにテキストウィンドウを利用する他、図表中の変更したいテキストをクリックして直接編集することもできます。

Hint 箇条書きのレベルを変更する

箇条書きのレベルを後から変更するには、テキストウィンドウ内でレベルを変更したい箇条書きをクリックし、［SmartArtのデザイン］タブの［レベル上げ］または［レベル下げ］をクリックします。
また、Tabキーを押すと［レベル下げ］、Shift＋Tabキーを押すと［レベル上げ］を行うことができます。

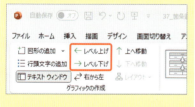

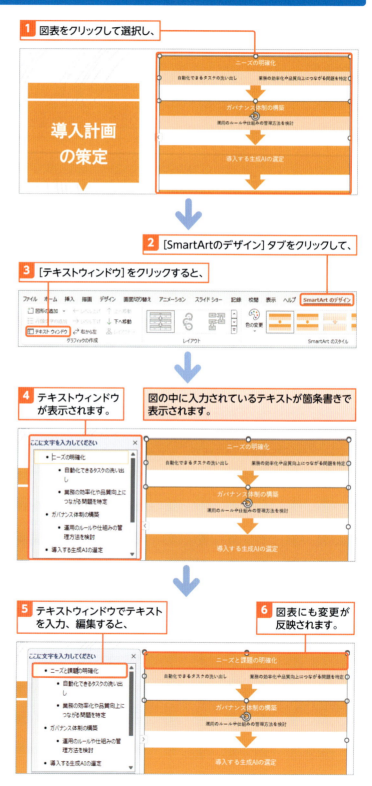

1 図表をクリックして選択し、

2 ［SmartArtのデザイン］タブをクリックして、

3 ［テキストウィンドウ］をクリックすると、

4 テキストウィンドウが表示されます。

図の中に入力されているテキストが箇条書きで表示されます。

5 テキストウィンドウでテキストを入力、編集すると、

6 図表にも変更が反映されます。

③ SmartArtに図形を追加する

解説　図表のパーツの追加

左ページで解説したように、テキストウィンドウに入力された箇条書きは、図表の内容と連動します。そこで、テキストウィンドウで新たな項目を追加してレベルを設定すれば、SmartArtに新たな図形を追加できます。

Hint　[図形の追加]から追加する

図形を追加する方法は右の手順の他、図を選択して[SmartArtのデザイン]タブ→[図形の追加]の⌄をクリックすると表示されるメニューを利用することもできます。[後に図形を追加]／[前に図形を追加]では、選択した図形の前または後に図形が追加されます。[上に図形を追加]／[下に図形を追加]では、選択した図形の上位または下位のレベルの図形が追加されます。

Hint　図形を削除する

SmartArt内の一部の図形を削除するには、テキストウィンドウで該当部分の行を削除するか、目的の図形をクリックして Back space または Delete キーを押します。

1 テキストウィンドウのテキストの末尾で Enter キーを押すと、

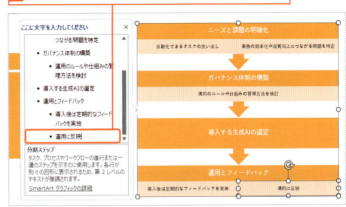

2 同じレベルの箇条書きが追加されます。

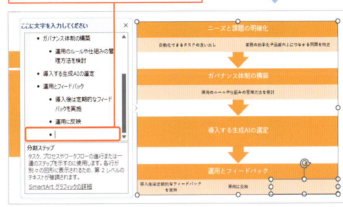

3 Shift + Tab キーを押すと、

4 新しい行のレベルが上がるので、そのままテキストを入力すると、

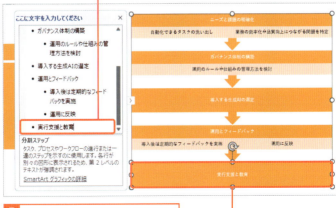

5 図表に新しい要素が追加されます。

Section 38 図表の見た目を変更する

練習用ファイル：38_見た目の変更.pptx

ここで学ぶのは
- 配色の変更
- 枠線の追加
- 枠線の変更

作成したSmartArtの図表は、[SmartArtのデザイン]または[書式]から見た目を変更できます。色の組み合わせ(配色)や外観(スタイル)を変更するには[SmartArtのデザイン]タブを、文字や図形を装飾するには[書式]タブを利用します。ここから、プレゼンテーションの内容に合った見た目に調整してみましょう。

1 配色を変更する

解説 色の組み合わせを変更する

SmartArtのテンプレートで作成した図表の配色を、後から変更することができます。[SmartArtのデザイン]タブにある[色の変更]をクリックすると、配色のセットが一覧表示されるので、この中からプレゼンテーションに適した配色を選択します。

Hint 図表のスタイルを変更する

[SmartArtのデザイン]タブにある[SmartArtのスタイル]から、図表の外観(スタイル)を変更できます。変更するには、図表を選択してから、ここに表示されたスタイル一覧で目的のスタイルをクリックします。スクロールバーの▲または▼をクリックし、一覧の内容を切り替えることができます。

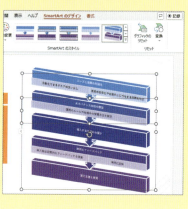

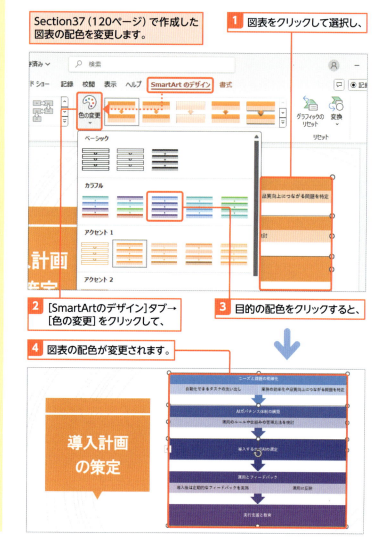

Section37 (120ページ) で作成した図表の配色を変更します。

1. 図表をクリックして選択し、
2. [SmartArtのデザイン]タブ→[色の変更]をクリックして、
3. 目的の配色をクリックすると、
4. 図表の配色が変更されます。

2 図表内の図形に枠線を付ける

解説　SmartArt の構成要素のデザインを変更する

前ページでは、図表全体の配色を変更していますが、図表を構成する図形にも、個別に枠線を付けたり、枠線の色を変更したりできます。文字や図形の場合は、［書式］タブにまとめられた機能でデザインを変更できます。

Memo　画面上の任意の部分の色を枠線に設定する

右の手順 4 で［スポイト］をクリックすると、カーソルが下図のように変化します。この状態で画面上の任意の部分をクリックすると、その部分の色が、現在選択中の図形の枠線に付けられます。

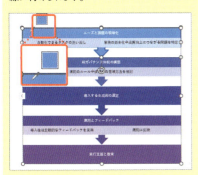

1 枠線を付ける図形をクリックして選択します。
2 ［書式］タブをクリックして、
3 ［図形の枠線］をクリックし、

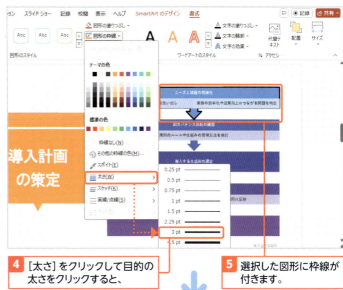

4 ［太さ］をクリックして目的の太さをクリックすると、
5 選択した図形に枠線が付きます。

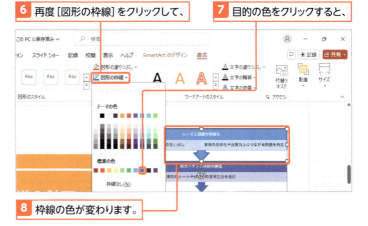

6 再度［図形の枠線］をクリックして、
7 目的の色をクリックすると、
8 枠線の色が変わります。

Hint　図形の外観を変更する

図表を構成する個別の図形の外観（スタイル）を変更するには、［書式］タブにある［図形のスタイル］グループを利用します。個別の図形をクリックしてして選択し、ここに表示されたスタイル一覧から目的のスタイルをクリックします。△または▽をクリックし、一覧の内容を切り替えることができます。

Section 39 組織図を作成する

練習用ファイル：39_組織図.pptx

ここで学ぶのは
- 組織図
- 要素の削除
- 組織図の調整

会社などの組織にどのような部門があるのか、それぞれの部門のつながりがどうなっているのかを図で示したものが組織図です。SmartArtを利用すれば、組織図も簡単に作成できます。ここでは、空のプレースホルダーから組織図を新規作成する方法を解説します。

1 プレースホルダーから組織図を新規作成する

 解説　組織図の作成

組織図は、［SmartArtグラフィックの選択］ダイアログの［階層構造］のカテゴリーに用意されています。組織図は右の手順で使用する［組織図］の他、［氏名/役職名付き組織図］、［アーチ型線で区切られた組織図］の3種類が用意されています。

 Memo　［SmartArtグラフィックの選択］ダイアログの表示

［SmartArtグラフィックの選択］ダイアログは、右の手順の他に、以下の方法でも表示できます。

① ［挿入］タブ→ ［SmartArt］をクリック。
② プレースホルダーを選択してから、［ホーム］タブの［SmartArtグラフィックに変換］→［その他のSmartArtグラフィック］をクリック。

1 プレースホルダーの [SmartArtグラフィックの挿入] をクリックすると、

2 [SmartArtグラフィックの選択] ダイアログが表示されます。

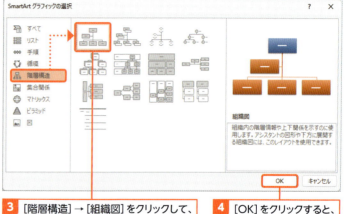

3 ［階層構造］→［組織図］をクリックして、　**4** ［OK］をクリックすると、

5 組織図が作成されます。

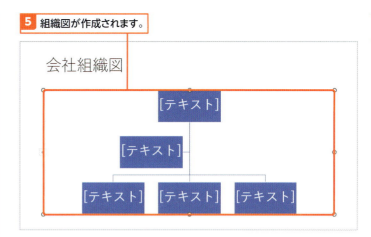

2 不要な要素を削除する

 Hint アシスタントを削除／追加する

上位の部門に直接属さない補助的な役職、部門をアシスタントといい、テキストウィンドウでは行頭に が付きます。組織図のテンプレートは自動的にアシスタントが挿入されますが、図形をクリックして Delete キーあるいは Back space キーを押すと削除できます。
アシスタントを追加するには、上位の部門をクリックして［SmartArtのデザイン］タブ→［図形の追加］の から、［アシスタントの追加］をクリックします。

1 削除する図形の周囲にマウスポインターを移動し、形状が に変わったらクリックして選択します。

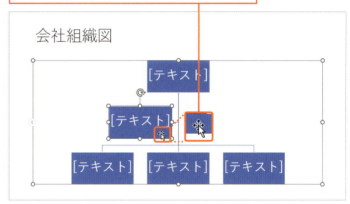

2 Back space キーを押すと、

3 不要な図形が削除されます。

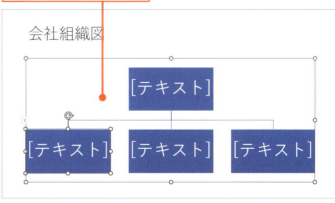

3 組織図を完成させる

解説　組織図のレベル

部門間の上下関係は、テキストウィンドウでの「箇条書きのレベル」と連動しています。右の作例では「取締役会」を頂点とし、その直下の階層に「代表取締役」があります。この場合「取締役会」は最上位のレベル（字下げなし）にして、「代表取締役」は1段階レベルを下げます。その下の各部門は同一階層となるので、同じレベルで揃えます。
レベルを変更するには、テキストウィンドウの目的の項目をクリックして、[SmartArtのデザイン]タブの[レベル上げ]または[レベル下げ]をクリックします。

Memo　組織図のレイアウトを整える

同一階層で入力した各部門が、右の手順❶のように、組織図内で上下に配置されることがあります。横並びにしたい場合は、[SmartArtのデザイン]タブ→[レイアウト]をクリックし、[標準]をクリックします。

Hint　組織図のデザインを変更する

組織図はSection38（124ページ）で解説したような手順で図形の外観や配色などを変更することができます。作成しているプレゼンテーションのイメージに合わせて、デザインを調整しましょう。

---

1 テキストウィンドウ（122ページ参照）から、図のように役職や組織名を入力します。

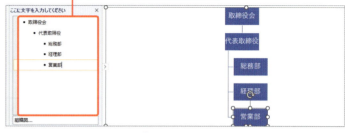

2 上位レベルの図形をクリックして選択し、

3 [SmartArtのデザイン]タブ→[レイアウト]をクリックして、

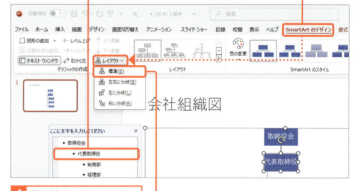

4 [標準]をクリックすると、

5 選択した図形より下部の同一階層が、横に並びます。

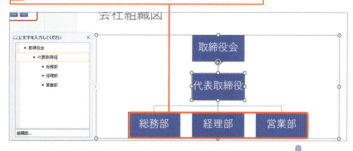

同様の操作を繰り返し、組織図を完成させます。

第 **5** 章

表を作成する

　プレゼンテーションには、箇条書き、グラフ、図などさまざまな表現手法がありますが、数値データなどを直接的に見せるには表が最適です。PowerPointにはWordやExcelと同様の作表機能があり、行、列、セルごとに書式を細かく設定できます。Excelで作成済みの表を貼り付けることも可能です。

Section 40	▶	表を作成する
Section 41	▶	行や列を挿入／削除する
Section 42	▶	セルを結合／分割する
Section 43	▶	列幅や行の高さを調整する
Section 44	▶	セル内の配置を調整する
Section 45	▶	表のデザインを変更する
Section 46	▶	罫線を変更する
Section 47	▶	Excel の表を貼り付ける

Section 40 表を作成する

練習用ファイル: 📁 40_表の作成.pptx

ここで学ぶのは
- 表の挿入
- データの入力
- 行／列の選択

表は行数や列数を指定して挿入します。最低限の書式が設定された空の表が挿入されるので、データを入力し、必要に応じて書式を設定していきます。ここでは**表を作成してデータを入力する手順**に加え、書式設定を行う前に必要となる、**行、列、セルを選択する方法**についても解説します。

1 空の表を挿入する

 解説 表を挿入する

右の手順のように表の行数、列数を指定すると、プレースホルダーが空であればその中に表が作成されます。プレースホルダーがない場合は、スライドの中央に別のオブジェクトとして表が挿入されます。行数、列数は作成後にも増減できるので、おおまかな指定でかまいません。

 Hint 行数と列数を数値で指定して挿入する

空のプレースホルダーに表示されている表アイコンをクリックした場合や、[挿入]タブの[表]のメニューから[表の挿入]を選択した場合、[表の挿入]ダイアログが表示されます。[列数]と[行数]にそれぞれ数値を指定して、[OK]ボタンをクリックすると、スライドに表が挿入されます。

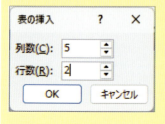

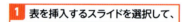 ① 表を挿入するスライドを選択して、

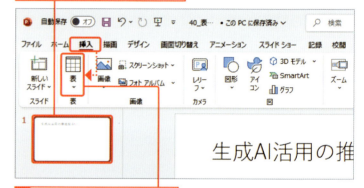

② [挿入]タブ→[表]をクリックし、

③ ドラッグして表の行数、列数を指定すると、

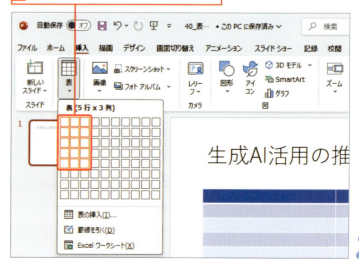

Memo プレースホルダーに何かが入っている場合

プレースホルダーにすでにテキストや画像が入っていた場合は、別のオブジェクトとして表が挿入されます。適当な位置に配置されるので、プレースホルダーの内容と重ならないよう、表の端でマウスポインターが になったらドラッグして移動するか、ハンドルで大きさを調節してください。

④ 空の表がスライドに挿入されます。

2 表にデータを入力する

Keyword セル

表を構成する、データを入力するための個々のマス目のことを「セル」と呼びます。横方向のセルのまとまりのことを「行」、縦方向のまとまりを「列」と呼びます。表に対するデータ入力や書式設定は、セルや行、列単位で行います。

① 入力するセルをクリックすると、カーソルが表示され、セルに入力できるようになります。

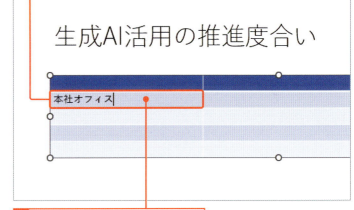

② テキストを入力して Tab キーを押すと、

③ 右隣のセルにカーソルが移動します。

ショートカットキー

- 次のセルにカーソルを移動する
  [Tab]
- 前のセルにカーソルを移動する
  [Shift]+[Tab]

Memo カーソルキーでも移動できる

上下左右のセルに移動したいときは、←→↑↓キーを何回か押してください。セル内にテキストがあるときは文字の間をカーソルが移動しますが、セル端に来たところで隣接するセルに移動します。

40 表内のテキストの書式設定

表内のテキストに対しては、プレースホルダー内のテキストと同じ操作で書式設定が行えます（86ページ参照）。表内のテキストに箇条書きなどを設定することも可能です。段組みを除いた大半の書式設定が行えると考えていいでしょう。

Memo 表特有の書式を設定するためのタブ

表のどこかを選択した状態では、リボンに[テーブルデザイン]タブと[テーブルレイアウト]タブが表示されます。[テーブルデザイン]タブは表全体の色合いなどの設定、[テーブルレイアウト]タブは行／列／セル単位の書式設定に使用します。詳しくは次のセクション以降で解説していきます。

Hint セルの中で改行する

Excelではセル内で Enter キーを押すと下のセルに移動しますが、PowerPointではセル内での改行になります。テキストの行数が増えるとセルの高さは自動的に広げられます。

---

4 中央、右端のセルにテキストを入力して、

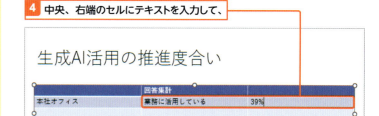

5 右端のセルにカーソルを置いた状態で Tab キーを押すと、

6 次の行の先頭のセルにカーソルが移動します。

7 同様の手順を繰り返して、セルにテキストを入力します。

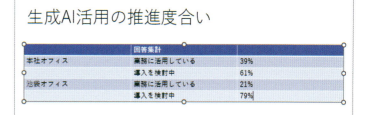

Hint ミニツールバーで表を編集する

表を右クリックすると、ミニツールバーとメニューが表示されます。書式設定に加えて行や列を挿入／削除するボタンも配置されているので、すばやく表を編集できます。

3 行や列を選択する

解説　行、列の選択

行や列に対して書式設定するには、先に対象となる行や列を選択します。すべてに共通する操作なので、ここで確認しておきましょう。ちなみに、右の手順では行の左端または列の上端付近をクリックしていますが、行の右端や列の下端付近でクリックしても選択できます。状況によって使いやすいほうを選んでください。

Hint　複数の行や列を選択する

右の手順では1つの行／列を選択していますが、矢印のマウスポインターに変わった状態でクリックではなくドラッグすると、複数の行／列を選択できます。

Memo　セルの選択

選択したいセルの左端付近にマウスポインターを移動して、形が変化した状態でクリックすると①、セルが選択されます②。PowerPointではセル単位で書式や枠線、背景の修飾が可能なので、セル選択の操作方法も覚えておきましょう。

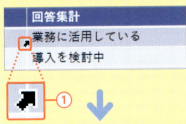

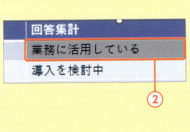

1 選択したい行の左端付近にマウスポインターを移動すると、マウスポインターの形が右向きの矢印に変わります。

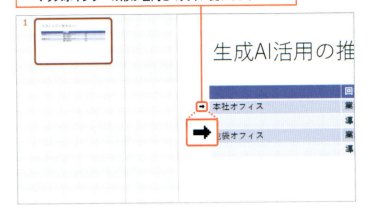

2 クリックすると、行が選択されます。

3 選択したい列の上端付近にマウスポインターを移動すると、マウスポインターの形が下向きの矢印に変わります。

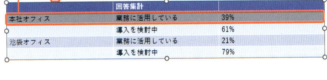

4 クリックすると、列が選択されます。

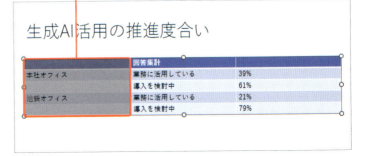

Section 41 行や列を挿入／削除する

練習用ファイル：📁 41_行や列.pptx

表を作成した後で、行や列が足りない、もしくは行や列が多いことに気づいたら、必要なだけ**行や列を追加／削除**することができます。表のレイアウトを変える操作は、[テーブルレイアウト] タブのボタンを利用します。

ここで学ぶのは
- 行／列の挿入
- 行／列の削除
- 複数の行／列の操作

1 列を挿入する

解説 行や列を挿入する

既存の表に後から行や列を挿入するには、[テーブルレイアウト] タブの [行と列] グループにあるボタンを使用します。
また、行や列を選択した状態で右クリックするとミニツールバーが表示されます。そこから挿入／削除することもできます。

Hint 行や列を削除する

行や列を削除するには、まず削除する行や列を選択して、[テーブルレイアウト] タブの [表] グループで [削除] をクリックし、[列の削除] あるいは [行の削除] をクリックします。また、[表の削除] をクリックすると、表全体がまとめて削除されます。

1 列を選択して、

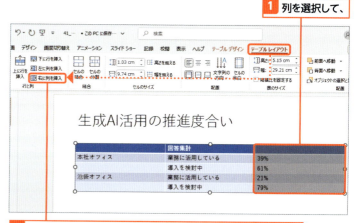

2 [テーブルレイアウト] タブ→ [右に列を挿入] をクリックすると、

3 選択した列の右側に新しい列が挿入されます。

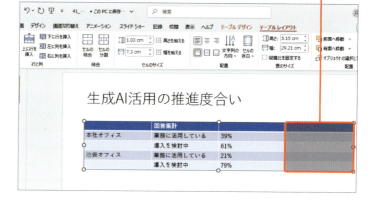

2 行を挿入する

Hint 複数の行や列をまとめて挿入する

ここでの手順では、1行、1列単位で挿入していますが、複数の行や列をまとめて挿入することもできます。複数の行や列を挿入するには、最初に挿入したいのと同じ数の行や列を選択しておき、[テーブルレイアウト]タブの[行と列]グループで目的のボタンをクリックします。

1 2行を選択して、

2 [下に行を挿入]をクリックすると、

3 新しい行が2行挿入されます。

---

1 行を選択して、

2 [テーブルレイアウト]タブ→[下に行を挿入]をクリックすると、

3 選択した行の直下に新しい行が挿入されます。

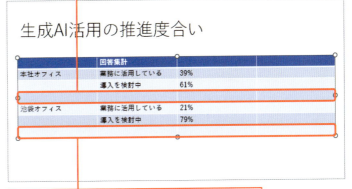

4 同様に操作して、表の末尾にも行と列を挿入します。

5 追加した行、列のセルにテキストを入力します。

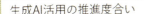

Section 42 セルを結合／分割する

練習用ファイル： 42_セルの結合.pptx

ここで学ぶのは
- 横方向のセルの結合
- 縦方向のセルの結合
- セルの分割

隣接する複数のセルを1つのセルにまとめることを**結合**と呼びます。表の見出しなどをグループ化したい場合などに利用します。また、1つのセルを複数のセルに**分割**することもできます。

1 横方向に隣接するセルを結合する

解説 セルを結合する

隣接する複数のセルを1つのセルにまとめる機能が「セルの結合」です。セルの結合は目的のセルを選択してから、[テーブルレイアウト]タブの[セルの結合]ボタンをクリックすると実行されます。

Memo セルを分割する

結合とは逆に、1つのセルを分割する機能が「セルの分割」です。分割するセルを選択して[セルの分割]をクリックし①、セルを何行、何列に分割するかを数値で指定します②。[OK]をクリックすると分割されます③。なお、結合したセルを元に戻す際も、セルの分割を使用します。

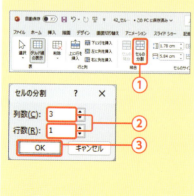

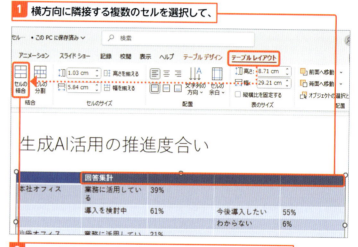

1 横方向に隣接する複数のセルを選択して、

2 [テーブルレイアウト]タブ→[セルの結合]をクリックすると、

3 セルが結合されて1つのセルになります。

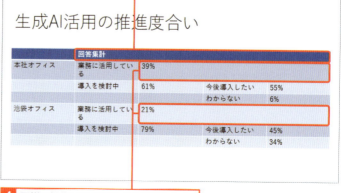

4 同様に操作して、他のセルも結合します。

2 縦方向に隣接するセルを結合する

> **Hint テキストが入ったセルを結合すると**
>
> 結合する複数のセルのそれぞれにテキストが入力されている場合は、結合後の1つのセルに、すべてのテキストがまとめられます。

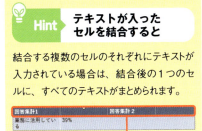

1 それぞれにテキストが入力されているセルを結合すると、

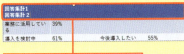

2 結合後のセルにテキストがまとめられます。

1 縦方向に隣接する複数のセルを選択して、

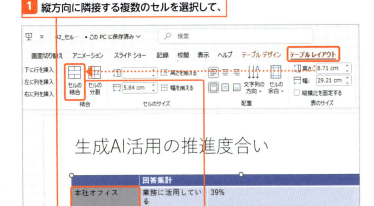

2 [テーブルレイアウト]タブ→[セルの結合]をクリックすると、

3 セルが結合されて1つのセルになります。

4 同様に操作して、他のセルも結合します。

Section 43 列幅や行の高さを調整する

練習用ファイル： 43_列幅や行の高さ.pptx

ここで学ぶのは
- 列幅の調整
- 行の高さの調整
- 表全体の選択／調整

列の幅や行の高さは、そこに含まれるセルに入力されたテキストの量やテキストサイズに応じて自動的に調整されますが、手動でこれらのサイズを調整することもできます。手動での調整には、**枠線をドラッグ**する方法と、**幅や高さを数値で指定**する方法が用意されています。

1 枠線をドラッグして列幅を変える

解説　列幅と行の高さをドラッグで変更する

列幅と行の高さを変更するには、列、あるいは行の境界線となる枠線をドラッグします。右の手順では列の幅をドラッグで調整していますが、行の高さを調整する場合も同様に操作します。

Hint　枠線をダブルクリックして列幅を調整する

テキストに対して列幅が広すぎる、もしくは逆に狭すぎる場合は、セルの左右の境界線をダブルクリックしてみましょう。テキストの長さに合わせて列幅が自動調整されます。

1 列の左右の枠線をダブルクリックすると、

2 テキストの長さに合わせて列幅が調整されます。

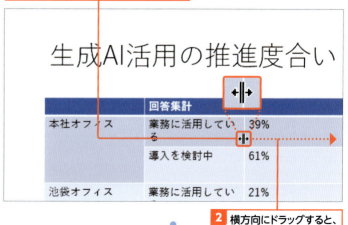

1 枠線にマウスポインターを重ねると、マウスポインターの形が変化します。

2 横方向にドラッグすると、

3 列の幅が変わります。

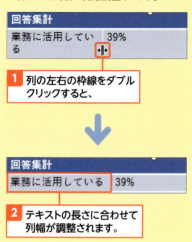

2 行の高さを数値で指定して調整する

Hint 高さや幅を均等にする

セルのサイズを調整しているうちに、高さや幅が不揃いになってしまうことがあります。行の高さや列の幅をすべて均等にしたい場合は、対象の行／列を選択した状態で、[テーブルレイアウト]タブの[セルのサイズ]グループにある[高さを揃える]や[幅を揃える]をクリックします。

Memo 表全体を選択する

表全体を選択するには、特定の行、あるいは列を選択して(133ページ参照)、そのままドラッグします。あるいは、[テーブルレイアウト]タブで[選択]をクリックし、メニューから[表の選択]をクリックします。

Hint 表全体の大きさを数値指定で調整する

表全体の高さや横幅は、表全体を選択してからハンドルをドラッグすることで調整できますが、数値を指定して調整することもできます。数値を指定して調整するには、[テーブルレイアウト]タブの[表のサイズ]グループにある[高さ]と[幅]にそれぞれ目的の数値を入力します。

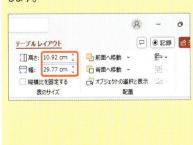

1 表全体を選択して、 **2** [テーブルレイアウト]タブをクリックします。

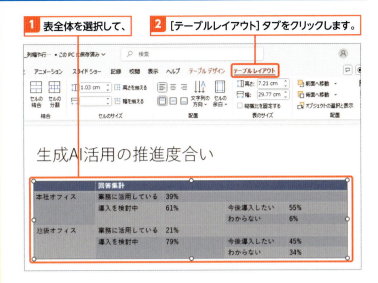

3 [セルのサイズ]グループの[行の高さの設定]に行の高さを数値で入力し、

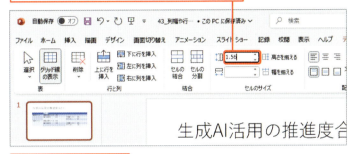

4 Enter キーを押すと、

5 表のすべての行の高さが変更されます。

Section 44 セル内の配置を調整する

練習用ファイル：44_セル内の配置.pptx

セルに入力したテキストは、初期設定では**文字揃え**が「左揃え」、**文字の配置**が「上揃え」になっています。見出しは中央揃え、数値は右揃えなど一般的な揃え方のルールがあるので、テキストの内容に応じて**配置を調整**しましょう。

ここで学ぶのは
- セルの文字揃えの変更
- セルの文字配置の変更
- テキストの縦書き／回転

1 セルの文字揃えを変更する

> **Memo セルの文字揃えの設定**
>
> セル内のテキストの文字揃え（94ページ参照）を変更するには、右の手順のように、[テーブルレイアウト]タブにある各ボタンをクリックします。なお、[ホーム]タブの文字揃えのボタンでも設定できます。

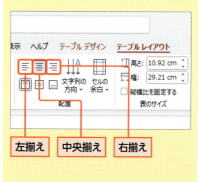

左揃え　中央揃え　右揃え

 ショートカットキー

● セルの文字揃えを変更する
　左揃え　Ctrl + L
　中央揃え　Ctrl + E
　右揃え　Ctrl + R

1 文字揃えを変更するセルを選択して、

2 [テーブルレイアウト]タブ→[中央揃え]をクリックすると、

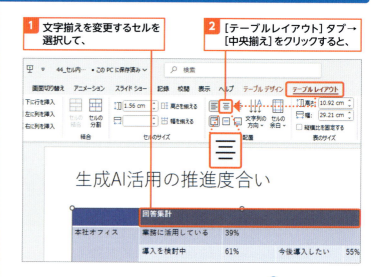

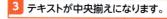

3 テキストが中央揃えになります。

4 同様に操作して、他のセルも中央揃えにします。

2 セルの文字の上下の位置を変更する

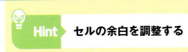

Hint セルの余白を調整する

セルの枠線とテキストまでの間隔のことを、「セルの余白」と呼びます。初期設定ではセルの余白は[標準]に設定されていますが、後から間隔を広げる／狭めることができます。変更するには、[テーブルレイアウト]タブで[セルの余白]をクリックして、メニューから目的の間隔をクリックします。

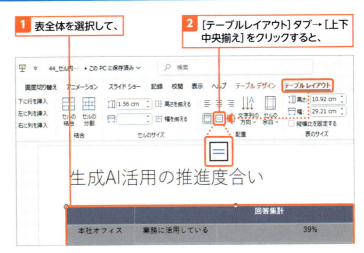

1 表全体を選択して、

2 [テーブルレイアウト]タブ→[上下中央揃え]をクリックすると、

3 すべてのセルのテキストが、上下中央揃えになります。

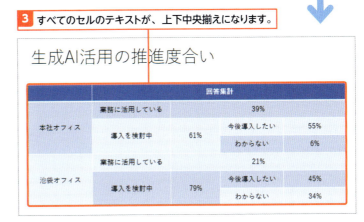

使えるプロ技！ テキストを縦書きにする／回転させる

セルに入力されたテキストは、初期設定では横書きですが、これを縦書きに変更することができます。また、テキストを90度回転させることもできます。テキストの方向を変更したり、回転したりするには、目的のセルを選択し①、[テーブルレイアウト]タブで[文字列の方向]②をクリックすると表示されるメニューから③、目的の方向あるいは回転方向をクリックします。

選択したセルのテキストが縦書きになります。

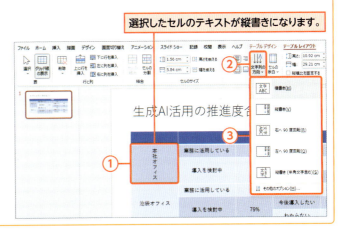

Section 45 表のデザインを変更する

練習用ファイル：📁 45_表のデザイン.pptx

ここで学ぶのは
- 表のスタイル
- 表スタイルのオプション
- 要素ごとに書式変更

スライドに挿入した表には、はじめから**セルの背景色や枠線の色**が設定されていますが、これらの色やその組み合わせは、後から好きなものに変更できます。**表の配色を変更**するには、[テーブルデザイン]タブにある[**表のスタイル**]グループで、適用したい配色をクリックします。

1 表の配色をまとめて変更する

Memo 表のスタイル

セルの背景色、枠線の色、テキストの色などの設定がまとめられたものが、「表のスタイル」です。右の手順のように操作して、目的の表のスタイルをクリックすると、表の配色を一括で変更できます。適用できる表の配色は、プレゼンテーションに設定したテーマの影響を受けます（74ページ参照）。なお、[表のスタイル]の[テーブルスタイル]（）をクリックすると、さらに多くの表のスタイルが表示されます。

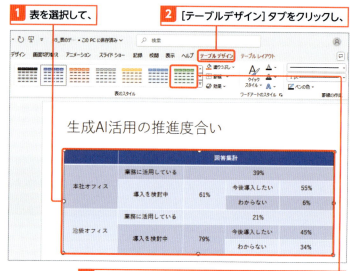

① 表を選択して、
② [テーブルデザイン]タブをクリックし、
③ [表のスタイル]グループで目的の配色をクリックすると、
④ 表全体の配色が変更されます。

2 オプションで書式を変更する

解説 表の要素ごとに書式を設定する

[表スタイルのオプション]グループのチェックボックスでは、表の要素ごとに書式を設定するかどうかを切り替えられます。

● [タイトル行]
1行目を見出しのデザインにします。

● [最初の列]
1列目を見出しのデザインにします。

● [集計行]
最終行を集計値が入った行と見なし、他と書式を変えます。

● [最後の列]
最後の列を見出しのデザインにします。

● [縞模様（行）]、[縞模様（列）]
行または列ごとに背景色を変えます。

Memo 行、列、セルごとに背景色を変更する

特定のセルや行、列を目立たせる必要があるときは、個別に背景色を設定します。背景色を設定するには、目的のセル、行、列を選択してから、[テーブルデザイン]タブの[塗りつぶし]をクリックし、目的の色をクリックします。

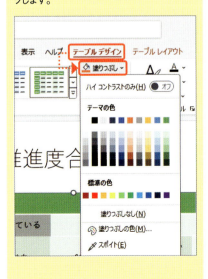

1 [テーブルデザイン]タブをクリックし、

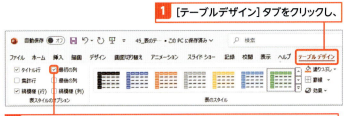

2 [表スタイルのオプション]グループで[最初の列]にチェックを入れると、

3 表の左端の列の配色が変更されます。

4 [表スタイルのオプション]グループで[縞模様（行）]のチェックを外し、

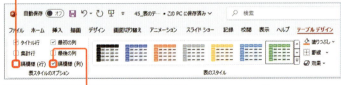

5 [縞模様（列）]にチェックを入れると、

6 タイトル行と最初の列を除いた列の背景色が、列ごとに変わります。

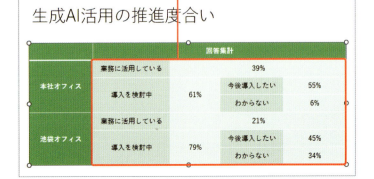

Section 46 罫線を変更する

練習用ファイル：46_罫線.pptx

セル同士を区切る枠線のことを**罫線**と呼びます。罫線は、適用した表のスタイル（142ページ参照）によって自動的に設定されますが、後から**表全体の罫線を好きな色、太さに変更**できます。また、「罫線を引く」機能を使えば、**罫線ごとに色や太さを変更**することもできます。

ここで学ぶのは
- 罫線の変更
- 表全体の罫線の設定
- 一部の罫線の設定

1 表全体の罫線をまとめて変更する

解説　表全体の罫線を設定する

表全体の罫線をまとめて設定するには、右の手順に従って操作します。また、表全体を選択する代わりに表の一部を選択して右のように操作すると、行、列、セル単位で罫線を変更できます。

Hint　空白セルに斜線を引く

空白のセルに斜線を引くには、目的のセルを選択してから、次ページの手順❽のメニューで、[斜め罫線（右下がり）]あるいは[斜め罫線（右上がり）]をクリックします。

 表を選択して、

 [テーブルデザイン]タブをクリックし、

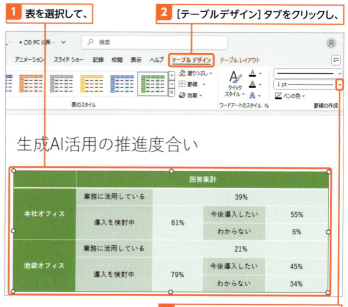

 [ペンの太さ]の⌄をクリックします。

目的の罫線の太さをクリックし、

Hint 罫線の種類を変更する

罫線は実線以外に、破線や点線にすることもできます。表全体の罫線の種類を変更するには、[テーブルデザイン] タブの [罫線の作成] グループで [ペンのスタイル] の ✓ をクリックし①、目的の罫線の種類をクリックしてから②、右の手順のように操作します。

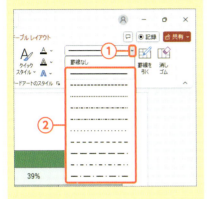

使えるプロ技！ セルの面取り効果を利用する

[テーブルデザイン] タブの [効果] → [セルの面取り] を選択すると、セルを立体的に見せることができます。表としては見やすくありませんが、ブロック状の図形を描きたい場合に使えます。

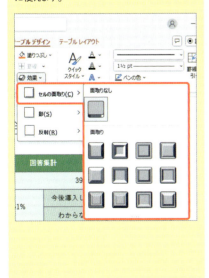

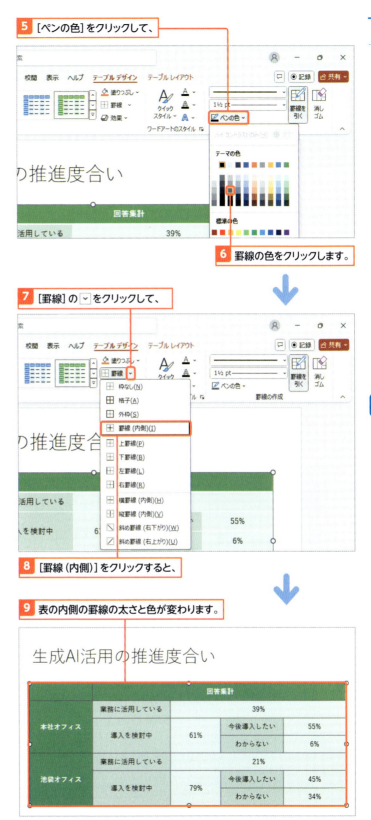

5 [ペンの色] をクリックして、

6 罫線の色をクリックします。

7 [罫線] の ✓ をクリックして、

8 [罫線 (内側)] をクリックすると、

9 表の内側の罫線の太さと色が変わります。

2 一部の罫線を変更する

Memo 罫線を削除する

[テーブルデザイン]タブで[消しゴム]をクリックすると、マウスポインターの形が消しゴムに変わるので、削除したい罫線をなぞるようにドラッグします。また、表全体、セル、行、列を選択した状態で[テーブルデザイン]タブの[罫線]の▽をクリックし、[枠なし]をクリックすると、ドラッグした範囲の罫線をまとめて削除できます。

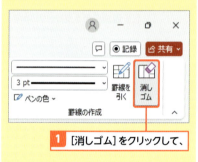

1 [消しゴム]をクリックして、

2 罫線をなぞるようにドラッグすると、

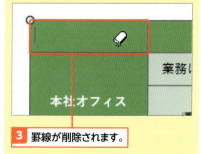

3 罫線が削除されます。

---

1 [テーブルデザイン]タブ→[ペンの太さ]の▽をクリックして、

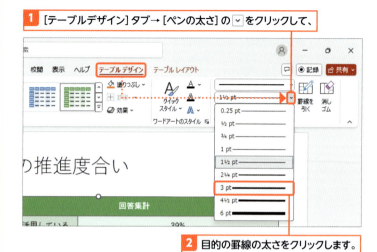

2 目的の罫線の太さをクリックします。

3 [ペンの色]をクリックして、

4 目的の罫線の色をクリックします。

5 マウスポインターの形がこのように変わるので、

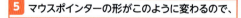

6 変更したい罫線上をドラッグすると、

Memo 「罫線を引く」機能を終了する

[テーブルデザイン]タブの[罫線の作成]グループで罫線の太さや色を選択すると、自動的に「罫線を引く」機能が有効になり、マウスポインターがペンの形に変わります。機能を終了させ、マウスポインターの形を元に戻すには、[Esc]キーを押します。

Hint 一覧にない色を選択する

罫線の色は、[罫線の作成]グループで[ペンの色]をクリックすると表示される[色]のメニューから目的の色を選択して変更しますが、一覧に設定したい色がない場合もあります。その場合は、[ペンの色]のメニューで[罫線の色]をクリックすると表示される[色の設定]ダイアログで目的の色をクリックします。

7 罫線の太さと色が変わります。

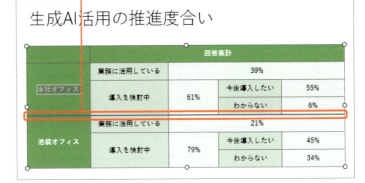

8 同様にドラッグして他の罫線の太さも変えます。

9 内側のセルの罫線は目立たなくしたいので、背景色と同じ色を選択し、

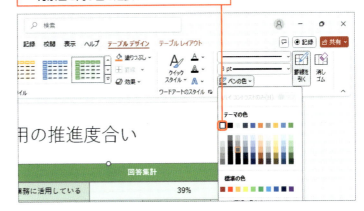

10 ドラッグして罫線の色を変えます。

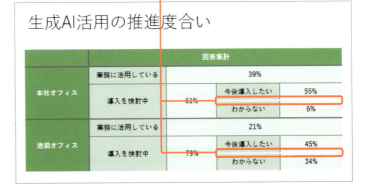

Section 47 Excelの表を貼り付ける

練習用ファイル： 47_Excelの表.pptx

ここで学ぶのは
- Excel表のコピー
- Excel表の貼り付け
- Excel表の変更の自動反映

すでにExcelで作成した表がある場合は、それをスライドに貼り付けたほうが簡単です。通常の貼り付けではPowerPointの表に変換されるため、これまでに説明した操作方法で書式設定が行えます。データが頻繁に更新される場合は、Excelとリンクした状態で貼り付けることもできます。

1 Excelで作成した表をコピーする

解説 Excelの表のコピーと貼り付け

PowerPointの表はさまざまな初期設定ができますが、合計などの計算処理はできません。計算が必要な場合は、同じOfficeアプリのExcelを利用することになります。ExcelとPowerPointは、コピー&ペーストでテキストや表、グラフなどのデータをやり取りすることができます。通常の手順で貼り付けた場合、Excelの表はPowerPointの表に変換されます。そのため、これまで説明してきた手順で書式設定などを行うことができます。

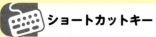

ショートカットキー
- 表のコピー
  Ctrl + C

Excelでの操作

1 始点のセルから、対角線のセルに向けてドラッグすると、

2 表が選択されます。

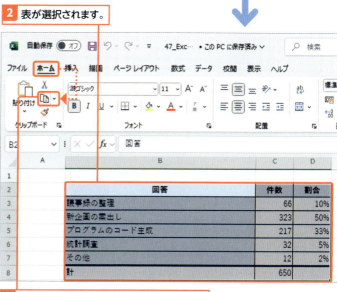

3 [ホーム]タブ→[コピー]をクリックします。

2 PowerPointのスライドにコピーした表を貼り付ける

Memo 貼り付けた表の操作と編集

ExcelでコピーしスライドにExcelで作成した表と同様に、表のサイズ変更や移動、外観の変更などの操作が可能です。もちろん、セルへのデータ入力や編集もできます。

ショートカットキー

● 表の貼り付け
[Ctrl]+[V]

PowerPointでの操作

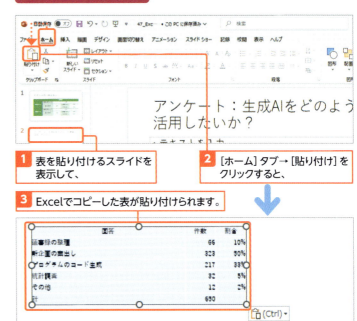

1. 表を貼り付けるスライドを表示して、
2. [ホーム]タブ→[貼り付け]をクリックすると、
3. Excelでコピーした表が貼り付けられます。

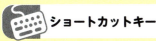

貼り付ける形式を選択する

表を貼り付けると、[貼り付けのオプション]ボタンが表示され、これをクリックすると表示されるメニューから、貼り付ける形式を選択できます。ここで選択できる貼り付けの形式は以下の通りです。なお、一番左の[貼り付け先のスタイルを使用]は、[ホーム]タブ→[貼り付け]をクリックした場合と同じ操作になります。

● [元の書式を保持]

Excelで設定した外観のままで貼り付けられます。ただし、セルの背景色などの一部設定は変更されることがあります。

● [埋め込み]

外観はExcelから継承されます。テキストの編集時にExcelの数式や関数などの機能が利用できます。

● [図]

表が画像として貼り付けられます。外観の変更やデータの編集はできません。

● [テキストのみ保持]

表に入力されたテキストのみが貼り付けられます。

3 Excelでの表の変更が自動反映されるようにする

解説　リンク貼り付け

リンク貼り付けは、Excelのファイルとリンクした状態で表を貼り付ける方法です。元のExcelのファイルを編集すると自動的に反映されるため、頻繁にデータが更新される表の貼り付けに適しています。リンク貼り付けした表は、PowerPoint側の機能ではデータや書式を変更できません。スライドに貼り付けた表をダブルクリックするとExcelが起動してファイルを開くので、Excel側で編集します。

注意　元のExcelファイルがなくなるとリンクが切れる

リンク貼り付けした元の表のExcelファイルを他のフォルダーなどに移動したり、ファイル名を変更したりすると、リンクが無効になります。この状態で表を貼り付けたプレゼンテーションを開こうとすると、下図の警告が表示されます。リンクを再度有効にするには、Excelのファイルを元に戻してから、下図の画面で[リンクを更新]をクリックします。

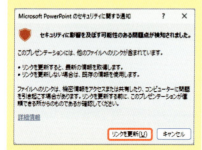

ショートカットキー

- [形式を選択して貼り付け]ダイアログの表示
  Ctrl + Alt + V

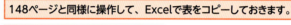

148ページと同様に操作して、Excelで表をコピーしておきます。

① 貼り付けるスライドを表示して、
② [ホーム]タブ→[貼り付け]の文字部分をクリックし、

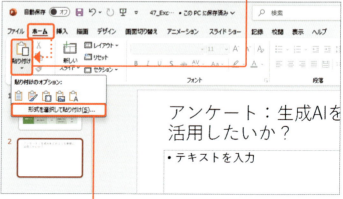

③ [形式を選択して貼り付け]をクリックします。

④ [リンク貼り付け]を選択して、
⑤ [Microsoft Excelワークシートオブジェクト]をクリックし、

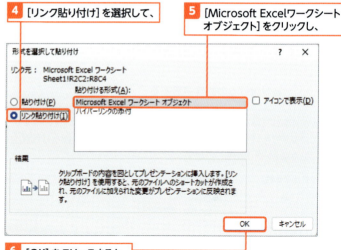

⑥ [OK]をクリックすると、

⑦ Excelでの変更が反映される表が貼り付けられます。

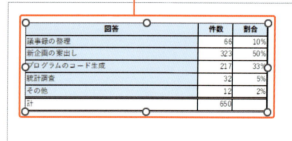

第 **6** 章

グラフを作成する

数値データをグラフにすると、「伸びている」「差が大きい」といった情報を直感的に伝えることができます。この章では、棒グラフを題材にPowerPointのグラフ機能の使い方を解説し、続いて折れ線グラフや円グラフなどの主要なグラフの作成方法も解説していきます。

Section 48	▶ 作成できるグラフの種類を知る
Section 49	▶ 縦棒グラフを作成する
Section 50	▶ グラフの書式を変更する
Section 51	▶ グラフ要素の表示／非表示を変更する
Section 52	▶ 折れ線グラフを作成する
Section 53	▶ 円グラフを作成する
Section 54	▶ 散布図を作成する
Section 55	▶ 複合グラフを作成する
Section 56	▶ Excel で作成したグラフを貼り付ける

Section 48 作成できるグラフの種類を知る

ここで学ぶのは
- グラフの構成要素
- グラフの種類
- グラフの特徴

PowerPointでは、**棒グラフ**や**円グラフ**、**折れ線グラフ**などさまざまな種類のグラフを作ることができます。ここでは、PowerPointで作成できる**グラフの種類と特徴**について解説します。また、グラフを編集する上で覚えておきたい、グラフを構成する要素についても解説します。

1 グラフを構成する要素

Hint グラフの要素名を確認する

マウスポインターをグラフの要素に合わせると、グラフの要素名がポップヒントで表示されます。

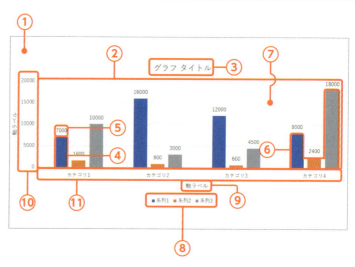

要素名	説明
①グラフエリア	グラフやグラフタイトル、凡例などを含むグラフ全体の領域
②プロットエリア	グラフの領域
③グラフタイトル	グラフのタイトル
④データ系列	グラフの元になる表の1列または1行ごとのデータのまとまり
⑤データラベル	データの数値
⑥データマーカー	棒や円、線など、グラフを構成する図形
⑦目盛線	グラフを見やすくするための線
⑧凡例	データマーカーに対応する名前
⑨軸ラベル	縦軸または横軸が意味するもの
⑩縦(値)軸	グラフの数値を表す軸
⑪横(項目)軸	グラフの項目を並べる軸

2 PowerPointで作成できるグラフ

グラフの種類	説明
縦棒	数値を縦棒で表す。一定期間のデータの変化を示す「集合縦棒グラフ」と、個々のデータと全体を比較できる「積み上げ縦棒グラフ」がある
折れ線	数値を点で表し、点と点を結ぶ。一定期間のデータの変化を示す「折れ線グラフ」と、個々のデータと全体を比較できる「積み上げ折れ線グラフ」がある
円	数値の合計を円で表し、データの割合を示す。1つのデータを扱う円グラフと、複数のデータを扱うドーナツグラフがある
横棒	数値を横棒で表す。データを比較する「集合横棒グラフ」と、個々のデータと全体を比較できる「積み上げ横棒グラフ」がある
面	数値を面で表す。時間の経過による合計値の変化を示す「面グラフ」と、個々のデータと全体を比較できる「積み上げ面グラフ」がある
散布図	データの分布や集まりを示す。2つのデータを比較する「散布図」と、面積を加えることで3つのデータを比較する「バブルグラフ」がある
マップ	国や地域、都道府県ごとなどのデータを比較する
株価	株価の高値、安値、終値などをローソク足で表し、株価の変動を示す
等高線	数値を地図の等高線のように表し、データの最適値を示す
レーダー	数値を同心円状に配置し、データのバランスを示す
ツリーマップ	矩形を組み合わせ、データの割合を示す
サンバースト	階層構造を持つデータの割合を示す
ヒストグラム	データの分布を把握するためのグラフ。分布内のデータの頻度を示す「ヒストグラム」と、降順に並んだデータと累積の割合を示す「パレート図」がある
箱ひげ図	データを四分位に分け、データのばらつきを示す
ウォーターフォール	データが加算または減算されたときの変化を示す
じょうご	過程におけるデータの変化を示す。多くの場合、データは次第に減少し、じょうごに似た形になる
組み合わせ	縦棒や折れ線などを組み合わせたグラフを作成できる

3 主なグラフ

Memo 縦棒グラフ

「縦棒グラフ」はよく使われるグラフの1つです。データの量を長方形で表し、縦軸で数値、横軸で項目を示します。データの推移やデータ間の比較を示したい場合に利用します。右図は縦軸に売上高、横軸に販売年を取ったものです。いつの売り上げが最も大きいかをすぐに確認できます。

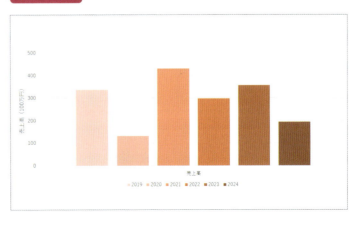

縦棒グラフ

Memo 折れ線グラフ

「折れ線グラフ」はよく使われるグラフの1つです。データを点で表し、点と点を線でつなぐことでデータの変化を示します。右図は「縦棒グラフ」のデータを折れ線グラフで表したものです。縦棒グラフに比べ、時系列での変化がわかりやすくなります。

折れ線グラフ

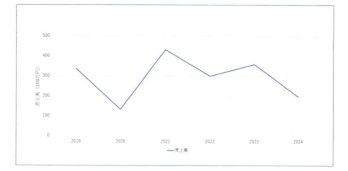

 Memo 円グラフ

「円グラフ」はよく使われるグラフの1つです。数値の合計を円で表し、各項目の割合を示したい場合に利用します。右図は音楽CDのジャンルを項目に取ったものです。どのジャンルが最も売れており、全体の中でどのくらい占めているかを把握できます。

円グラフ

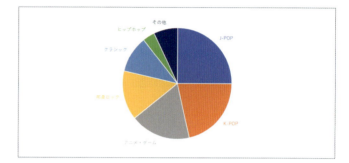

 Memo 横棒グラフ

「横棒グラフ」はデータの量を横の長方形で表し、横軸で数値を示したものです。多くの場合、縦棒グラフが横軸で時系列を表し、データの推移を示す場合に使われるのに対し、横棒グラフは時間の変化に関係のないデータの大小を表したい場合に使われます。

横棒グラフ

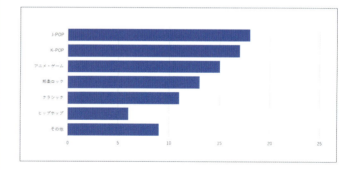

 Memo 積み上げ面グラフ

「積み上げ面グラフ」は面グラフの一種で、項目の領域を色で強調することでデータの総量の変化と各データの割合を示します。右図は各年ごとの売上高を支店別に表したものです。売上合計の推移とともに支店の売上比率を把握できます。

積み上げ面グラフ

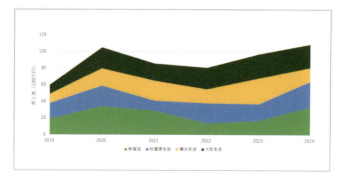

Memo 散布図

「散布図」は2つのデータの相関関係を示したい場合に利用します。右図はG20各国の国土面積と人口の関係を示したグラフです。縦軸に国土面積、横軸に人口を取っています。

散布図

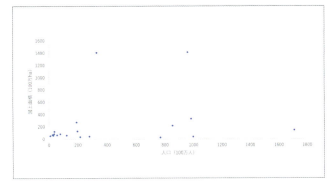

Memo バブル

「バブル」は散布図の1つで、縦軸と横軸に面積を加えることで3つ目のデータを示します。右図は上記の「散布図」に各国のGDPデータを加えています。

バブル

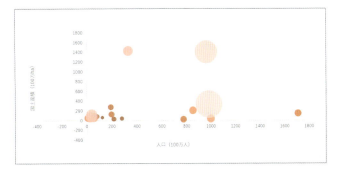

Memo 株価

「株価」は「株価チャート」と呼ばれるグラフのことで、株価の変動を月や週、日ごとに表したものです。PowerPointのグラフ機能で作成できます。

株価

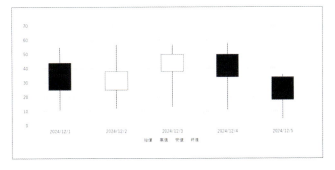

Memo ツリーマップ

「ツリーマップ」は矩形を組み合わせてデータの大きさや割合を示したものです。右図はG20各国のGDPデータを比較したものです。

ツリーマップ

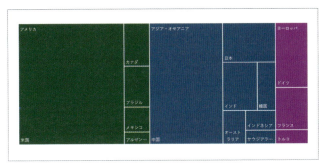

Section 49 縦棒グラフを作成する

練習用ファイル：49_縦棒グラフ.pptx

ここでは、**縦棒グラフ**を作成する手順を通し、スライドにグラフを挿入する方法について解説します。PowerPointでグラフを作るには、はじめに**仮のグラフを挿入**し、次に**グラフのデータを編集**するという2段階の操作が必要になります。挿入したグラフのデータやデザインは後から変更できます。

ここで学ぶのは
- 縦棒グラフの作成
- グラフデータの入力
- グラフの修正

1 縦棒グラフを挿入する

 スライドに縦棒グラフを挿入する

スライドに縦棒グラフを挿入するには、コンテンツプレースホルダーにある[グラフの挿入]をクリックします。[グラフの挿入]ダイアログが表示されるので、左側のグラフの種類から[縦棒]を選択します。縦棒グラフのバリエーションは、次の7種類があります。

- 集合縦棒
- 積み上げ縦棒
- 100%積み上げ縦棒
- 3-D集合縦棒
- 3-D積み上げ縦棒
- 3-D100%積み上げ縦棒
- 3-D縦棒

右側のバリエーションから目的のものを選択し、[OK]をクリックすると、データの編集画面が表示され、仮の棒グラフが挿入されます。データの編集画面のデータを変更すると、連動してグラフに変更結果が反映されます。

 Key word コンテンツプレースホルダー

コンテンツプレースホルダーとは、中央に表やグラフなどのコンテンツを挿入するボタンが表示されているプレースホルダーを指します。

1 コンテンツプレースホルダーの[グラフの挿入]をクリックすると、

2 [グラフの挿入]ダイアログが表示されます。

3 [縦棒]をクリックし、

4 グラフのバリエーションから[集合縦棒]をクリックして、

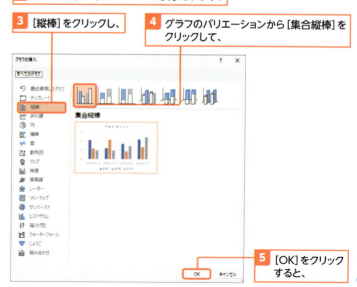

5 [OK]をクリックすると、

Hint [挿入]タブから グラフを挿入する

スライドのレイアウトにコンテンツプレースホルダーがない場合、[挿入]タブの[グラフ]をクリックすると、[グラフの挿入]ダイアログが表示されます。

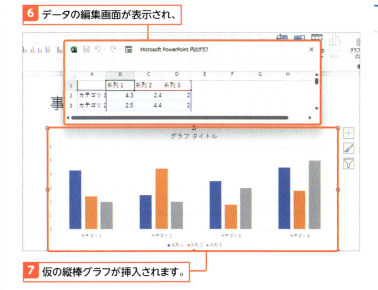

6 データの編集画面が表示され、

7 仮の縦棒グラフが挿入されます。

2 グラフのデータを入力する

Memo 青枠内のデータがグラフ化される

データの編集画面では、青枠で囲まれている領域内のデータがグラフ化されます。青枠の右下隅にマウスポインターを合わせると、マウスポインターの形が矢印に変わるので、不要なデータが入力されている場合は内側にドラッグします。グラフ化する領域を広げたい場合は、外側へドラッグします。
なお、紫色の枠はカテゴリー、赤色の枠は系列を指し、グラフのカテゴリーや系列とそれぞれ連動しています。

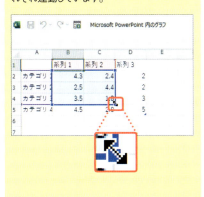

1 データの編集画面のデータを変更すると、

2 グラフに反映されます。

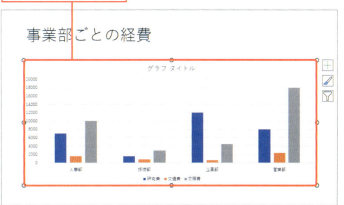

49 縦棒グラフを作成する

データの編集画面の位置とサイズを変更する

データの編集画面は、作業しやすい位置やサイズに変更できます。画面を移動するには、タイトルバーをドラッグします。画面のサイズを変更するには、画面の四隅または四辺にマウスポインターを合わせると、マウスポインターの形が矢印に変わります。この状態でドラッグすると、画面のサイズを変更できます。

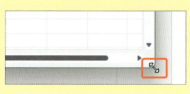

グラフのデザインはテーマによって異なる

挿入されるグラフのデザインは、スライドのテーマによって異なります。グラフの色や表示する要素などは後から変更できます。

3 [×]をクリックすると、データの編集画面が閉じます。

4 グラフ以外の場所をクリックすると、

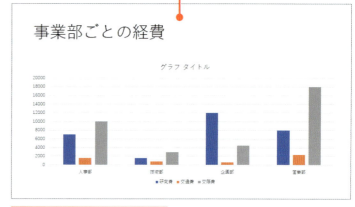

5 グラフの選択が解除されます。

グラフの種類を変更する

棒グラフを折れ線グラフに変更するなど、挿入したグラフの種類は後から変更できます。グラフの種類を変更するには、グラフを選択し、[グラフのデザイン]タブの[グラフの種類の変更]をクリックします。[グラフの種類の変更]ダイアログが表示されるので、変更後のグラフを選択します。

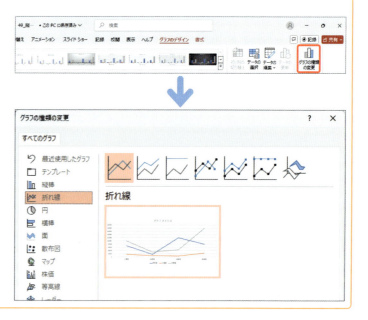

3 グラフを修正する

Hint グラフのデータをExcelで編集する

[グラフのデザイン]タブの[データの編集]の文字部分→[データの編集]をクリックすると、データの編集画面を表示してグラフのデータを編集できます。データの編集画面は、Excelの画面とよく似ていますが、一部の機能しか利用できません。[グラフのデザイン]タブの[データの編集]の文字部分→[Excelでデータを編集]をクリックすると、Excelが起動して、グラフのデータを編集できます。グラフのデータを関数を使って計算したい場合などに利用します。

データの編集画面の[Microsoft Excelでデータを編集]をクリックしても、Excelを起動できます。

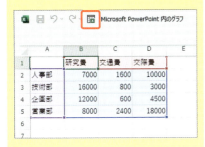

Memo グラフを削除する

グラフを削除するには、まずグラフのどこかをクリックします。グラフの外枠が表示されるので、外枠をクリックしてグラフを選択し、Deleteキーを押します。

---

1 グラフをクリックして選択し、 **2** [グラフのデザイン]タブ→[データの編集]の文字部分をクリックして、

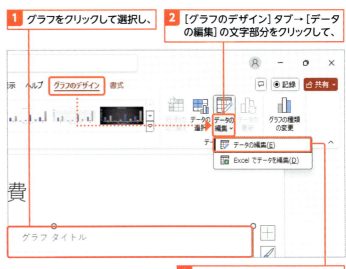

3 [データの編集]をクリックすると、

4 データの編集画面が表示されます。

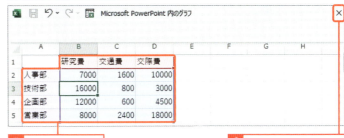

5 データを修正し、 **6** [×]をクリックすると、

7 データの編集画面が閉じます。

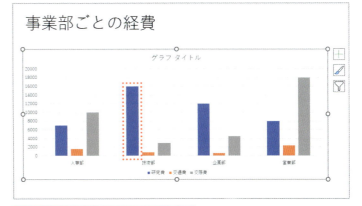

修正結果がグラフに反映されています。

Section 50 グラフの書式を変更する

練習用ファイル： 50_グラフの書式.pptx

ここで学ぶのは
- グラフスタイルの変更
- 配色の変更
- データラベル書式の変更

グラフのデザインは、テーマによって自動的に設定されます。しかしスライドに使われる色やフォントの種類によってプレゼンテーションの印象も異なります。プレゼンテーションの内容によって**色やフォントの種類を変更**しましょう。**スタイル**を変更すると、まとめて設定できるので便利です。

1 グラフのスタイルを変更する

解説　グラフのスタイルを変更する

スライドのデザインによって視聴者が抱く印象は異なります。多くの場合、暖色系の配色は活動的な印象を与え、寒色系の配色は落ち着いた印象を与えます。配色やフォントの種類は、スライドのテーマによって自動的に設定されますが、後から変更できます。プレゼンテーションの内容に合わせて変更しましょう。スタイルを変更すると一度でデザインを変更できるので便利です。

Hint　［グラフのデザイン］タブから変更する

グラフのスタイルは、［グラフのデザイン］タブから変更することもできます。スタイルは［グラフスタイル］の一覧から、配色は［色の変更］をクリックすると表示される一覧から選択します。

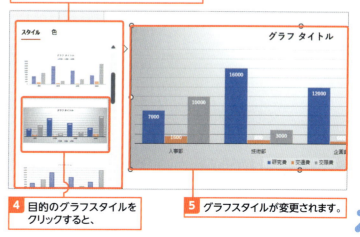

1. グラフをクリックし、
2. 右側に表示される［グラフスタイル］をクリックすると、
3. グラフスタイルの一覧が表示されます。
4. 目的のグラフスタイルをクリックすると、
5. グラフスタイルが変更されます。

6 [色] タブをクリックすると、　**7** 配色の一覧が表示されます。

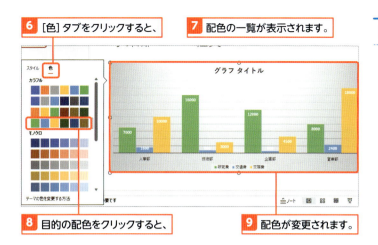

8 目的の配色をクリックすると、　**9** 配色が変更されます。

2 データラベルの書式を変更する

解説　データラベルを選択する

「データラベル」は、データの数値です。クリックすると選択され、同じデータ系列のデータラベルがまとめて選択されます。ダブルクリックすると、対象のデータラベルだけを選択できます。

1 データラベルをクリックすると、

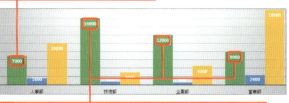

2 データ系列が同じデータラベルがまとめて選択されます。

Memo　データラベルの位置を調整する

データラベルがグラフや他のデータラベルに重なって見づらくなってしまうことがあります。この場合、位置を調整しましょう。データラベルをクリックすると枠線が表示されるので、枠線をドラッグすると移動できます。なお、このときガイド線が表示されます。このガイド線を目安に、他の要素との位置や間隔を揃えることができます（184ページ参照）。

3 [ホーム] タブからフォントサイズを指定し、

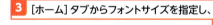
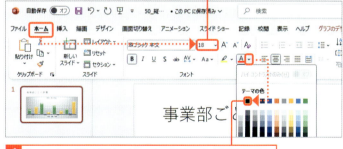

4 [フォントの色] の ▼ をクリックして目的の色を選択すると、

5 データラベルの書式が変更されます。

他のデータラベルも同様に書式を変更します。

Section 51 グラフ要素の表示／非表示を変更する

練習用ファイル：51_グラフ要素.pptx

ここで学ぶのは
- グラフタイトルの非表示
- 凡例の位置の変更
- 目盛線の間隔の変更

グラフには、**タイトルや凡例、数値などの要素**が表示されます。ただしすべての情報を表示すると、視聴者がどこを見ればいいのかわからなくなってしまいます。表示する要素を整理してわかりやすいグラフにしましょう。ここでは、**縦軸の目盛線の間隔**を調整する方法についても解説します。

1 グラフタイトルを非表示にする

解説　グラフ要素を非表示にする

右の手順でグラフ要素の項目のチェックを外すと、その項目がグラフに表示されなくなります。グラフが見やすくなるよう表示項目を減らしたいときなどに設定するといいでしょう。ただし、グラフで表示すべき項目まで非表示にしないよう注意してください。

Memo　グラフタイトル

スライドにグラフが1つしかない場合などに、スライドのタイトルとグラフのタイトルが重複してしまうことがあります。このような場合は、グラフタイトルを非表示にすることをおすすめします。

1 グラフをクリックし、

2 右側に表示される[グラフ要素]をクリックします。

3 [グラフタイトル]をクリックしてチェックを外すと、

4 グラフタイトルが非表示になります。

2 凡例の位置を変更する

解説　凡例の位置を変更する

凡例の位置は、グラフの種類やスタイルによって異なります。凡例の位置を変更するには、グラフをクリックして選択し、[グラフ要素]をクリックします。グラフ要素の一覧が表示されるので、[凡例]の右に表示される[>]をクリックし、目的の表示位置をクリックします。

1 [凡例]にマウスポインターを合わせると、[>]が表示されるのでクリックします。

2 凡例を表示したい位置(ここでは[上])をクリックすると、

3 凡例が上に移動します。

3 縦軸の目盛線の間隔を変更する

解説 縦軸の目盛線の間隔を変更する

縦軸の目盛線の間隔は自動的に設定されます。グラフが比較しやすくなるため目盛線は必要ですが、目盛線の間隔が狭いと見づらくなります。適度な余白ができるように間隔を調整しましょう。

目盛線の間隔を調整するには、グラフの右側に表示される[グラフ要素]をクリックし、[軸]の右に表示される[>]をクリックして[その他のオプション]をクリックします。「軸の書式設定」作業ウィンドウが表示されるので、右の手順に従い、[主]に単位となる数値を入力します。

Key word 作業ウィンドウ

「作業ウィンドウ」は、グラフや図形などの書式をまとめて設定できる領域のことです。作業ウィンドウを閉じるには、右上の[×]をクリックします。

---

1 [軸]にマウスポインターを合わせると、[>]が表示されるのでクリックします。

2 [第1縦軸]をクリックしてチェックを付けると、

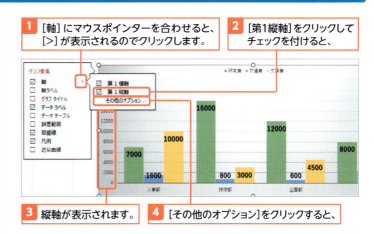

3 縦軸が表示されます。

4 [その他のオプション]をクリックすると、

5 [軸の書式設定]作業ウィンドウが表示されます。

6 [縦(値)軸]をクリックし、

7 [軸のオプション]をクリックして表示して、

8 [軸のオプション]にある[単位]の[主]に「5000」と入力して Enter キーを押すと、

9 軸の単位が「5000」になります。

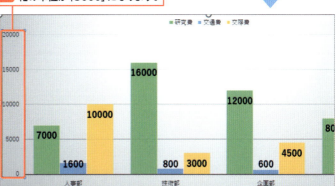

軸の数値が5000ずつ増えています。

Section 52 折れ線グラフを作成する

練習用ファイル: 52_折れ線グラフ.pptx

ここで学ぶのは
- 折れ線グラフの作成
- 縦軸の目盛線の表示
- 日付の表示設定

折れ線グラフは代表的なグラフの1つで、時間の経過にともなうデータの変化を表します。多くの場合、縦軸でデータの大きさ、横軸で時間を示します。棒グラフと同様に、折れ線グラフも種類が豊富にあります。データの内容によって使い分けましょう。

1 折れ線グラフを挿入する

 解説 スライドに折れ線グラフを挿入する

折れ線グラフの作成方法は、棒グラフとほとんど同じです。折れ線グラフのバリエーションは、次の7種類があります。

・折れ線
・積み上げ折れ線
・100%積み上げ折れ線
・マーカー付き折れ線
・マーカー付き積み上げ折れ線
・マーカー付き100%積み上げ折れ線
・3-D折れ線

 解説 折れ線グラフの元データ

折れ線グラフは主に時間経過にともなう推移を表現するため、横軸ラベルになる範囲（元データの最左列）には日付／時刻データを入力します。ここで作るグラフは1系列のみですが、複数のデータ系列の推移を見たい場合は、列を増やします。

1 コンテンツプレースホルダーの［グラフの挿入］をクリックすると、

2 ［グラフの挿入］ダイアログが表示されます。

3 ［折れ線］をクリックし、

4 グラフのバリエーションから［折れ線］をクリックして、

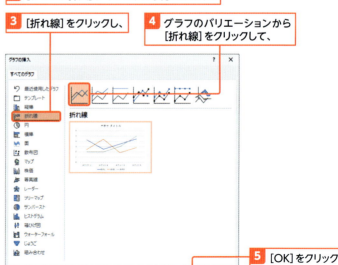

5 ［OK］をクリックすると、

Memo　グラフのデータを編集する

データの編集画面では、[A列]に横軸のデータを入力します。グラフ化されるのは、青枠で囲まれている範囲です。青枠の右下隅にマウスポインターを合わせると、形が矢印に変わります。この状態でドラッグすると、青枠の範囲を変更できます。

横軸に日付を入力する場合は、年月日を「／（スラッシュ）」で区切って入力すると、「年」「月」「日」を入力するより効率的です。

Hint　シンプルで要点が伝わりやすいグラフにする

スライド上のグラフは時間をかけて読ませるものではないので、主張が伝わりやすいようシンプルにしましょう。特に折れ線グラフはデータ系列が多すぎると見にくくなります。データ系列を減らし、場合によってはグラフにする期間も短くします。

6 データの編集画面が表示されて仮のグラフが挿入されます。

7 データを編集し、
8 [×]をクリックすると、

9 折れ線グラフが作成されます。

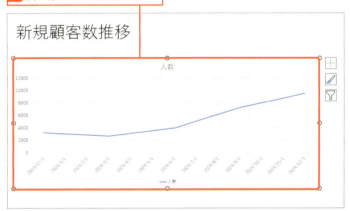

2 グラフのデザインを変更する

Memo　グラフのスタイルを変更する

グラフの背景色やデータマーカーの色、フォントの種類などは、テーマに沿って自動的に設定されます。グラフのスタイルを変更すると、まとめて変更できます。グラフのスタイルは、右の手順の他、[グラフのデザイン]タブの[グラフスタイル]グループで変更することも可能です。

1 グラフの右側に表示される[グラフスタイル]をクリックし、

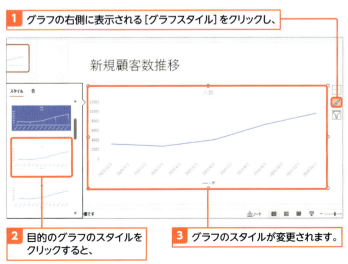

2 目的のグラフのスタイルをクリックすると、
3 グラフのスタイルが変更されます。

Hint グラフを拡大／縮小する

グラフを選択すると、周囲にハンドルが表示されます。ハンドルをドラッグすると、グラフエリアが拡大／縮小し、グラフエリアの大きさに連動してグラフも拡大／縮小されます。

Memo グラフの要素を追加／削除する

グラフに表示されていない要素を追加するには、グラフを選択すると右側に表示される[グラフ要素]をクリックし、表示される一覧から目的の要素をクリックしてチェックを付けます。グラフの要素を削除するには、一覧から目的の要素をクリックしてチェックを外します。

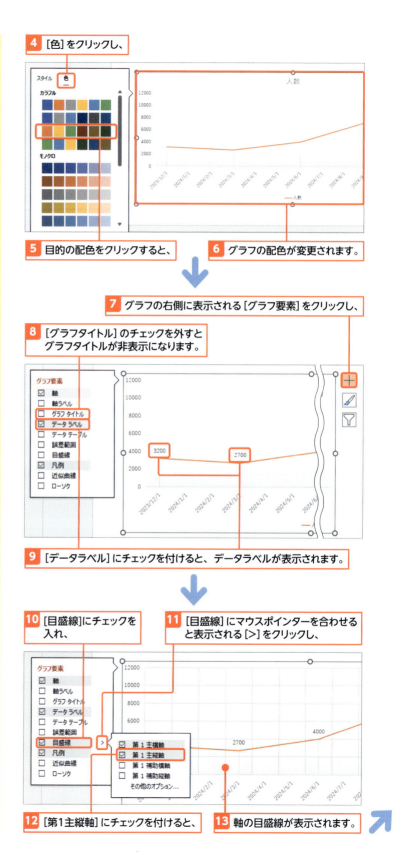

Hint グラフを作り直す

グラフを作り直すには、グラフをクリックして選択し、Deleteキーを押します。グラフが削除されるので、コンテンツプレースホルダーの[グラフの挿入]をクリックし、グラフを再び作成します。

14 [軸]にマウスポインターを合わせると表示される[>]をクリックし、

15 [その他のオプション]をクリックすると、

16 [軸の書式設定]作業ウィンドウが表示されます。

17 [横(項目)軸]をクリックし、 18 [軸のオプション]をクリックして、

Memo 作業ウィンドウを閉じる

作業ウィンドウを閉じるには、右上の[×]をクリックします。

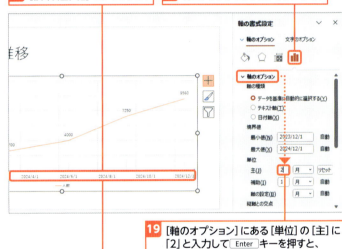

19 [軸のオプション]にある[単位]の[主]に「2」と入力してEnterキーを押すと、

20 横軸の日付が2か月単位になります。

21 作業ウィンドウを下にスクロールし、

22 [表示形式]にある[種類]から[2012年3月]を選択すると、

解説 日付軸の書式設定

横軸の元データが日付データだった場合、横軸が「日付軸」になります。日付軸では、軸の目盛り間隔を年、月、日単位で指定したり、日付の表示形式を変更したりすることが可能です。日付軸の目盛りラベルはスペースに入りきらなくなると斜めに表示されます。その場合は、右の手順のように目盛り間隔を広げて表示形式を短いものに変更します。

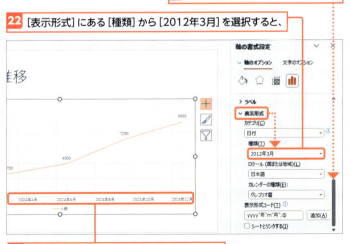

23 横軸の日付の表示から「日」が省略されます。

Section 53 円グラフを作成する

練習用ファイル： 53_円グラフ.pptx

ここで学ぶのは
- 円グラフの作成
- 円グラフの系列
- 分類名の表示

円グラフは、棒グラフや折れ線グラフと並び、よく使われるグラフの1つです。数値の合計を円で表し、データの割合を示すことができます。ここでは、円グラフのデータラベルに分類名を追加し、グラフをよりわかりやすくします。

1 円グラフを挿入する

解説　スライドに円グラフを挿入する

円グラフのバリエーションは、次の5種類があります。

・円
・3-D円
・補助円グラフ付き円
・補助縦棒付き円
・ドーナツ

Memo　円グラフの系列

円グラフは1つのデータに関する割合を表します。そのため、棒グラフや折れ線グラフと異なり、使用する系列は1つだけになります。

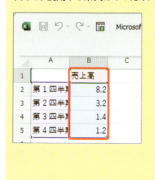

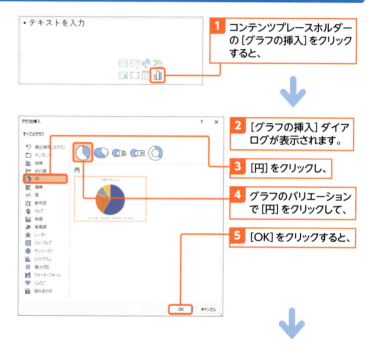

1 コンテンツプレースホルダーの[グラフの挿入]をクリックすると、

2 [グラフの挿入]ダイアログが表示されます。

3 [円]をクリックし、

4 グラフのバリエーションで[円]をクリックして、

5 [OK]をクリックすると、

6 データの編集画面が表示されて、仮のグラフが挿入されます。

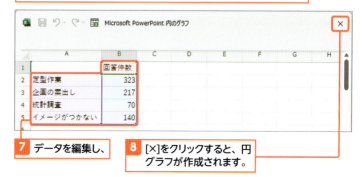

7 データを編集し、

8 [×]をクリックすると、円グラフが作成されます。

2 グラフのデザインを変更する

Hint グラフのデータマーカーを強調する

「データマーカー」は、棒グラフの棒や円グラフの扇形など、グラフで使われる図形のことです。グラフのスタイルを変更すると、グラフのデザインがまとめて変更されます。データマーカーは図形のため、通常の図形の編集と同様の手順で色を変更できます。

例えば、特定のデータマーカーのみ色を変えると、そのデータマーカーを目立たせることができます。特定のデータマーカーの色を変更するには、まず対象の部分をダブルクリックして選択します。次に、[書式] タブの [図形の塗りつぶし] をクリックすると表示される一覧から目的の色を選択します。図形の編集についての詳細は、第7章を参照してください。

● 例：データマーカーの変更前

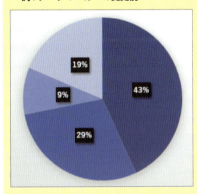

● 例：データマーカーの変更後

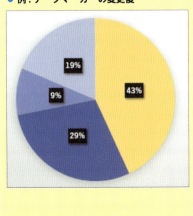

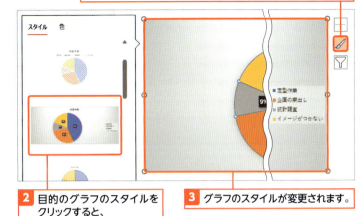

1 グラフの右側に表示される [グラフスタイル] をクリックし、

2 目的のグラフのスタイルをクリックすると、

3 グラフのスタイルが変更されます。

4 [グラフ要素] をクリックし、

5 [データラベル] にマウスポインターを合わせると表示される [>] をクリックして、

6 [その他のオプション] をクリックすると、

7 [データラベルの書式設定] 作業ウィンドウが表示されます。

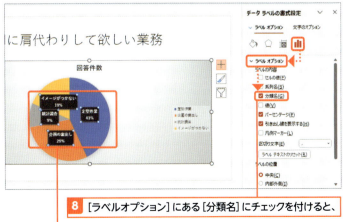

8 [ラベルオプション] にある [分類名] にチェックを付けると、

9 データラベルの分類名が表示されます。

Section 54 散布図を作成する

練習用ファイル：54_散布図.pptx

ここで学ぶのは
- 散布図の作成
- Xの値／Yの値
- 軸ラベルの追加／編集

散布図はデータの集まりや分布を表すグラフです。「地域と消費数」「年齢と交通事故率」など、2つの項目の関係を確認することができるため、傾向を把握するのに役立ちます。近年では、AI（人工知能）を利用した分析でもよく利用されています。

1 散布図を挿入する

解説 スライドに散布図を挿入する

散布図のバリエーションは、次の7種類があります。

- 散布図
- 散布図（平滑線とマーカー）
- 散布図（平滑線）
- 散布図（直線とマーカー）
- 散布図（直線）
- バブル
- 3D効果付きバブル

Hint Xの値とYの値

散布図の点は、データ内のXの値とYの値が交差するところにそれぞれ表示されます。

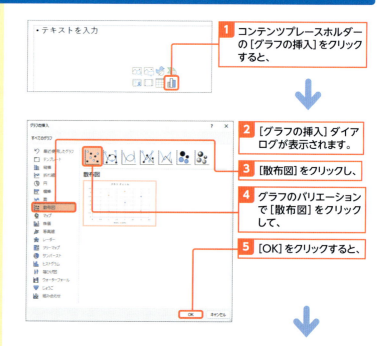

1 コンテンツプレースホルダーの[グラフの挿入]をクリックすると、

2 [グラフの挿入]ダイアログが表示されます。

3 [散布図]をクリックし、

4 グラフのバリエーションで[散布図]をクリックして、

5 [OK]をクリックすると、

6 データの編集画面が表示されて仮のグラフが挿入されます。

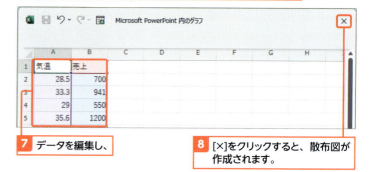

7 データを編集し、

8 [×]をクリックすると、散布図が作成されます。

2 グラフのデザインを変更する

解説　軸ラベルを編集する

軸ラベルを編集するには、軸ラベルをクリックします。軸ラベルが選択されて実線で囲まれます。再度クリックすると、軸ラベルを囲んでいた実線が破線に切り替わり、カーソルが表示されるので、テキストを編集できます。

使えるプロ技！　散布図のマーカーを線でつなぐ

散布図の種類には、マーカー（点）を線で結ぶタイプのものもあります。見た目は折れ線グラフのようですが、X軸とY軸の両方が数値です。数学のグラフを作る場合などに役立ちます。

Memo　軸ラベルのテキストのフォントを変更する

軸ラベルのテキストのフォントの種類やサイズは、[ホーム]タブの[フォント]グループで設定できます。

1 グラフの右側に表示される[グラフスタイル]をクリックし、

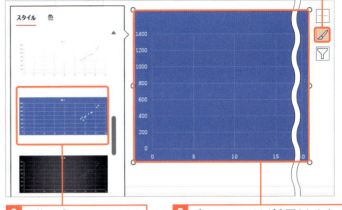

2 目的のグラフのスタイルをクリックすると、

3 グラフのスタイルが変更されます。

4 [グラフ要素]をクリックし、

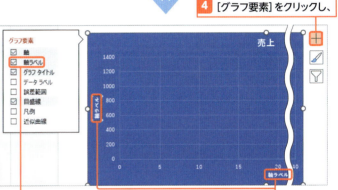

5 [軸ラベル]にチェックを付けると、

6 軸ラベルが追加されます。

7 軸ラベルが選択されている状態でクリックすると、軸ラベル内にカーソルが移動するので、テキストを編集します。

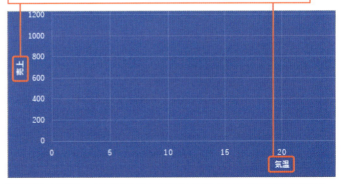

編集が終わったら、スライド内の軸ラベル以外の場所をクリックします。

Section 55 複合グラフを作成する

練習用ファイル： 55_複合グラフ.pptx

複合グラフは、棒グラフと折れ線グラフなど、複数のグラフを組み合わせたグラフのことです。複合グラフは複数のグラフが組み合わさっているため、左右で異なる縦軸を設定します。ここでは、**パレート図**を作成する手順を通して、複合グラフの作り方について解説します。

ここで学ぶのは
- パレート図の作成
- 降下線の追加
- 軸の書式設定

1 パレート図について

Memo パレート図

「パレート図」は、QC（Quality Control／品質管理）の7つ道具と呼ばれるツールの1つです。データが降順に並んだ棒グラフと、累積の割合を示す折れ線グラフで表されます。

パレート図は、企業が扱う商品の品質管理においてよく使われます。

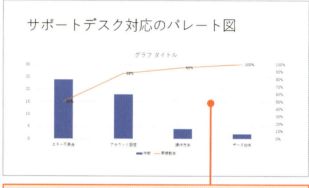

降順に並ぶ棒グラフと、割合を示す折れ線グラフから構成されます。

2 複合グラフを挿入する

Memo パレート図を作る

パレート図は、右の手順の他、[グラフを挿入]ダイアログの[ヒストグラム]のバリエーションから作ることもできます。

1 コンテンツプレースホルダーの[グラフの挿入]をクリックすると、

解説　スライドに複合グラフを挿入する

複合グラフのバリエーションは、次の4種類があります。

・集合縦棒 - 折れ線
・集合縦棒 - 第2軸の折れ線
・積み上げ面 - 集合縦棒
・ユーザー設定の組み合わせ

右側のバリエーションから目的のものを選択し、[OK] をクリックすると、仮のグラフが挿入され、データの編集画面が表示されます。データの編集画面のデータを編集すると、連動してグラフに編集結果が反映されます。

Memo　グラフのデータを編集する

グラフのデータは、データの編集画面で変更できます。グラフの挿入直後は、仮のグラフのデータが入力されているので、作成するグラフに合わせてデータを編集します。なお、グラフ化されるデータは青枠内のデータのみです。データが青枠の外に入力されているとグラフに反映されないため注意が必要です。青枠は、右下隅をドラッグするとサイズを変更できます。グラフ化するデータに合わせて調整しましょう。

2 [グラフの挿入] ダイアログが表示されます。

3 [組み合わせ] をクリックし、

4 [ユーザー設定の組み合わせ] をクリックします。

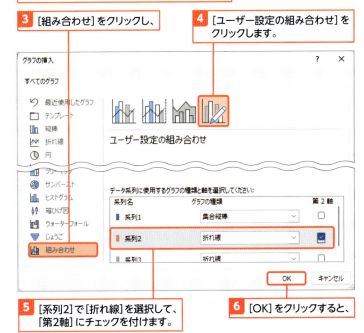

5 [系列2] で [折れ線] を選択して、[第2軸] にチェックを付けます。

6 [OK] をクリックすると、

7 データの編集画面が表示されます。

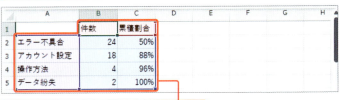

8 データの編集画面のデータを編集すると、

9 複合グラフ (ここではパレート図) が作成されます。

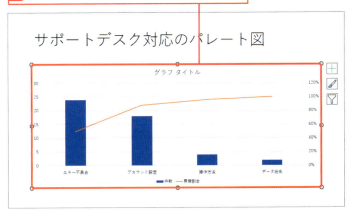

3 降下線を追加する

Memo 降下線を追加する

パレート図では、折れ線グラフのデータマーカーから降下線が引かれます。よく使われるグラフの要素は、グラフを選択すると右側に表示される[グラフ要素]から追加できますが、ここから降下線を追加することはできません。降下線を追加するには、折れ線グラフをクリックして選択し、[グラフのデザイン]タブの[グラフ要素を追加]をクリックして、[線]→[降下線]をクリックします。

Hint 降下線の書式を変更する

降下線の色や太さ、線の種類などは変更できます。例えば降下線の色を変更する場合は、降下線をクリックして選択し、[書式]タブの[図形の枠線]をクリックすると表示される一覧から目的の色を選択します。降下線の太さは[太さ]から、降下線の種類は[実線/点線]から設定できます。

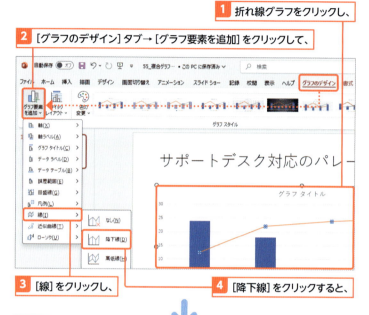

1 折れ線グラフをクリックし、
2 [グラフのデザイン]タブ→[グラフ要素を追加]をクリックして、
3 [線]をクリックし、
4 [降下線]をクリックすると、
5 降下線が追加されます。

4 軸の書式を設定する

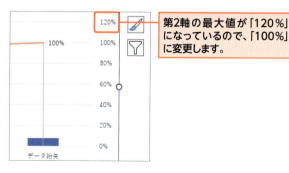

第2軸の最大値が「120%」になっているので、「100%」に変更します。

解説　第2軸の最大値を変更する

第2軸の最大値は、データに合わせて自動的に設定されます。最大値を変更したい場合は、右の手順で［軸の書式設定］作業ウィンドウを表示し、［第2軸縦（値）軸］を選択して［軸のオプション］をクリックします。［軸のオプション］にある［境界値］の「最大値」に目的の最大値を入力します。

Memo　パレート図の見方

パレート図の元になったパレートの法則は、「80:20の法則」とも呼ばれます。今回例にした「サポートデスク対応」であれば、「対応件数の8割以上は、2つの問題が占めている」と読み取れます。つまり、「エラー不具合」「アカウント設定」の2つを解決すれば、対応が激減するのです。

1 グラフの右に表示される［グラフ要素］をクリックし、

2 ［軸］にマウスポインターを合わせると表示される［>］をクリックして、

3 ［その他のオプション］をクリックすると、

4 ［軸の書式設定］作業ウィンドウが表示されます。

5 ［第2軸縦（値）軸］を選択し、

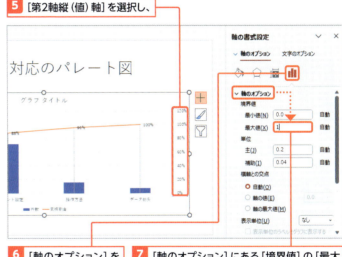

6 ［軸のオプション］をクリックして表示し、

7 ［軸のオプション］にある［境界値］の［最大値］に「1」と入力して Enter キーを押すと、

8 第2軸の最大値が変更されます。

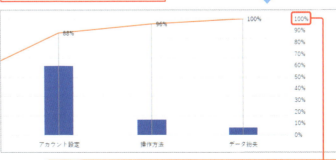

［最大値］に「1」を設定したので、「最大値=100%」になりました。

Section 56

Excelで作成したグラフを貼り付ける

練習用ファイル：📁 56_グラフ貼り付け.pptx

ここで学ぶのは
- Excelのグラフのコピー
- Excelのグラフの挿入
- Excelのデザインを保持

Officeソフトは連携機能に優れており、**Excelで作成したグラフをPowerPointのスライドに貼り付ける**ことができます。Excelは計算が得意なので、計算が必要なグラフはExcelで作成してPowerPointに貼り付けると、効率的にスライドを作成できます。手順はコピーして貼り付けるだけなので簡単です。

1 Excelで作成したグラフを挿入する

解説　Excelのデザインを保持する

Excelで作成したグラフをPowerPointに貼り付けると、PowePointのテーマが適用されます。Excelのデザインを保持したい場合は、貼り付けたときに右下に表示される[貼り付けのオプション]をクリックし、[元の書式を保持]をクリックします。

元の書式を保持

Excelでの操作

1 グラフを選択し、Ctrl+Cキーを押します。

PowerPointでの操作

2 プレースホルダー内にカーソルを移動し、Ctrl+Vキーを押すと、

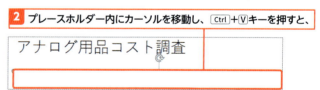

3 Excelで作成したグラフが貼り付けられます。

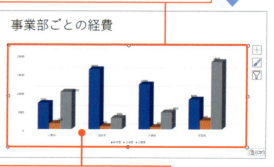

PowerPointのテーマが適用されます。

Hint　グラフの貼り付け場所

Excelのグラフは、プレースホルダー内以外にも貼り付けることができます。

第 **7** 章

作図機能を使いこなす

この章では作図機能の使い方を紹介します。基本的な四角形や円などの図形に加え、標準で用意されているアイコンやコネクタなどを組み合わせると、効果的な図を短時間で作成できます。

Section 57	▶	PowerPoint の作図機能を知る
Section 58	▶	アイコンとコネクタを使って構成図を作る
Section 59	▶	図形の位置を調整する
Section 60	▶	四角形や円を配置する
Section 61	▶	線や塗りを整える
Section 62	▶	F4 キーで同じ操作を繰り返す
Section 63	▶	書式を貼り付ける
Section 64	▶	テキストを配置する
Section 65	▶	吹き出しを追加して強調する
Section 66	▶	吹き出しの余白を調整する
Section 67	▶	図形をグループ化する
Section 68	▶	円弧を使って矢印を描く
Section 69	▶	折れ線の矢印を描く
Section 70	▶	波カッコ（ブレス）でグループを表す
Section 71	▶	図形の中に箇条書きを書く
Section 72	▶	頂点を編集する
Section 73	▶	重なり合った図形を編集する
Section 74	▶	図形を結合する
Section 75	▶	さまざまな図形を知ろう

Section 57 PowerPointの作図機能を知る

ここで学ぶのは
- 図形の作図
- グループ化
- スマートガイド

PowerPointでは、四角形や円形といった**基本図形**、**アイコン**、**コネクタ**、**吹き出し**の4種類の図形を組み合わせて図を作ります。「複数の図形をまとめる」「図形を整列する」といった**補助機能**が充実しているので、最初から完成形を意識する必要はありません。まずはおおまかに作っていき、きれいに仕上げていきましょう。

1 4種類の図形を組み合わせる

Memo 基本図形を利用する

PowerPointには、四角形や円形、三角形、矢印などの図形が豊富に用意されています。[挿入]タブから挿入でき、色や大きさは任意に変更できます。図形内には文字を入力することもできます。

基本図形

Memo アイコンを利用する

「アイコン」は、道具や建物、人物などの形をしたシンプルな図形です。Microsoft社が配布しているもので無料で利用できますが、スライドに挿入する際は、パソコンがインターネットに接続されている必要があります。

アイコン

Memo コネクタを利用する

「コネクタ」は、図形と図形を結んで関連性を示すための線です。先端または両端が矢印になっているものもあります。図形に連動して変形するので、図形を移動しても線を引きなおす必要がありません。

コネクタ

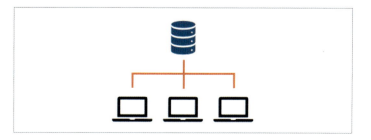

吹き出し

 Memo 吹き出しを利用する

「吹き出し」は文字を入力するための図形の1つで、先端部分を自由に移動できます。よく目立つパーツなので、「特に伝えたいこと」を書き込むと効果的です。

2 作図の補助機能を使いこなす

 Memo グループ化する

「グループ化」は、複数の図形をまとめて1つの部品にする機能です。作り込んだ図をグループ化しておけば、誤って崩してしまうことがなくなります。

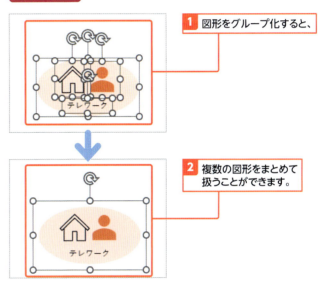

 Memo スマートガイドを利用する

「スマートガイド」は図形どうしの位置関係に応じて表示されるガイド線のことです。図形をドラッグして移動すると、他の図形と揃う位置に表示されます。整列させるときの目安になるので便利です。

Hint 図に凝りすぎない

プレゼンテーションで作成する図は、シンプルで伝えたいことが視聴者にダイレクトに伝わるものにします。キャラクター性のあるものを配置すると、視聴者の関心がそこに向いてしまいます。複雑なものにすると、理解しにくくなってしまうでしょう。プレゼンテーションの目的が薄れてしまいます。凝ったイラストなどを使いたい場合は、多用しすぎないよう注意が必要です。

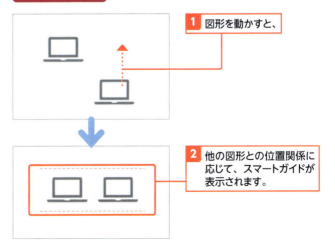

Section 58 アイコンとコネクタを使って構成図を作る

練習用ファイル：📁 58_アイコンとコネクタ.pptx

ここで学ぶのは
- アイコンの挿入
- コネクタ
- コネクタの接続先の変更

PowerPointでは、人物や建物などのシンプルな図形を**アイコン**としてスライドに挿入できます。ただし、アイコンを挿入するにはパソコンがインターネットに接続されている必要があります。また**コネクタ**と呼ばれる線で図形どうしを接続すると、図形どうしの関連性を明示することができます。

1 スライドにアイコンを挿入する

Key word アイコン

PowerPointを含むOfficeアプリには、かつて「クリップアート」と呼ばれるイラストが用意されていました。そのクリップアートが廃止され、代替機能として搭載されたものが「アイコン」です。人物や建物などがシンプルに図形化されており、組み合わせてイメージ図を作成できる他、スライドを彩るアクセントとしても重宝します。

解説 アイコンを挿入する

アイコンを挿入するには、[挿入] タブの [アイコン] をクリックします。Office プレミアム クリエイティブ コンテンツ コレクションの [アイコン] が表示されるので、検索バー下のアイコンのカテゴリーを選択します。次にアイコンの一覧から目的のアイコンをクリックして選択し、[挿入] をクリックします。複数のアイコンを同時に挿入することも可能です。

Hint アイコンの色は変更できる

右の手順で配置されるアイコンは黒一色ですが、後から色を変更できます（194ページ参照）。

1 [挿入] タブをクリックし、

2 [アイコン] をクリックすると、

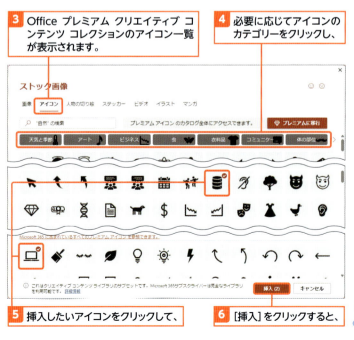

3 Office プレミアム クリエイティブ コンテンツ コレクションのアイコン一覧が表示されます。

4 必要に応じてアイコンのカテゴリーをクリックし、

5 挿入したいアイコンをクリックして、

6 [挿入] をクリックすると、

Hint アイコンを検索する

PowerPointにはたくさんのアイコンが用意されています。アイコンのカテゴリーから探すことができますが、見つからない場合は検索してみましょう。
アイコンを検索するには、アイコン一覧の上部にある検索ボックスにキーワードを入力します。

Hint アイコンを削除する

不要なアイコンを削除するには、アイコンをクリックして選択し、Deleteキーを押します。アイコンを削除しても、手順を繰り返すと再度挿入できます。

Memo アイコンをトリミングする

アイコンには余白が設定されています。余白の大きさは、トリミングすることで調整できます。トリミングについての詳細は、106ページを参照してください。

---

7 アイコンが挿入されます。

8 何もない場所をクリックすると、選択が解除されます。

9 アイコンをドラッグすると、アイコンが移動します。

10 [グラフィックス形式] タブをクリックし、

11 [トリミング] をクリックすると、

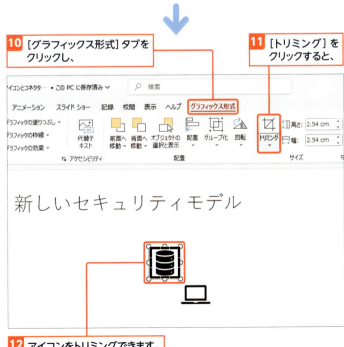

12 アイコンをトリミングできます。

2 アイコンをコネクタで接続する

解説　コネクタで図形を接続する

「コネクタ」は、PowerPointで挿入できる図形の1つです。図形の一覧からコネクタを選択し、始点となる図形にマウスポインターを合わせると、周囲に接続点が表示されます。接続点をクリックし、マウスのボタンから指を離さずに接続先の図形までドラッグします。接続先の図形にも接続点が表示されるので、接続したい接続点にマウスポインターを合わせてマウスのボタンから指を離すと、2つの図形が接続されます。

ここでは[コネクタ：カギ線]を使いましたが、他にも矢印で接続できる[コネクタ：カギ線矢印]や曲線で接続できる[コネクタ：曲線]などがあります。

Memo　コネクタが自動的に変形する

コネクタで接続されている図形のサイズや位置を変更すると、連動してコネクタも変形します。

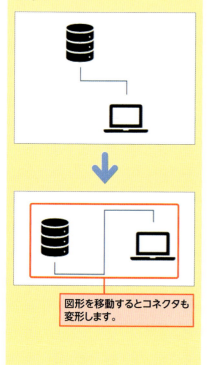

図形を移動するとコネクタも変形します。

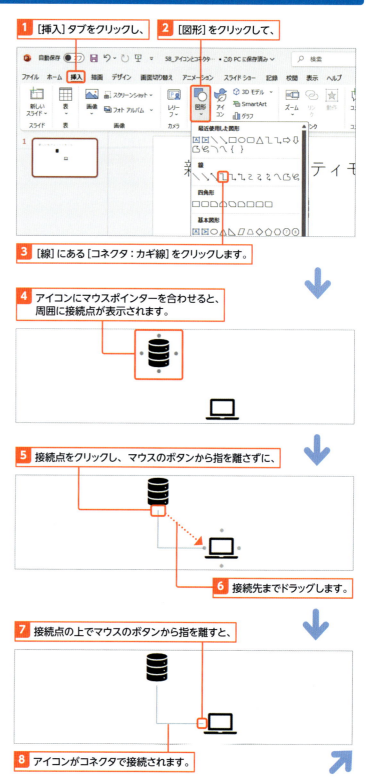

1 [挿入]タブをクリックし、

2 [図形]をクリックして、

3 [線]にある[コネクタ：カギ線]をクリックします。

4 アイコンにマウスポインターを合わせると、周囲に接続点が表示されます。

5 接続点をクリックし、マウスのボタンから指を離さずに、

6 接続先までドラッグします。

7 接続点の上でマウスのボタンから指を離すと、

8 アイコンがコネクタで接続されます。

解説 コネクタの接続先を変更する

コネクタの接続先を変更するには、コネクタをクリックして選択し、コネクタの先端を変更したい接続点までドラッグします。

Hint コネクタの色や太さを変更する

コネクタの色や太さは、後から変更できます（193ページ参照）。

Hint コネクタを削除する

コネクタを削除するには、削除したいコネクタをクリックして選択し、Delete キーを押します。

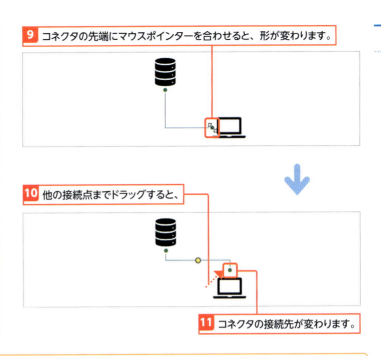

9 コネクタの先端にマウスポインターを合わせると、形が変わります。

10 他の接続点までドラッグすると、

11 コネクタの接続先が変わります。

使えるプロ技！ カギ線コネクタを直線にする

［コネクタ：カギ線］で接続するとき、直線で接続したいのにコネクタが微妙にカギ線（折れ線）になってしまうことがあります。この場合、コネクタを選択し、［図形の書式］タブの［図形の高さ］の数値を「0」にすると、コネクタを直線にできます。

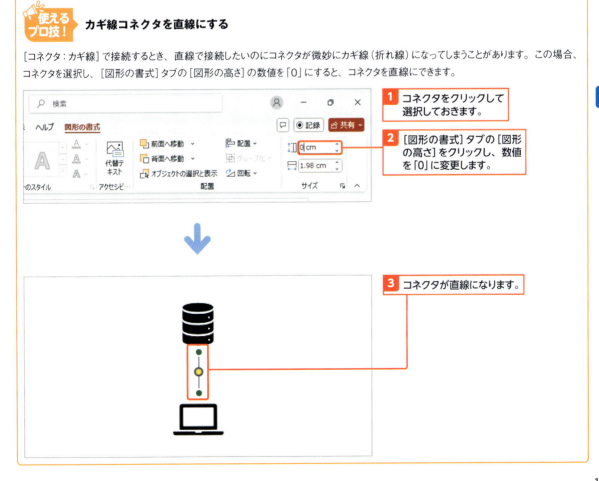

1 コネクタをクリックして選択しておきます。

2 ［図形の書式］タブの［図形の高さ］をクリックし、数値を「0」に変更します。

3 コネクタが直線になります。

Section 59 図形の位置を調整する

練習用ファイル： 59_図形の位置.pptx

図形はドラッグによって移動できるので、**図形を配置したら位置を調整**します。このとき、他の図形との位置関係によって**スマートガイド**と呼ばれるガイド線が表示されます。図形はスマートガイドに沿うように移動するので、この線を目安にすることで図形どうしの位置や間隔を揃えることができます。

ここで学ぶのは
- 図形の位置調整
- 図形の移動
- 図形のコピー

1 図形を移動する

Hint　図形を細かく移動する

図形を選択した状態でキーボードの←→↑↓キーを押すと、図形を細かく移動できます。ドラッグ操作でおおまかに移動し、←→↑↓キーで微調整するといった使い方をします。

Key word　スマートガイド

図形をドラッグして移動すると、赤い破線が表示されることがあります。この線を「スマートガイド」といいます。他の図形と上端が揃う位置や、図形どうしの間隔が揃う位置などに表示されます。WordやExcelでは表示されません。図の作成が必須ともいえるPowerPointならではの機能です。

1 図形をクリックで選択して左方向へドラッグすると、

2 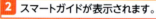 スマートガイドが表示されます。

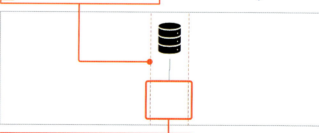

3 上に配置されている図形と揃う位置でマウスのボタンから指を離すと、

4 上下の図形が左右の中心に揃います。

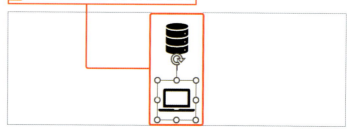

2 図形をコピーする

解説　図形をコピーする

同じ図形を繰り返し使う場合、コピーすると同じ図形を作成する手間を省くことができます。図形をコピーするには、図形をクリックして選択し、Ctrlキーを押しながらドラッグします。この他、図形を選択してCtrl+Cキーを押した後、Ctrl+Vキーを押しても図形をコピーできます。

Hint　メニューから図形の位置を揃える

複数の図形を選択し、[グラフィックス形式]タブの[配置]をクリックすると表示されるメニューから図形の位置を揃えることもできます。この場合、それぞれの図形が揃う位置に移動します。特定の図形に揃えたい場合はスマートガイドを利用し、3つ以上の図形をまとめて揃えたい場合はメニューを利用するといった使い分けをします。

Hint　別のスライドに図形をコピーする

別のスライドに図形をコピーする場合は、図形を選択してCtrl+Cキーを押した後、コピー先のスライドをクリックして選択し、Ctrl+Vキーを押します。

---

1 Ctrlキーを押しながら図形を左方向へドラッグします。

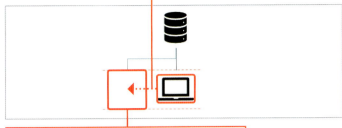

2 上端が揃う位置でマウスのボタンから指を離すと、

3 上端が揃う位置に図形がコピーされます。

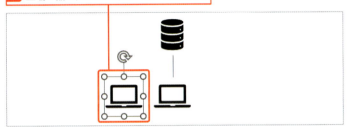

4 Ctrlキーを押しながら図形を右方向へドラッグします。

5 間隔を示すスマートガイドが表示された状態でマウスのボタンから指を離すと、

6 等間隔の位置に図形がコピーされます。

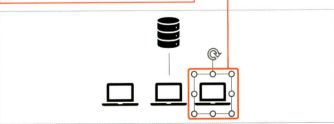

Section 60 四角形や円を配置する

練習用ファイル：📁 60_四角形や円.pptx

PowerPointでは、**四角形や円といったシンプルな図形**を作成できます。作成できるすべての図形は、[挿入]タブの[図形]をクリックすると表示される一覧から選択できます。図形を作成すると、他の図形の前面に配置されます。**重なり順**を変更することで、他の図形の背面に移動できます。

ここで学ぶのは
- 四角形／円の作成
- 図形のサイズ変更
- 重なり順の変更

1 四角形を作る

 解説　四角形を作る

四角形を作るには、[挿入]タブの[図形]をクリックすると表示される一覧から、[正方形/長方形]を選択します。次に対角線を意識しながらスライド上でドラッグすると、任意のサイズの四角形を作成できます。また、スライド上をクリックすると既定のサイズの四角形が作成されます。図形の色はテーマに添った色があらかじめ設定されますが、後から変更できます。

 Hint　正方形を作る

正方形を作るには、Shiftキーを押しながらスライド上でドラッグします。

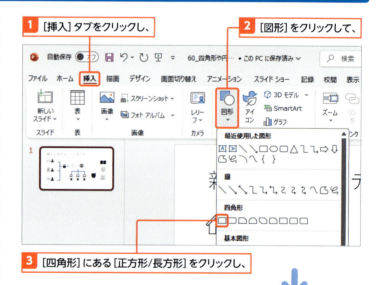

① [挿入]タブをクリックし、
② [図形]をクリックして、
③ [四角形]にある[正方形/長方形]をクリックし、
④ スライド上でドラッグすると、

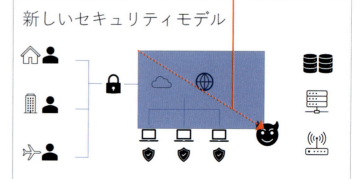

図形を削除する

図形を削除するには、図形をクリックして選択し、Deleteキーを押します。

5 四角形が作成されます。

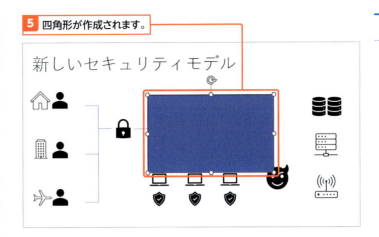

2 図形のサイズを変更する

図形のサイズを変更する

図形を選択すると、四隅と四辺中央に[サイズ変更ハンドル]が表示されます。これをドラッグすると、図形のサイズを変更できます。このときShiftキーを押しながらドラッグすると、図形の縦横比を維持したままサイズを変更できます。

1 図形をクリックして選択し、周囲(ここでは右下隅)に表示されているハンドルをドラッグすると、

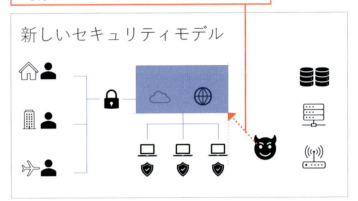

図形のサイズを数値で指定する

[図形の書式]タブの[サイズ]グループ内の[図形の高さ][図形の幅]では、それぞれ数値を指定して図形の高さや幅を設定することができます。

2 図形のサイズが変更されます。

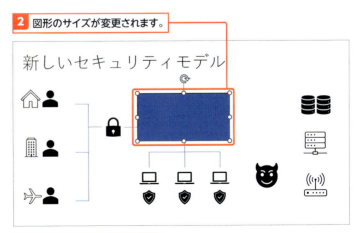

図形のサイズを小さくしました。

3 図形の重なり順を変更する

解説　重なり順を変更する

図形は、新しいものほど前面に重なるように作成されます。以前に作成した図形が隠れてしまう場合などには、「重なり順」を変更することで対処します。図形の重なり順を変更するには、図形を選択し、[図形の書式]タブの[前面へ移動]または[背面へ移動]の⌄をクリックすると表示されるメニューから重なり順を選択します。なお、[前面へ移動]をクリックすると1つ前、[背面へ移動]をクリックすると1つ後ろの重なり順になります。

Key word　「前面」と「背面」

「前面」とは手前のこと、「背面」とは後ろのことです。例えば図形を最前面に移動すると、最も手前に移動し、重なる図形は隠れます。

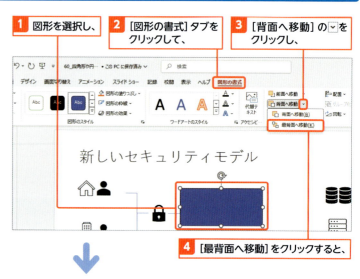

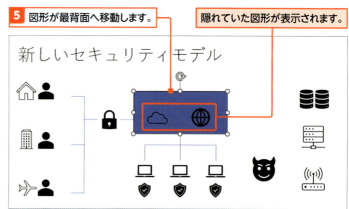

4 円を作る

解説　円を作る

円を作るには、[挿入]タブの[図形]をクリックすると表示される一覧から、[楕円]を選択します。次にスライド上でドラッグすると、任意のサイズの円を作成できます。また、スライド上をクリックすると既定のサイズの円が作成されます。

Hint 正円を作る

正円を作るには、Shiftキーを押しながらスライド上でドラッグします。

Hint 図形を中心から作る

四角形や円を作るとき、Ctrlキーを押しながらスライド上でドラッグすると、四角形や円の中心から広がるように作成できます。

Memo 右クリックで重なり順を変更する

図形を右クリックすると表示されるメニューから[最前面へ移動]または[最背面へ移動]の›をクリックすると、サブメニューから図形の重なり順を変更できます。

3 スライド上でドラッグすると、

4 円が作成されます。

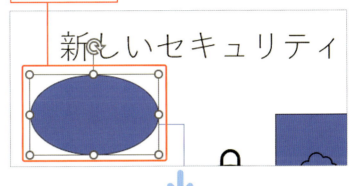

5 [図形の書式]タブをクリックして、 **6** [背面へ移動]の⌄をクリックし、

7 [最背面へ移動]をクリックすると

8 図形が最背面へ移動します。　　隠れていた図形が表示されます。

189

Section 61 線や塗りを整える

練習用ファイル：📁 61_線や塗り.pptx

ここで学ぶのは
- 図形の書式設定
- 複数図形の書式設定
- コネクタ／アイコンの書式設定

図形を作成すると、テーマに沿った色が自動的に設定されます。色は後から自由に変更できます。図形のまとまりや他と区別したい部分、強調したい部分などの色を変更すると、わかりやすいスライドになります。このとき、図形の**塗りつぶしの色**と**線の色**を個別に設定します。色をなくすこともできます。

1 図形の色を変更する

解説 ［図形の塗りつぶし］の色を変更する

図形には、テーマに沿った色が自動的に設定されます。図形の色を変更するには、図形を選択し、［図形の書式］タブの［図形の塗りつぶし］をクリックすると表示される一覧から目的の色を選択します。

Hint 色数を抑える

スライドにたくさんの色が使われていると、にぎやかで楽しい印象になります。しかしまとまりや強調したい部分があいまいになり、プレゼンテーションには適しません。色を多用せず、2、3色に抑えると、統一感のあるスライドになります。

Hint 図形の色をなくす

図形の色をなくして線だけにするには、［塗りつぶしなし］を選択します。

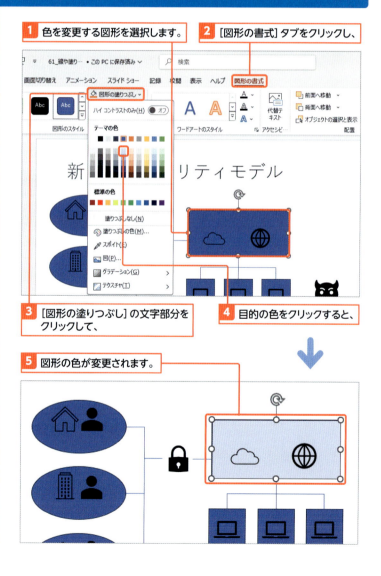

1 色を変更する図形を選択します。
2 ［図形の書式］タブをクリックし、
3 ［図形の塗りつぶし］の文字部分をクリックして、
4 目的の色をクリックすると、
5 図形の色が変更されます。

2 図形の枠線の色や太さ、種類を変更する

解説　図形の枠線の色を変更する

図形の枠線の色を変更するには、図形を選択し、[図形の書式] タブの [図形の枠線] をクリックして、色をクリックします。

1 図形を選択して、[図形の書式] タブ→ [図形の枠線] の文字部分をクリックし、

2 目的の色をクリックすると、

3 枠線の色が変更されます。

解説　図形の枠線の太さを変更する

図形の枠線の太さを変更するには、図形を選択し、[図形の書式] タブの [図形の枠線] をクリックして、[太さ] をクリックし、目的の太さをクリックします。[枠線なし] をクリックすると、枠線を消すことができます。

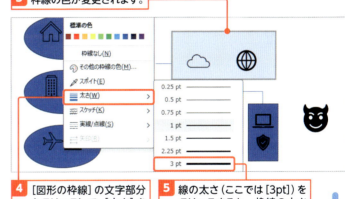

4 [図形の枠線] の文字部分をクリックして、[太さ] をクリックし、

5 線の太さ (ここでは [3pt]) をクリックすると、枠線の太さが変更されます。

解説　図形の枠線の種類を変更する

図形の枠線の種類を変更するには、図形を選択し、[図形の書式] タブの [図形の枠線] をクリックして、[実線/点線] または「スケッチ」をクリックし、目的の種類をクリックします。「スケッチ」を利用すると、手描き風の線を描くことができます。

6 [図形の枠線] の文字部分をクリックし、[実線/点線] をクリックして、

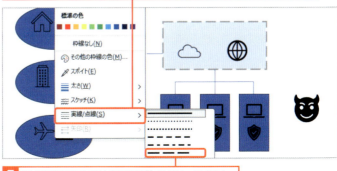

7 線の種類 (ここでは [長破線]) をクリックすると、枠線の種類が変更されます。

3 複数の図形の色と枠線をまとめて設定する

解説 複数の図形にまとめて色や線を設定する

複数の図形に同じ色を設定する場合、個別に変更していては手間がかかります。複数の図形を選択してから色を変更すると、選択されている図形にまとめて色を設定できます。

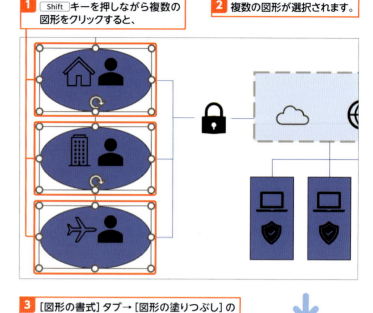

1 Shift キーを押しながら複数の図形をクリックすると、

2 複数の図形が選択されます。

3 ［図形の書式］タブ→［図形の塗りつぶし］の文字部分をクリックし、

Hint 書式をコピーする

ここではあらかじめ配置されている図形の色と線をまとめて変更しています。後から作成した図形の色と線を、配置されている図形と揃えたい場合は書式のコピーを利用します（198ページ参照）。

4 目的の色をクリックします。

5 ［図形の枠線］の文字部分をクリックし、

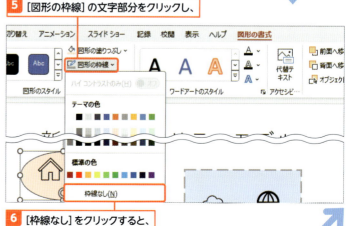

6 ［枠線なし］をクリックすると、

解説 枠線の色と太さを変更する

枠線の色や太さを変更するには、[図形の書式]タブの[図形の枠線]の文字部分をクリックすると表示される一覧から、目的の色や太さを選択します。

7 複数の図形の色と線がまとめて設定されます。

4 コネクタの色と太さを変更する

使えるプロ技！ 既定の設定を変更する

図形の色や線は、テーマに沿った「既定の設定」が自動的に適用されます。図形を作成するたびに色などを変更していては手間がかかります。特定の色や線の組み合わせをよく使う場合は、「既定の設定」を変更します。「既定の設定」を変更すると、新しく作成する図形に自動的に適用されます。なお、既定の設定はスライドごとに保存されるので、他のスライドの設定が変更されてしまうことはありません。「既定の設定」を変更するには、既定の設定にしたい色や線が設定されている図形を右クリックし、[既定の図形に設定]をクリックします。

1 Shift キーを押しながら複数のコネクタをクリックすると、

2 複数のコネクタが選択されます。

3 [図形の書式]タブ→[図形の枠線]の文字部分をクリックし、

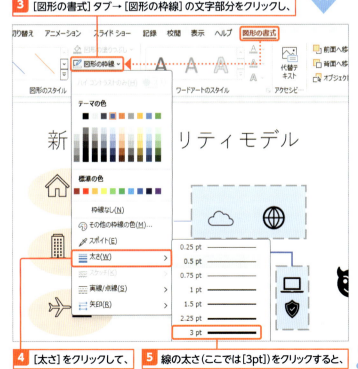

4 [太さ]をクリックして、

5 線の太さ(ここでは[3pt])をクリックすると、

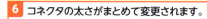
6 コネクタの太さがまとめて変更されます。

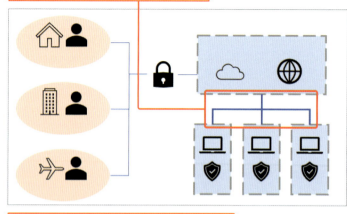

図形と同様の手順で色を設定することもできます。

5 アイコンの色を変更する

解説 アイコンの色を変更する

アイコンの色を変更するには、[グラフィックス形式] タブの [グラフィックの塗りつぶし] の文字部分をクリックすると表示される一覧から、目的の色を選択します。

1 アイコンを選択します。

2 [グラフィックス形式] タブ→ [グラフィックの塗りつぶし] の文字部分をクリックし、

3 目的の色をクリックすると、

Memo アイコンの塗りと線

アイコンは単色の部品なので、2種類以上の色を設定することはできません。また、枠線の色を設定した場合、アイコンの塗られている部分の輪郭に色が設定されます。

使えるプロ技！ アイコンを図形に変換する

アイコンを右クリックして［図形に変換］を選択すると、PowerPointの図形に変換されます。この状態なら色などをより細かく設定できます。

4 アイコンの色が変更されます。

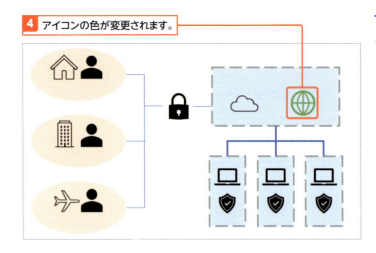

使えるプロ技！ 図形にグラデーションを設定する

図形にはグラデーションを設定できます。図形にグラデーションを設定するには、図形を右クリックし①、［図形の書式設定］をクリックします②。［図形の書式設定］作業ウィンドウが表示されるので、［図形のオプション］③→［塗りつぶしと線］④をクリックします。次に［塗りつぶし］をクリックし⑤、［塗りつぶし（グラデーション）］をクリックします⑥。［方向］からグラデーションの方向を選択できます。また、［グラデーションの分岐点］にある各分岐点をクリックして選択し、［色］をクリックすると表示される一覧から色を選択します⑦。

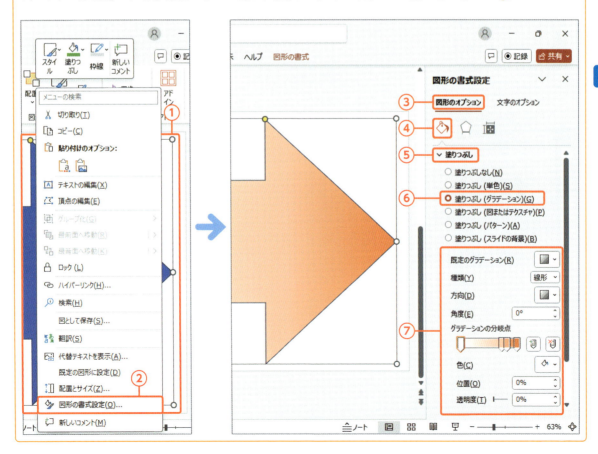

Section 62 F4 キーで同じ操作を繰り返す

練習用ファイル：62_F4で繰り返す.pptx

ここで学ぶのは
- 同じ操作の繰り返し
- 複数対象への繰り返し
- 繰り返しで書式の統一

統一感のあるスライドを作成するためには、**図形の色や線の設定を同じにする**必要があります。しかし、後から追加した図形に、既存の図形と同じ書式を1つずつ設定していくのは手間がかかります。「図形の色だけ」のように1つの書式を揃える場合は、F4 キーを使用した**同じ操作の繰り返し**を利用すると効率的です。

1 同じ操作を繰り返す

 解説　直前の操作を繰り返す

F4 キーは直前の操作を繰り返すショートカットキーです。このSectionでは書式設定の繰り返し操作のために使用していますが、文字の入力や図形の挿入なども繰り返し行うことができます。

 Memo　繰り返せるのは直前の操作のみ

F4 キーで繰り返すことができるのは、直前の操作のみです。直前の操作よりも前の操作を選択して実行することはできません。

① 色を変えるアイコンを選択してから[グラフィックス形式]タブ→[グラフィックの塗りつぶし]をクリックして、

② アイコンに設定する色を選択すると、

③ アイコンの色が変わります。

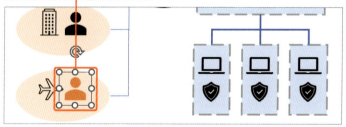

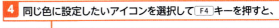

Memo Ctrl+Y でも繰り返しは可能

直前の動作の繰り返しは、F4 キーの他にも Ctrl+Y で実行することができます。ただし、この場合は2つのキーを押す必要があるため、書式を統一するために何度も実行するような場合には、F4 キーを使用する方がすばやく操作できるので、おすすめです。

2 同じ操作を複数の対象にまとめて繰り返す

Hint F4 キーは Office 共通

直前の操作を繰り返す F4 キーによるショートカットは、他の Office 系ソフト（Word や Excel など）でも利用することができます。Excel のように表や文字の修飾を繰り返し行う必要がある場面では、特に応用できます。

Memo ［繰り返し］ボタン

クイックアクセスツールバーの［繰り返し］ボタンをクリックしても、繰り返し操作を行うことができます。ただし、左の［元に戻す］ボタンをクリックすると［やり直し］ボタンに変化し、繰り返し操作はできなくなります。

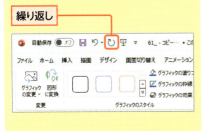

Section 63 書式を貼り付ける

練習用ファイル： 63_書式の貼り付け.pptx

ここで学ぶのは
- 書式のコピー
- 書式の貼り付け
- コピーモード

Section62で説明した方法は、直前の操作を繰り返すだけのショートカットキーなので、複数の書式を適用することはできません。このような場合には、**書式のコピー**を利用すると、新しく作成した図形に、既存の図形の書式をまとめて適用できるので便利です。

1 書式をコピーする

Key word 書式

「書式」とは、文字や図形の色や太さなどの設定のことです。

解説 書式をコピーする

図形を選択してから[ホーム]タブの[書式のコピー/貼り付け]をクリックすると図形の書式がコピーされ、マウスポインターが書式のコピーモードになります。その後、スライド上の図形をクリックすると、コピーした書式が適用されます(書式が貼り付けられます)。

Memo 複数の図形に連続コピーする

[書式のコピー/貼り付け]をダブルクリックすると、マウスポインターが書式のコピーモードに切り替わり、複数の図形に書式を連続して適用できます。そのため、1つの図形に書式を適用したい場合は[書式のコピー/貼り付け]を1回クリック、複数の図形に適用したい場合はダブルクリックと使い分けましょう。

1 書式をコピーしたい図形を選択します。

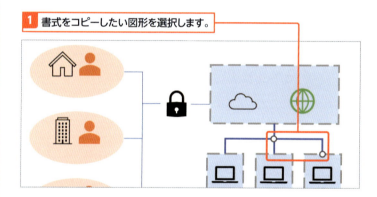

2 [ホーム]タブ→[書式のコピー/貼り付け]をダブルクリックすると、

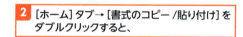

3 書式がコピーされ、マウスポインターの形が変わります。

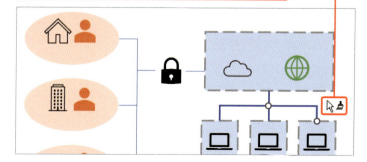

2 書式を貼り付ける

> **注意　書式のコピーモードを解除する**
>
> ダブルクリックした書式のコピーモードを解除するには、[Esc]キーを押すか、再度[書式のコピー/貼り付け]をクリックします。ダブルクリックした書式のコピーモードは、解除しない限り通常の状態に戻りません。解除しないまま、意図せず図形の書式を変更してしまった場合は、直前の作業であれば[Ctrl]+[Z]キーを押すと元に戻すことができます。

> **ショートカットキー**
> ● 書式を元に戻す
> [Ctrl]+[Z]

左ページから続けて作業しています。

1 書式を適用したい図形をクリックすると、

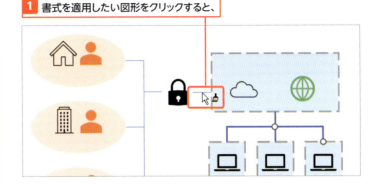

2 コピーした書式が適用されます。

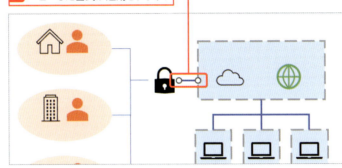

3 次の図形をクリックすると、コピーした書式が適用されます。

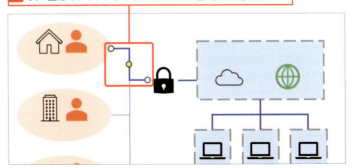

4 [Esc]キーを押すと、マウスポインターが元に戻ります。

Section 64 テキストを配置する

練習用ファイル：64_テキストの配置.pptx

ここで学ぶのは
- テキストボックスの作成
- ボックスにテキストを入力
- ボックスの書式設定

図形にコメントや説明文を追加したい場合は、**テキストボックス**と呼ばれる、テキストを入力するための特別な図形の中に入力します。テキストボックスは図形なので、色や枠線の太さなどを設定することもできます。

1 テキストボックスを作る

Key word　テキストボックス

「テキストボックス」は、テキストを入力するための図形です。横書き用の「テキストボックス」と縦書き用の「縦書きテキストボックス」があります。なお、テキストボックスに入力した文字は、アウトライン表示モードでは表示されないので注意が必要です（56ページ参照）。

解説　テキストボックスにテキストを入力する

テキストボックスを作るには、[挿入]タブの[図形]をクリックし、[基本図形]にある[テキストボックス]または[縦書きテキストボックス]をクリックします。次に、スライド上でクリックあるいはドラッグするとテキストボックスが作成されるので、そのままキーボードからテキストを入力します。テキストの長さに応じて、テキストボックスのサイズは自動的に調整されます。

1 [挿入]タブ→[図形]をクリックし、

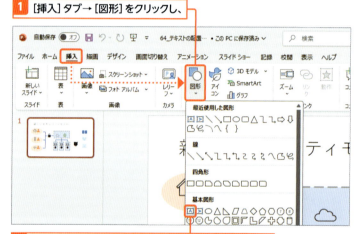

2 [基本図形]にある[テキストボックス]をクリックします。

3 スライド上でクリックすると、

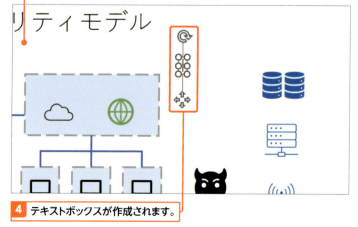

4 テキストボックスが作成されます。

2 テキストボックスにテキストを入力する

Memo テキストボックスを選択する

テキストボックスを選択するには、テキストボックスの枠をクリックします。テキストボックス内をクリックすると、テキストボックス内にカーソルが移動してしまうので注意が必要です。

Hint テキストボックスを削除する

テキストボックスは図形なので、四角形や円と同様の手順で削除できます。削除する場合は、クリックして選択し、Delete キーを押します。

Hint テキストボックスのサイズを変更する

テキストボックスを選択すると、周囲に［サイズ変更ハンドル］が表示されます。これをドラッグすると、テキストボックスのサイズを変更できます。このとき、テキストのサイズは変更されません。

Memo テキストボックス内のテキストの書式を変更する

テキストボックス内のテキストの書式を変更するには、テキストボックス内をクリックしてカーソルを表示します。次に書式を変更したいテキストを選択し、［ホーム］タブのボタンなどから設定します。

左ページから続けて作業しています。

1 キーボードからテキストを入力します。

2 入力したテキストをドラッグして選択し、

3 ［ホーム］タブをクリックして、

4 書式を設定します。

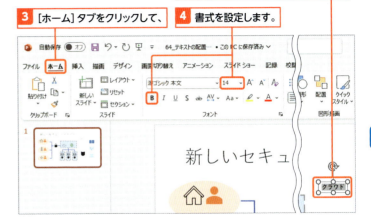

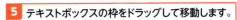

ここではフォントサイズに14ポイント、ボールド（太字）を設定しました。

5 テキストボックスの枠をドラッグして移動します。

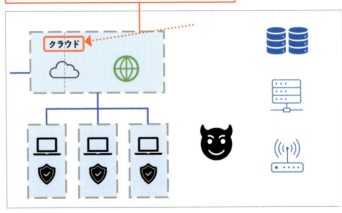

Section 65 吹き出しを追加して強調する

練習用ファイル： 📁 65_吹き出し.pptx

ここで学ぶのは
- 吹き出しの作成
- 吹き出しの書式設定
- 吹き出しにテキストを入力

スライドにコメントや説明文を配置する図形の1つに**吹き出し**があります。テキストボックスと異なり、先端部分でグラフや図形などを指し示すことで、コメントの対象を明確にすることができます。吹き出しは図形なので、四角形や円と同様、塗りつぶしの色や枠線の太さなどを設定できます。

1 吹き出しを作る

解説　吹き出しを作る

吹き出しを作るには、[挿入]タブの[図形]をクリックし、[吹き出し]から目的の吹き出しをクリックします。次にスライド上をクリックすると、吹き出しを作成できます。ドラッグすることで、サイズを指定しながら作成できます。

Memo　吹き出しを削除する

吹き出しを削除するには、吹き出しをクリックして選択し、Delete キーを押します。

使えるプロ技！　円形の吹き出しと四角形の吹き出し

吹き出しでよく使われるのが、円形、四角形、角丸四角形の3種類です。円形は見栄えがするのですが、円の形に沿って1行の長さが変わるため、長文が見苦しくなることがあります。四角形、角丸四角形はテキストは入れやすいのですが、先端部分が格好悪くなりやすい問題があります。それぞれの性質を知って使い分けましょう。

1 [挿入]タブ→[図形]をクリックし、

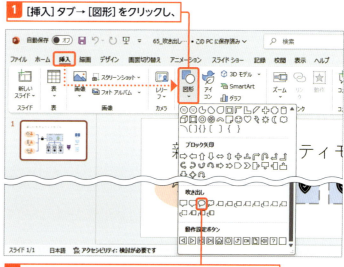

2 [吹き出し]にある吹き出し（ここでは[吹き出し：円形]）をクリックします。

3 スライド上でドラッグすると、

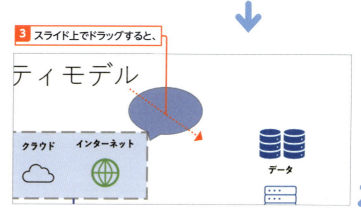

Key word　調整ハンドル

図形によっては、選択すると黄色の丸印が表示されます。これを「調整ハンドル」といいます。調整ハンドルをドラッグすると、図形の先端の位置などを調整できます。

4 吹き出しが作成されます。

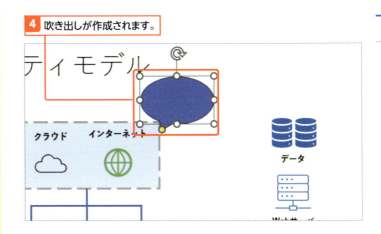

2 吹き出しのサイズと先端部分の位置を調整する

使えるプロ技!　吹き出しの先端の挙動を知ろう

四角形の吹き出しの場合、先端の挙動を知らないときれいに見せられません。先端部分の幅は、辺の長さに応じて決まります。そのため、長い辺の近くに先端を置くと、幅が広くなりすぎることがあります。また、辺の中央を境に先端の三角形が出る位置が変化します。これらの挙動を頭に入れて、先端がきれいに見えるよう配置しましょう。

1 [サイズ変更ハンドル]をドラッグすると、

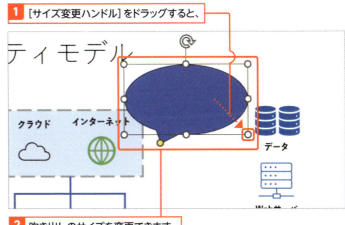

2 吹き出しのサイズを変更できます。

3 [調整ハンドル]をドラッグすると、

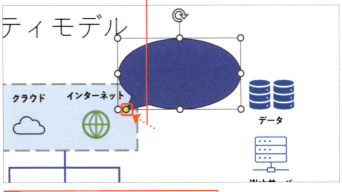

4 吹き出しの先端部分の位置を調整できます。

3 吹き出しにテキストを入力する

解説　吹き出しにテキストを入力する

吹き出しにテキストを入力するには、吹き出しを選択し、キーボードからテキストを入力します。

Memo　吹き出しのテキストの書式を設定する

吹き出しに入力されているテキストの書式は、[ホーム]タブのボタンなどから変更できます。詳しくは第3章を参照してください。

Hint　図形にテキストを入力する

吹き出し以外の図形にもテキストを入力できます。手順は吹き出しの場合と同様、目的の図形を選択し、キーボードからテキストを入力します。

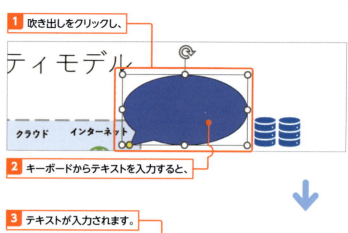

1. 吹き出しをクリックし、
2. キーボードからテキストを入力すると、

3. テキストが入力されます。

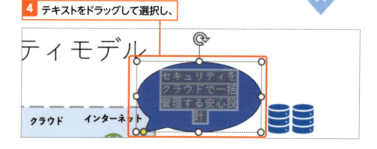

4. テキストをドラッグして選択し、

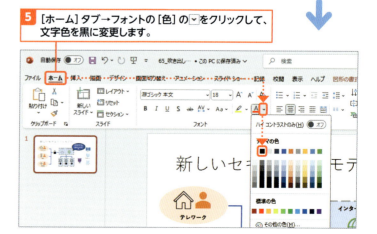

5. [ホーム]タブ→フォントの[色]の⌄をクリックして、文字色を黒に変更します。

4 吹き出しの色と枠線を変更する

吹き出しの色を変更する

吹き出しの色を変更するには、吹き出しを選択し、[図形の書式] タブの [図形の塗りつぶし] をクリックすると表示される一覧から、目的の色をクリックします。

吹き出しの枠線をなくす

吹き出しの枠線をなくすには、まず吹き出しをクリックして選択します。次に [図形の書式] タブの [図形の枠線] の文字部分をクリックし、[枠線なし] をクリックします。

吹き出し内のテキストが見苦しくなる場合は

円形の吹き出しは、複数行にわたるテキストが見苦しくなりやすいという問題があります。文字サイズを変えるとある程度調整できますが、テキストボックスの余白調整も効果的です。次のセクションで調整方法を説明します。

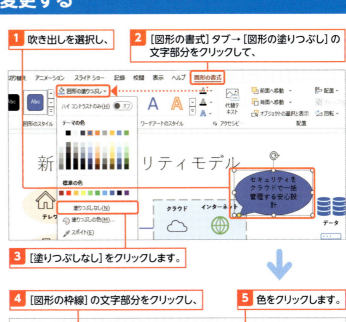

1 吹き出しを選択し、
2 [図形の書式] タブ→[図形の塗りつぶし] の文字部分をクリックして、
3 [塗りつぶしなし] をクリックします。

4 [図形の枠線] の文字部分をクリックし、
5 色をクリックします。

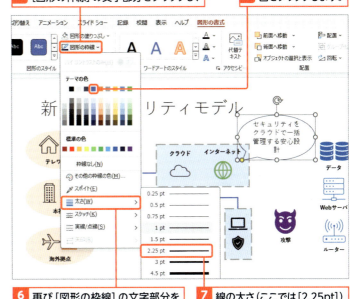

6 再び [図形の枠線] の文字部分をクリックして [太さ] をクリックし、
7 線の太さ(ここでは[2.25pt])をクリックすると、

8 吹き出しの色と枠線が変更されます。

Section 66 吹き出しの余白を調整する

練習用ファイル： 66_吹き出しの余白.pptx

ここで学ぶのは
- 吹き出し内テキスト改行
- 吹き出しの余白を調整
- ［図形の書式設定］

吹き出しにテキストを入力すると、「改行の位置が不釣り合い」「文字が収まらない」といったことがあります。この場合、**吹き出しの余白**を設定することで対処できます。吹き出しの余白は、［図形の書式設定］作業ウィンドウで設定できます。

1 吹き出しのテキストを改行する

解説　吹き出し内で改行する

テキストが入力されている吹き出し内をクリックすると、カーソルが移動します。Enterキーを押すと、カーソルの位置で改行できます。

Hint　吹き出しの文字揃えを変更する

吹き出し内のテキストの文字揃えは、中央揃えに設定されています。文字揃えを左揃えに変更する場合は、吹き出しをクリックして［ホーム］タブの［左揃え］をクリックします。同様に、右揃えや均等配置に設定することも可能です。

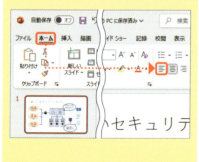

1 吹き出しのテキストをクリックすると、

2 吹き出し内にカーソルが移動します。

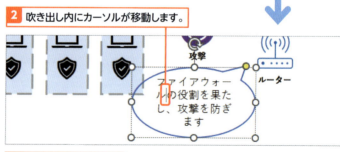

3 Enterキーを押すと、

4 テキストが改行します。

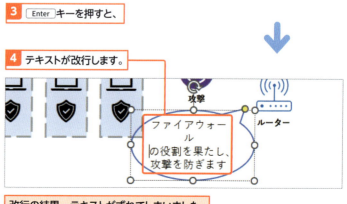

改行の結果、テキストがずれてしまいました。

2 吹き出しの余白を設定する

Key word ［図形の書式設定］作業ウィンドウ

図形を右クリックして［図形の書式設定］をクリックすると、［図形の書式設定］作業ウィンドウが表示されます。ここからは図形の色や枠線の太さ、サイズ、影の効果などをまとめて設定できます。

解説 テキストボックスの余白調整

［図形の書式設定］作業ウィンドウの［文字のオプション］にはテキストボックスの書式設定があります。［左余白］～［下余白］は図形と中のテキストの間隔の設定で、余白を減らすと1行に収まる文字が増えます。

Hint テキストボックスの自動調整

［図形の書式設定］作業ウィンドウの［文字のオプション］内にある［テキストボックス］には、テキストボックスの自動調整の項目があります。図形のサイズが思い通りに調整できない場合は、ここの設定を確認してみましょう。

● ［自動調整なし］
自動調整をしないため、図形にテキストが入りきらない場合は、はみ出します。

● ［はみ出す場合だけ自動調整する］
図形にテキストが入りきらない場合のみ文字を小さくしますが、テキストが少ない場合は調整しません。

● ［テキストに合わせて図形のサイズを調整する］
テキスト量に合わせて図形のサイズを調整します。

● ［図形内でテキストを折り返す］
このチェックを外すと、常に1行になります。

---

1 吹き出しを右クリックし、

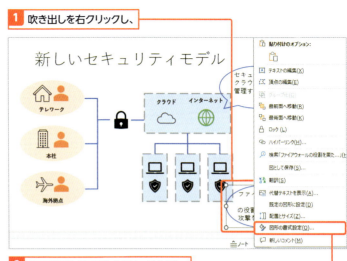

2 ［図形の書式設定］をクリックすると、

3 ［図形の書式設定］作業ウィンドウが表示されます。

5 ［テキストボックス］→［テキストボックス］をクリックして表示します。

4 ［文字のオプション］をクリックし、

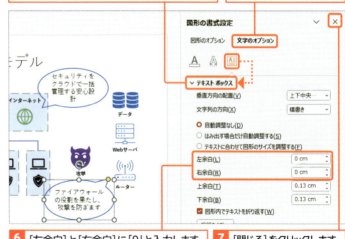

6 ［左余白］と［右余白］に「0」と入力します。　**7** ［閉じる］をクリックします。

8 吹き出しの余白が設定されます。

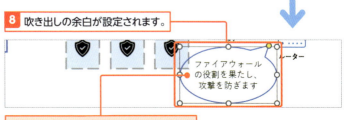

改行したテキストがきれいに収まりました。

Section 67 図形をグループ化する

練習用ファイル：67_図形のグループ化.pptx

スライド上にたくさんの図形を配置すると、位置やサイズの調整が必要になります。このとき、図形を1つ1つ調整していては手間がかかります。**グループ化**すると、複数の図形をまとめて扱うことができます。関連性のある図形はグループ化しておくと効率的です。

ここで学ぶのは
- グループ化
- 複数図形のグループ化
- グループ内の図形の選択

1 グループ化とは

Keyword グループ化

「グループ化」とは、複数の図形をまとめる機能のことです。グループ化された図形は、まとめて移動したり拡大したりすることができます。例えば、グループ化されていない複数の図形を拡大すると、図形どうしの位置関係を無視して図形が拡大されます。グループ化された図形を拡大すると、図形どうしの位置関係を保持したまま拡大されます。

これらの図形を選択し、拡大します。

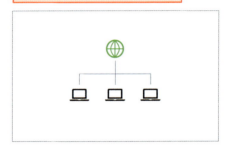

グループ化していない場合

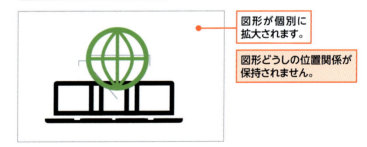

図形が個別に拡大されます。

図形どうしの位置関係が保持されません。

グループ化している場合

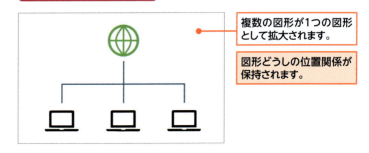

複数の図形が1つの図形として拡大されます。

図形どうしの位置関係が保持されます。

2 複数の図形をグループ化する

解説　図形をグループ化する

図形をグループ化するには、目的の図形を選択し、[図形の書式]タブの[グループ化]をクリックして[グループ化]をクリックします。なお、文字（テキストボックス）も図形に当てはまるため、同様の手順でグループ化が可能です。

Hint　図形のグループ化を解除する

図形のグループ化を解除するには、グループ化された図形を選択し、[図形の書式]タブの[グループ化]をクリックして[グループ解除]をクリックします。

Memo　右クリックで図形をグループ化する

図形を右クリックすると表示されるメニューから[グループ化]をクリックすると、サブメニューから図形のグループ化やグループ化の解除が行えます。

ショートカットキー

- グループ化
  Ctrl + G
- グループ化の解除
  Ctrl + Shift + G

1　Shiftキーを押しながら図形を続けてクリックすると、

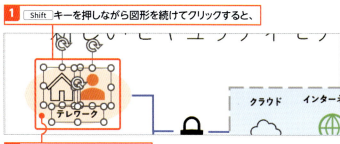

2　複数の図形が選択されます。

3　[図形の書式]タブ→[グループ化]をクリックし、

4　[グループ化]をクリックすると、

5　選択した複数の図形がグループ化されます。

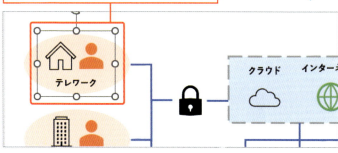

6　グループ化された図形の位置を、ドラッグして調整します。

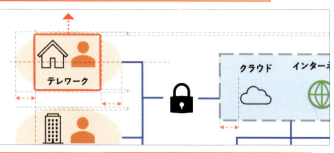

グループ化されているため、図形を1つ1つ移動する必要がありません。

Memo 複数の選択を解除する

複数の選択を解除するには、選択されている図形以外の場所をクリックします。

Hint 選択から除外する

複数の図形を選択してグループ化する際に、誤ってグループ化するつもりのない図形を選択してしまうことがあります。そのような場合に特定の図形の選択を解除するには、[Shift]キーを押しながら目的の図形をクリックします。

使えるプロ技！ グループ化した図形をさらにグループ化する

グループ化した図形を、他の図形やグループ化した図形とさらにグループ化することができます。操作は通常の図形のときと同じで、グループ化したい図形をクリックして選択し、[図形の書式]タブ→[グループ化]をクリックし、[グループ化]をクリックします。

7 同様に操作して、下の図形もグループ化し、ドラッグして調整します。

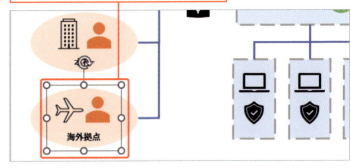

8 同様に操作して、右の図形もグループ化します。

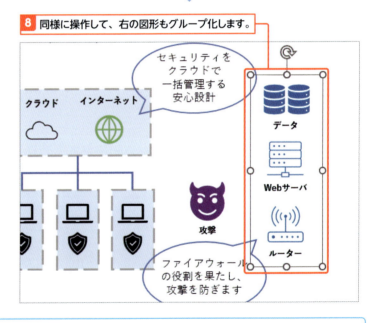

時短のコツ ドラッグ操作で複数の図形を選択する

複数の図形を囲むようにドラッグすると、ドラッグしてできる領域内の図形をまとめて選択できます。複数の図形を一気に選択したいときはドラッグ操作で選択し、ドラッグすると目的外の図形も選択されてしまう場合は[Shift]キーを押しながらクリックするといったように使い分けます。

1 複数の図形を囲むようにドラッグすると、 **2** 複数の図形が選択されます。

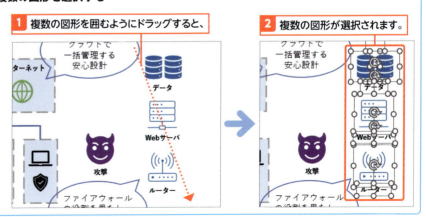

3 グループ内の図形を選択する

解説 グループ内の図形を個別に編集する

グループ化された図形の色やサイズを変更すると、グループ内のすべての図形が対象になります。グループ内の特定の図形だけを編集したい場合は、右の手順で選択する他、目的の図形をダブルクリックしても、その図形だけを選択できます。

Hint グループ内の図形は個別に移動できる

グループ内の図形を選択した状態では、個別に色やサイズが変更できるだけでなく、特定の図形だけを移動させることも可能です。いちいちグループ解除せずに位置を調整できて便利です。ただし、うまく調整できないときは、面倒ですがいったんグループ化を解除してから編集しましょう。

1 グループ化された図形をクリックします。

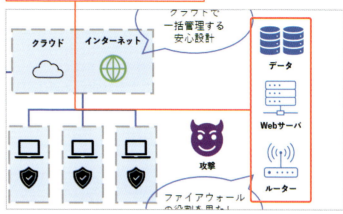

2 選択したい図形をクリックすると、

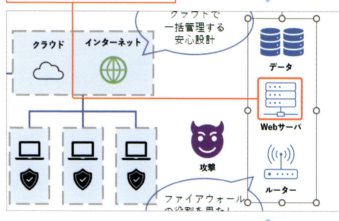

3 グループ内の図形を選択できます。

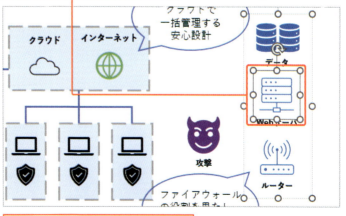

グループ内の図形を個別に編集できます。

Section

68 円弧を使って矢印を描く

練習用ファイル： 68_円弧.pptx

ここで学ぶのは
- 円弧の作成
- 円弧の調整
- 点線／矢印の作成

矢印は、推移や移行を表現したり、強調したい部分を指し示したりする図形としてよく使われます。図形の円弧を利用すると、半円形の矢印を作ることができます。直線や折れ線の矢印では表現できない緩やかな推移を表現できたりします。ここでは、点線でできた半円形の矢印を作ります。

1 円弧を描く

解説　円弧を描く

円弧を描くには、[挿入]タブの[図形]をクリックし、表示される一覧から[円弧]をクリックして、スライド上でドラッグします。位置やサイズは後から変更できるので、おおまかな位置に作成してかまいません。円弧には2つの[調整ハンドル]が表示されるので、線を伸ばしたい方のハンドルを、延長線を意識しながらドラッグします。

Memo　図形の作成を中止する

円弧の作成を中止するには、ドラッグ中に Esc キーを押します。

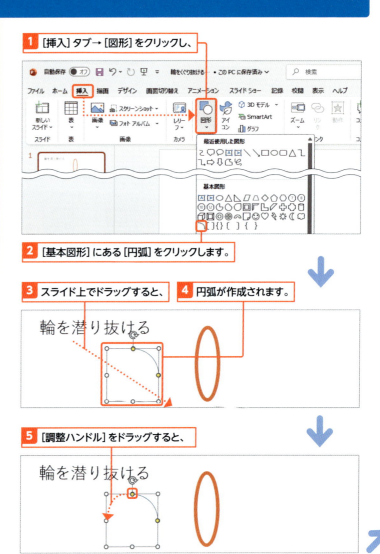

1 [挿入]タブ→[図形]をクリックし、

2 [基本図形]にある[円弧]をクリックします。

3 スライド上でドラッグすると、　4 円弧が作成されます。

5 [調整ハンドル]をドラッグすると、

212

解説　円弧を移動する

円弧を移動するには、円弧をクリックで選択してドラッグします。キーボードの矢印キーを押して細かく動かすこともできます。

Memo　円弧を回転する

円弧を回転するには、[回転ハンドル]をドラッグします。

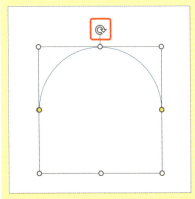

Memo　円弧を削除する

円弧を削除するには、円弧をクリックして選択し、Delete キーを押します。

Hint　ハンドルが重なって表示される

図形によっては、黄色の[調整ハンドル]と白色の[サイズ変更ハンドル]が重なって表示されています。[調整ハンドル]は[サイズ変更ハンドル]の上にあるため、サイズを変更する場合は[調整ハンドル]を少しずらして[サイズ変更ハンドル]を表示させて動かしましょう。

---

6 曲線が伸びて半円形に変化します。

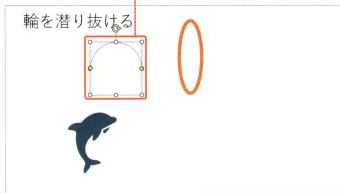

7 円弧をドラッグして移動します。

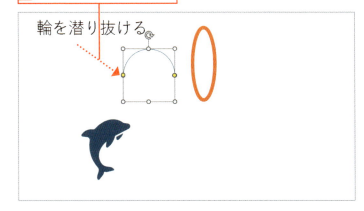

8 [サイズ変更ハンドル]をドラッグして拡大します。

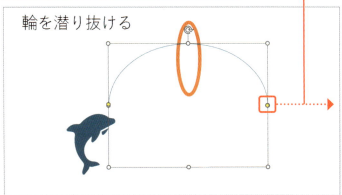

68　円弧を使って矢印を描く

7　作図機能を使いこなす

213

2 円弧に矢印を設定する

解説　矢印の書式を細かく設定する

矢印の設定は、[図形の書式]タブ→[図形の枠線]→[矢印]を選択しても行えますが、種類が限られています。[図形の書式設定]作業ウィンドウの[線]の設定なら、矢印の種類やサイズなどを細かく設定できます。

使えるプロ技！　円弧を矢印として使う

丸みを持った矢印は、コネクタの曲線矢印でも引けますが、細かく曲がりすぎてややこしいイメージを与えてしまいます。その場合に円弧を使うと、大きく放物線を描いて物体が飛んでいく様子を表現できます。

1 円弧を右クリックし、

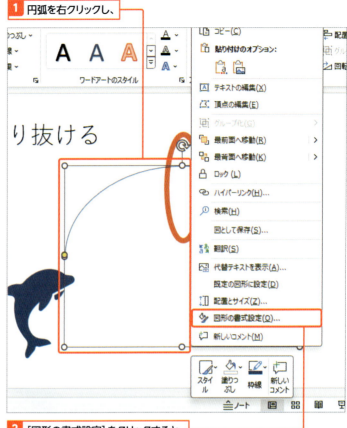

2 [図形の書式設定]をクリックすると、

3 [図形の書式設定]作業ウィンドウが表示されます。

4 [図形のオプション]をクリックし、

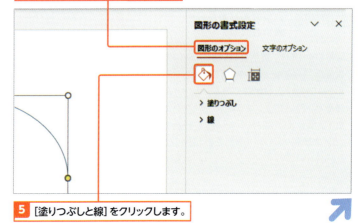

5 [塗りつぶしと線]をクリックします。

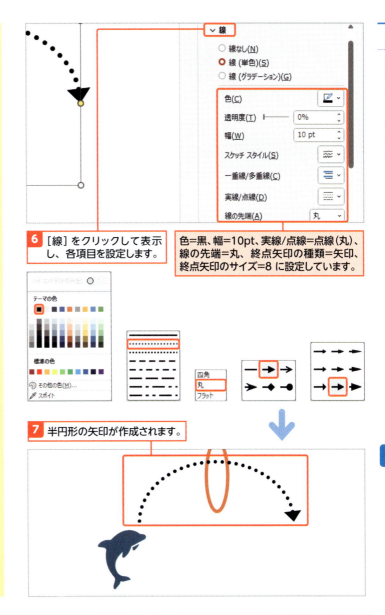

Memo 丸点線を作る

右の手順に従うと、丸点線を作ることができます。ポイントは、[実線/点線]で[点線（丸）]を、[線の先端]で[丸]を指定することです。

Memo 半円形の矢印を変形する

半円形の矢印をクリックして選択すると、[調整ハンドル]と[サイズ変更ハンドル]が表示されます。これらをドラッグすると、いつでも変形できます。

6 [線]をクリックして表示し、各項目を設定します。

色=黒、幅=10pt、実線/点線=点線（丸）、線の先端=丸、終点矢印の種類=矢印、終点矢印のサイズ=8 に設定しています。

7 半円形の矢印が作成されます。

使えるプロ技 双方向の矢印を作成する

上の手順では左から右へと向かう矢印を作成しましたが、設定を1つ変えることで、双方向の矢印も簡単に作成できます。[図形の書式設定]作業ウィンドウで[図形のオプション]をクリックし、[塗りつぶしと線]→[線]をクリックします。[始点矢印の種類]をクリックし、矢印をクリックして選択すると、双方向の矢印になります。

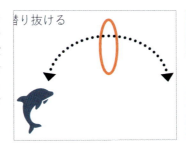

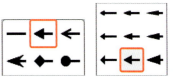

上の手順 6 に加えて、始点矢印の種類=矢印、始点矢印のサイズ=8 に設定しています。

Section 69 折れ線の矢印を描く

練習用ファイル：69_折れ線.pptx

Section68では、円弧を使った曲線の矢印を作成しました。ここでは、**折れ線を使った矢印**を作ります。段階的に変化する矢印の他、**コネクタでは接続できない位置に配置されている図形への経路を示す**場合などに使われます。折れ線の矢印を作るには、折れ線を作成した後、始点や終点の形を矢印に設定します。

ここで学ぶのは
- 折れ線の作成
- 折れ線の書式設定
- 矢印の設定

1 折れ線を描く

解説　折れ線を描く

折れ線を描くには、図形の[フリーフォーム：図形]を選択し、始点から終点へ向かって頂点をクリックしていきます。終点の位置をダブルクリックすると、折れ線が作成されます。なお、頂点をクリックするとき、Shiftキーを押しながらクリックすると、水平または垂直方向に折れる折れ線になります。

使えるプロ技！　[フリーフォーム：図形]で図形を作る

[フリーフォーム：図形]で頂点をクリックしていき、最後に始点をクリックすると、[図形]の一覧にない図形を作成できます。

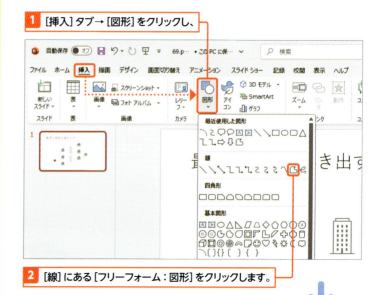

1 [挿入]タブ→[図形]をクリックし、

2 [線]にある[フリーフォーム：図形]をクリックします。

3 始点をクリックし、

4 Shiftキーを押しながら頂点をクリックしていき、

5 終点をダブルクリックすると、

Hint 直線を描く

ここでは折れ線を描きました。シンプルな直線を描くには、[挿入]タブの[図形]をクリックし、[線]にある[線]をクリックします。次にスライド上で始点から終点に向けてドラッグすると、直線が描けます。このとき Shift キーを押しながらドラッグすると、45度単位で直線の方向を制限できます。

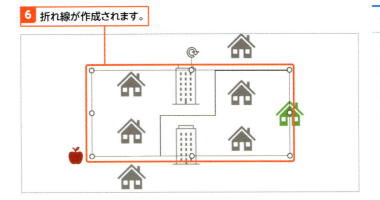

6 折れ線が作成されます。

2 折れ線に矢印を設定する

Memo 折れ線の太さを設定する

折れ線の太さを設定するには、折れ線をクリックして選択します。[図形の書式]タブの[図形の枠線]の文字部分をクリックし、[太さ]をクリックすると表示される一覧から目的の太さをクリックします。目的の太さが一覧にない場合は、[その他の線]をクリックします。[図の書式設定]作業ウィンドウが表示されるので、線の太さを数値で指定できます。

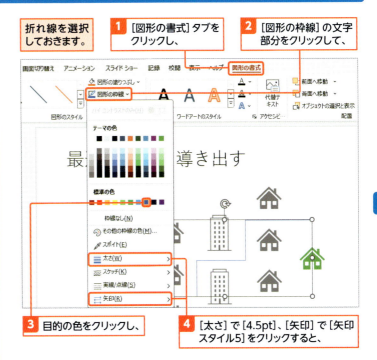

折れ線を選択しておきます。
1 [図形の書式]タブをクリックし、
2 [図形の枠線]の文字部分をクリックして、
3 目的の色をクリックし、
4 [太さ]で[4.5pt]、[矢印]で[矢印スタイル5]をクリックすると、

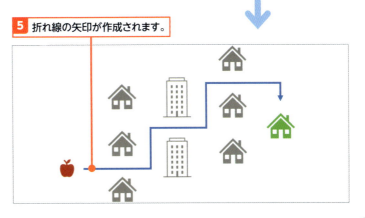

5 折れ線の矢印が作成されます。

Section 70 波カッコ（ブレス）でグループを表す

練習用ファイル： 70_波カッコ.pptx

ここで学ぶのは
- 波カッコの作成
- 波カッコの調整
- 調整ハンドル

波カッコは「｛」と「｝」のことで、集団の中の特定のグループを示す場合などに使われます。**中カッコ**ともいいます。使う機会は限られますが、作り方を知っておくといざというときに役立ちます。

1 波カッコを作る

Key word 波カッコ

「波カッコ」は記号の1つで、グループを示す場合などに使われます。「中カッコ」とも呼ばれますが、正式名称は「波カッコ」です。

解説 波カッコを作る

波カッコを作るには、[挿入]タブにある[図形]をクリックすると表示される一覧から[左中かっこ]または[右中かっこ]を選択し、スライド上でドラッグします。2つの[調整ハンドル]が表示されるので、ドラッグすると変形します。

Memo 図形を回転する

図形の向きを変更するには、図形を選択すると表示される[回転ハンドル]をドラッグします。このとき、キーを押しながらドラッグすると、15度単位で回転できます。

1 [挿入]タブ→[図形]をクリックし、

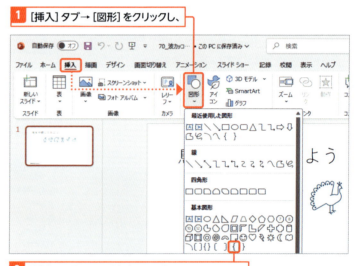

2 [基本図形]にある[左中かっこ]をクリックします。

3 スライド上でドラッグすると、

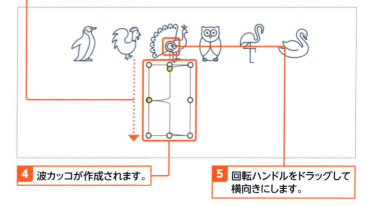

4 波カッコが作成されます。

5 回転ハンドルをドラッグして横向きにします。

218

2 波カッコを編集する

Memo 図形を移動する

図形を移動するには、図形を目的の位置までドラッグします。このとき Shift キーを押しながらドラッグすると、水平または垂直方向に移動できます。矢印キーを押して位置を調整することもできます。

Memo 図形のサイズを変更する

図形のサイズを変更するには、図形を選択すると表示される白色の[サイズ変更ハンドル]をドラッグします。このとき、Shift キーを押しながら四隅の[サイズ変更ハンドル]をドラッグすると、図形の縦横比を維持できます。右の手順❶のように[サイズ変更ハンドル]と黄色の[調整ハンドル]が重なっている場合は、213ページのHintを参照してください。

1 波カッコのサイズや位置、向きを微調整しておきます。

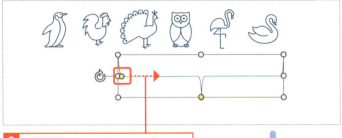

2 左の[調整ハンドル]をドラッグすると、

3 曲線の曲がり方が変化します。

4 このページのHintを参照して、先端の位置を変更します。

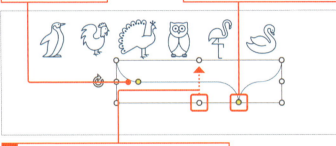

5 中央の[サイズ変更ハンドル]をドラッグすると、

6 波カッコの高さが変化します。

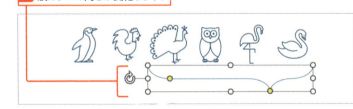

Hint 波カッコの書式を変更する

波カッコの色や太さは、[図形の書式]タブの[図形の枠線]の文字部分❶をクリックすると表示される一覧から変更できます。また、波カッコの先端の位置を変更するには、中央の[調整ハンドル]❷をドラッグします。

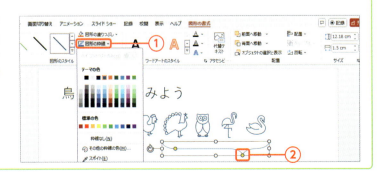

Section 71 図形の中に箇条書きを書く

練習用ファイル：71_箇条書き.pptx

ここで学ぶのは

- 箇条書き／インデント
- 段組み／行間の設定
- 吹き出しの余白の設定

多くの場合、箇条書きはプレースホルダーの中に入力しますが、図形の中に書くこともできます。このとき、きれいに配置できない場合は、**段組み**や**行間**を設定して対処します。ここでは、**吹き出しの中に入力した箇条書き**の配置を調整します。

1 吹き出しに箇条書きを入力する

解説　吹き出しにテキストを入力する

吹き出しにテキストを入力するには、吹き出しを選択し、キーボードからテキストを入力します。ここでは、テキストを入力した後、フォントの色＝黒、フォントサイズ＝32ポイント、太字を設定しています。吹き出しについては、202ページを参照してください。

1 吹き出し内にテキストを入力し、テキストの書式を設定します。

解説　吹き出しの書式を設定する

吹き出しは図形なので、四角形や円と同様の手順で色や枠線を設定できます。ここでは、図形の塗りつぶし＝塗りつぶしなし、枠線の色＝青、枠線の太さ＝3ポイントを設定しています。

2 吹き出しの書式を設定します。

解説　箇条書きを設定する

テキストに箇条書きを設定するには、テキストを選択し、[ホーム]タブの[箇条書き]の⌄をクリックして、行頭文字の種類を選択します（60ページ参照）。

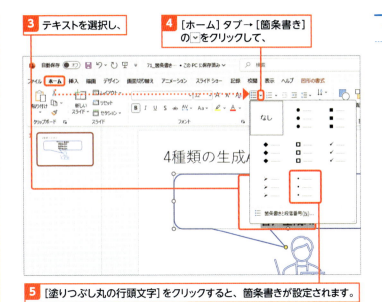

3 テキストを選択し、
4 [ホーム]タブ→[箇条書き]の⌄をクリックして、
5 [塗りつぶし丸の行頭文字]をクリックすると、箇条書きが設定されます。

2 吹き出しにインデントを設定する

インデント

「インデント」とは、テキストの行頭を下げる書式設定のことです。「字下げ」ともいいます。ここでは、行頭に0.8cmのインデントを設定しています（96ページ参照）。

ぶら下げ

[最初の行]にある「ぶら下げ」とはインデントの種類の1つで、2行目以降の開始位置を1行目よりも右または下にずらします。箇条書きの場合、自動的にぶら下げインデントが設定されます。

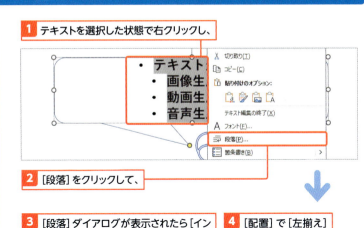

1 テキストを選択した状態で右クリックし、
2 [段落]をクリックして、
3 [段落]ダイアログが表示されたら[インデントと行間隔]をクリックします。
4 [配置]で[左揃え]を選択し、
5 [インデント]の[テキストの前]と[幅]に「0.8」と入力して、
6 [OK]をクリックすると、

7 箇条書きの左揃えとインデントが設定されます。

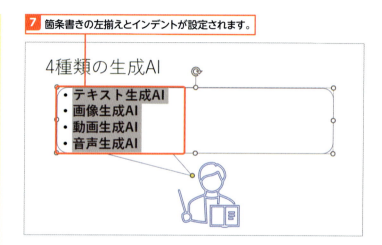

3 段組みと行間を設定する

 Key word 段組み

テキストの「段」や「段組み」とは、テキストを複数の列に分けて配置することです。

 Key word 行間

「行間」とは、一般的には行と行の間隔のことをいいます。ただしPowerPointの場合は、文字の上端から次の行の文字の上端までの距離のことをいいます。

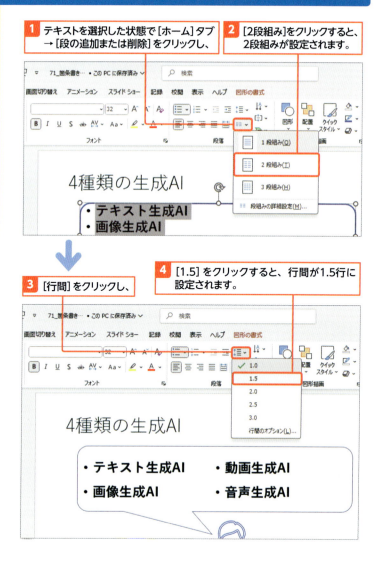

1 テキストを選択した状態で[ホーム]タブ→[段の追加または削除]をクリックし、

2 [2段組み]をクリックすると、2段組みが設定されます。

3 [行間]をクリックし、

4 [1.5]をクリックすると、行間が1.5行に設定されます。

4 吹き出しの余白を設定する

 解説　余白の調整

2段組みを設定するだけだと、段の間が妙に空いているように見えます。それを解消するために、[図形の書式設定]作業ウィンドウを使って、左右の余白を広げています。箇条書きの文字サイズによっては、行頭記号と文字の間隔を微調整したほうがよいこともあります(96ページ参照)。

 Hint　図形を半透明にする

図形の余白やテキストを調整しても見にくいと感じた場合は、フキダシなどの図形の塗りつぶしの透明度を調整してみましょう。図形を選択して[図形の書式]タブをクリックし、[図形の塗りつぶし]の文字部分をクリックして[塗りつぶしの色]をクリックします。[色の設定]ダイアログが表示されるので、[ユーザー設定]タブの[透過性]をドラッグして透明度を調整します。[透過性]を100%に設定すると、図形の塗りが透明になります。

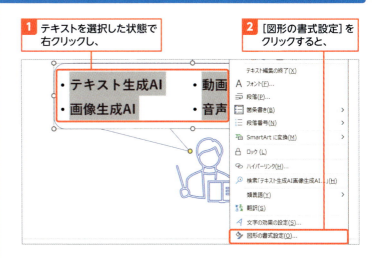

1 テキストを選択した状態で右クリックし、

2 [図形の書式設定]をクリックすると、

3 [図形の書式設定]作業ウィンドウが表示されます。

4 [文字のオプション]→[テキストボックス]→[テキストボックス]をクリックし、

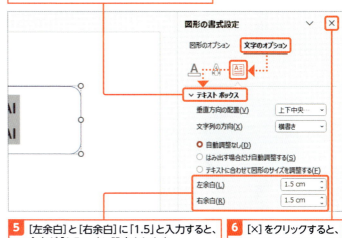

5 [左余白]と[右余白]に「1.5」と入力すると、余白が「1.5cm」に設定されます。

6 [×]をクリックすると、

7 [図形の書式設定]作業ウィンドウが閉じます。

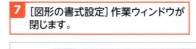

吹き出し内の箇条書きが調整されました。

Section 72 頂点を編集する

練習用ファイル：72_頂点の編集.pptx

ここで学ぶのは
- 頂点の表示
- 頂点の編集
- 頂点の削除

PowerPointでは、図形を構成する頂点を編集することで図形を自由に変形できます。ただし、頂点の編集は動きが独特なので慣れが必要です。ここでは、既存の図形を修正する手順を通して頂点の編集について解説します。また、既存の図形を他の図形に変更する方法についても解説します。

1 図形の頂点を表示する

解説 図形の頂点を表示する

図形の頂点を表示するには、図形を選択し、[図形の書式]タブの[図形の編集]をクリックして、表示されるメニューから[頂点の編集]をクリックします。ただし、直線やアイコンなど、頂点を編集できない図形もあります。

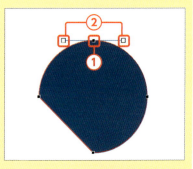

①頂点
ドラッグすると頂点が移動し、図形が変形します。

②コントロールポイント
ドラッグすると、頂点からの距離と角度によって、頂点どうしを結ぶ線分が変化します。

1 頂点を編集する図形を選択し、

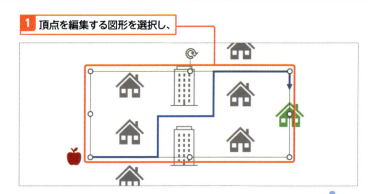

2 [図形の書式]タブ→[図形の編集]をクリックして、

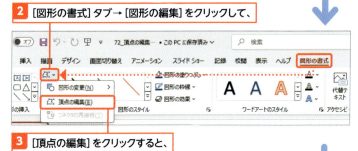

3 [頂点の編集]をクリックすると、

4 図形の頂点が表示されます。

2 図形の頂点を削除する

Memo 図形の頂点を編集する

図形の頂点を右クリックすると表示されるメニューからは、次の編集ができます。

- 頂点の追加
- 頂点の削除
- パスを開く：頂点を切り離します。
- パスを閉じる：頂点をつなげます。
- 頂点を中心にスムージングする：頂点と2つのコントロールポイントが直線になり、頂点からの距離が等しくなります。
- 頂点で線分を伸ばす：頂点と2つのコントロールポイントが直線になり、頂点からの距離を個別に設定できます。
- 頂点を基準にする：2つのコントロールポイントを自由に設定できます。

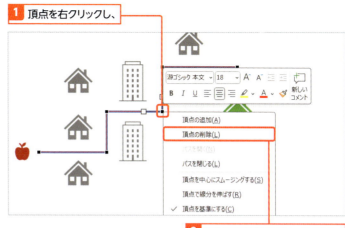

1 頂点を右クリックし、

2 [頂点の削除]をクリックすると、

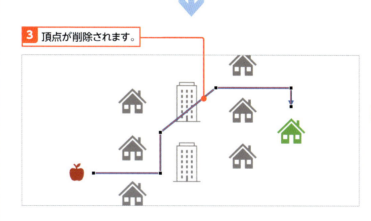

3 頂点が削除されます。

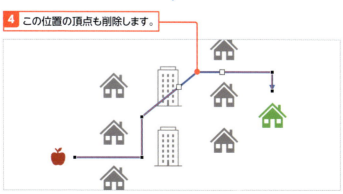

4 この位置の頂点も削除します。

Hint 頂点の編集を終了する

頂点の編集を終了するには、図形以外の場所をクリックするか、Escキーを押します。

Memo コントロールポイントで線を曲げる

頂点を選択すると表示されるコントロールポイントをドラッグすると、ドラッグした方向に線を曲げることができます。

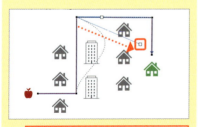

ドラッグした方向に線が曲がります。

5 始点から3つ目の頂点を上方向へドラッグし、

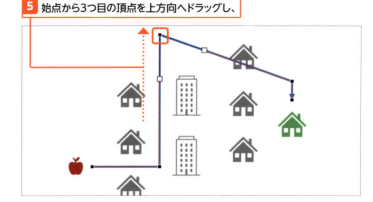

6 この頂点も上方向へドラッグします。

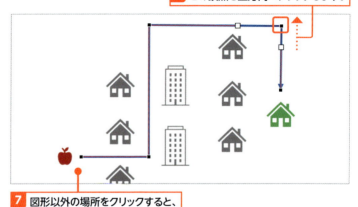

7 図形以外の場所をクリックすると、

8 頂点の編集が完了します。

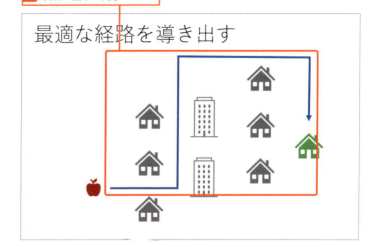

Hint 頂点の追加

図形に頂点を追加するには、図形を選択した状態で［図形の書式］タブをクリックし、［図形の編集］をクリックして［頂点の編集］をクリックします①。頂点を追加したい場所を右クリックして［頂点の追加］をクリックすると②、頂点が追加されます③。

使えるプロ技！ 既存の図形を他の図形に変更する

既存の図形を他の図形に置き換えるには、まず図形をクリックして選択します①。次に［図形の書式］タブの［図形の編集］をクリックして②、［図形の変更］をクリックし③、表示される一覧から変更後の図形（ここでは［四角形：角を丸くする］）を選択します④。

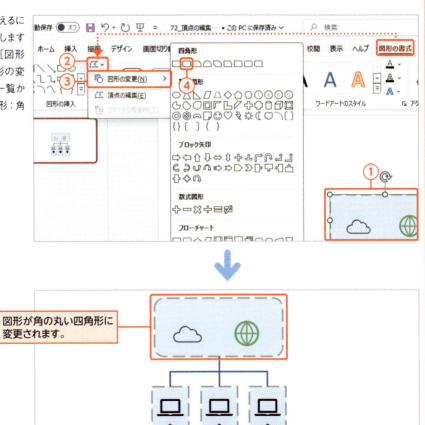

Section 73 重なり合った図形を編集する

練習用ファイル：73_重なった図形の編集.pptx

ここで学ぶのは

- 重なった図形の選択
- 複数の図形の選択
- [選択] 作業ウィンドウ

図形を選択するための基本的な操作は、対象の図形をクリックすることです。ただし、図形の重なり方によっては、目的の図形が選択できないといったことがあります。このような場合、[選択] 作業ウィンドウを利用します。

1 [選択] 作業ウィンドウを表示する

解説　[選択] 作業ウィンドウを表示する

[選択] 作業ウィンドウを表示するには、図形を選択し、[図形の書式] タブの [オブジェクトの選択と表示] をクリックします。[オブジェクトの選択と表示] は [グラフィックス形式] タブにも配置されています。どちらを使用してもかまいません。

背面の円形を選択しようとしても、グループ化されている前面の図形が選択されてしまいます。

1 [図形の書式] タブをクリックし、

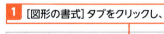

2 [オブジェクトの選択と表示] をクリックすると、

Hint 図形を非表示にする

[選択]作業ウィンドウの図形名の横に2つのアイコンが表示されます。そのうち、左のアイコンをクリックすると、図形の表示／非表示を切り替えることができます。図形をたくさん配置していると、図形を編集する際に他の図形が妨げになることがあります。そのような場合に特定の図形を非表示にすると作業しやすくなります。

非表示のアイコン

Hint 図形をロックする

[選択]作業ウィンドウの図形名の横に表示されるアイコンのうち、右のアイコンをクリックすると、図形をロックすることができます。ロックされた図形は、選択しても[サイズ変更ハンドル]や[回転ハンドル]が表示されず、サイズを変更したり、向きや位置を調整したりできなくなります。

Hint 図形に名前を設定する

[選択]作業ウィンドウの図形名をダブルクリックすると、名前を編集できます。わかりやすい名前を付けておくと、図形の選択や表示／非表示のときに目的の図形を探しやすくなります。

3 [選択]作業ウィンドウが表示されます。

4 選択したい図形の名前をクリックすると、

5 対象の図形が選択されます。

6 Ctrl キーを押しながら図形の名前をクリックすると、

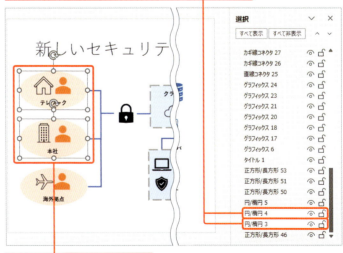

7 複数の図形を選択できます。

Section 74 図形を結合する

練習用ファイル：74_図形の結合.pptx

ここでは**図形の結合**について解説します。「図形の結合」とは、複数の図形を合体させたり、切り抜いたりして1つの図形を作ることです。複数の図形を扱う点で「グループ化」と似ていますが、グループ化は複数の図形をまとめて作業するための機能で、結合は複数の図形から1つの図形を作るための機能になります。

ここで学ぶのは
- 図形の結合
- 接合
- その他の結合方法

1 複数の図形を合体する

Memo 複数の図形を選択する

複数の図形を選択するには、対象の図形を囲むようにドラッグするか、[Shift]キーを押しながら対象の図形をクリックします。

解説 図形を接合する

「接合」は、複数の図形を合体させる結合方法です。複数の図形を合体するには、対象の図形を選択し、[図形の書式]タブの[図形の結合]をクリックして、[接合]をクリックします。

Hint 結合した図形を元に戻す

結合した直後であれば、[Ctrl]+[Z]キーを押すことで結合した図形を元に戻せます。

ショートカットキー

● 結合した図形を元に戻す
[Ctrl]+[Z]

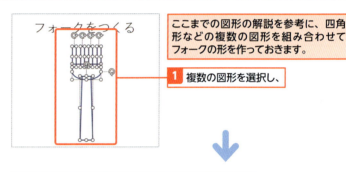

1 複数の図形を選択し、

2 [図形の書式]タブ→[図形の結合]をクリックして、

3 [接合]をクリックすると、

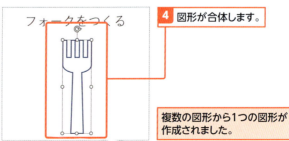

4 図形が合体します。

複数の図形から1つの図形が作成されました。

その他の結合方法

ここでは[接合]について解説しました。他にも[型抜き/合成][切り出し][重なり抽出][単純型抜き]があります。

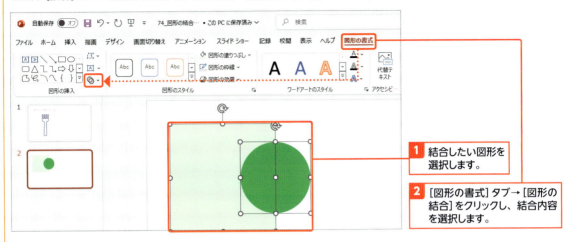

1 結合したい図形を選択します。

2 [図形の書式]タブ→[図形の結合]をクリックし、結合内容を選択します。

● 元の図形

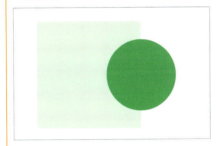

● 型抜き/合成：重なる部分が削除されます。

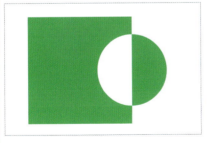

● 重なり抽出：重なる部分を抜き出します。

● 切り出し：重なる部分が分割されます。

● 単純型抜き：重なる部分で切り取ります。

Section 75 さまざまな図形を知ろう

ここで学ぶのは
- 直方体
- ブロック矢印
- 円柱

これまで、アイコンや四角形、コネクタ、吹き出しといった図形を使ってスライドを作成する手順について解説しました。ここでは、その他の図形の中でも**比較的よく使われる図形**を紹介します。詳しい解説は割愛しますが、描画方法や色の設定方法は、四角形や吹き出しと同様に行えます。

1 知っておきたい図形

 Memo 直方体

直方体は、何かを入れる箱を表現する場合などに使われます。直方体を作るには、[挿入]タブの[図形]をクリックすると表示される一覧の[基本図形]にある[直方体]をクリックして、スライド上でドラッグします。

直方体

 Memo ブロック矢印

ブロック矢印は、デザイン化された矢印のことで、展開や順序を表現する場合に使われます。[挿入]タブの[図形]をクリックすると表示される一覧の[ブロック矢印]から作成できます。

ブロック矢印

 Memo 円柱

円柱は、貯蔵タンクなどのイメージを表現する場合などに使われます。[挿入]タブの[図形]をクリックすると表示される一覧の[基本図形]にある[円柱]から作成できます。

円柱

第 8 章

アニメーションを設定する

この章では、スライドに「動き（アニメーション）」を設定する方法を紹介します。PowerPointでは、「グラフや箇条書きを順番に表示する」「ページをめくるようにスライドを切り替える」などのアニメーションを設定できます。また、ナレーションやBGMを挿入することも可能です。

Section 76	▶ アニメーション機能の概要を知る
Section 77	▶ 図形にアニメーションを設定する
Section 78	▶ アニメーションの順番を変更する
Section 79	▶ アニメーションの効果音を設定する
Section 80	▶ 文字にアニメーションを設定する
Section 81	▶ グラフにアニメーションを設定する
Section 82	▶ 軌跡に沿って図形を動かす
Section 83	▶ 画面切り替えのアニメーションを設定する
Section 84	▶ ナレーションを録音する
Section 85	▶ スライドに音楽を設定する
Section 86	▶ 動画を挿入する
Section 87	▶ パソコンの操作を記録する

Section 76 アニメーション機能の概要を知る

ここで学ぶのは
- アニメーション（図形）
- アニメーション（文字）
- 画面切り替え

PowerPointのアニメーションには、図形や文字を動かす**アニメーション**と、スライドが切り替わるときに画面を動かす**画面切り替え**（トランジション）があります。スライドに文字や図形、グラフなどを配置したら、アニメーションを設定してスライドを完成させていきましょう。

1 図形にアニメーションを設定する

Memo アニメーションを設定する

PowerPointでは、図形が表示されるときや画面が切り替わるときのアニメーションを設定できます。たくさんのアニメーションがあらかじめ用意されているので、目的のアニメーションを選択するだけですぐに設定できます。ユーザーが「動き」を作る必要はありません。後から変更したり、アニメーションが開始されるタイミングを調整することもできます。

注意 アニメーションの多用は逆効果

アニメーションは、視聴者の興味を引くことができるので多用しがちです。しかしオブジェクトが動いてばかりいると、具体的に何を伝えたいのかわかりにくくなってしまいます。視聴者が動きにばかり関心を持ち、スライドの内容に興味を抱かないようでは優れたプレゼンテーションとはいえません。注目させたいポイントに絞って、アニメーションを設定することが大切です。

1 スライドショーを実行すると、

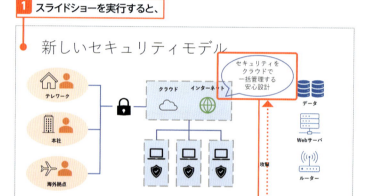

2 画面の下から吹き出しが入り込んできます。

3 続けて画面をクリックすると、

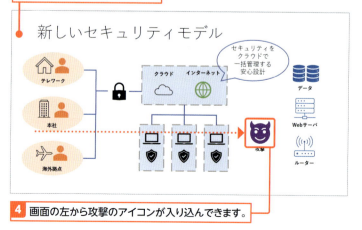

4 画面の左から攻撃のアイコンが入り込んできます。

2 文字にアニメーションを設定する

Memo 箇条書きにアニメーションを設定する

通常、スライドの箇条書きは、スライドと同時に表示されます。箇条書きの項目を発表に合わせて1つずつ表示すると、注目しやすくわかりやすいプレゼンテーションになります。

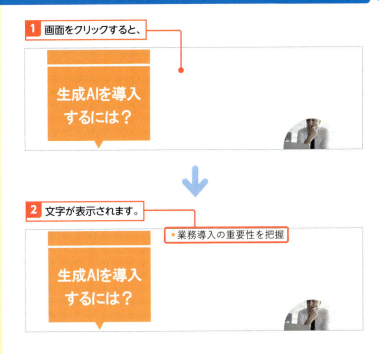

① 画面をクリックすると、

② 文字が表示されます。

3 スライドが切り替わるときのアニメーションを設定する

Memo 画面切り替え効果を設定する

PowerPointには、たくさんの画面切り替え効果が用意されています。スライドごとに異なる画面切り替え効果を設定すると、視聴者の関心がスライドの内容よりも動きに向いてしまいます。そのため、画面切り替え効果は、シンプルなものを1種類だけ設定するようにしましょう。ただし、タイトルスライドには少し派手な画面切り替え効果を設定し、プレゼンテーションの開始を演出するといった手法は効果的です。

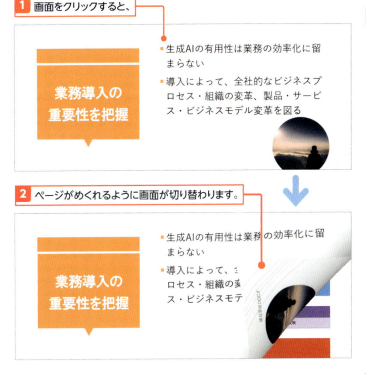

① 画面をクリックすると、

② ページがめくれるように画面が切り替わります。

Section 77 図形にアニメーションを設定する

練習用ファイル：77_アニメーション.pptx

スライドにちょっとした動きを加えると、視聴者の興味を高めることができます。ここでは、スライドに配置されている図形に**アニメーション**を設定します。**アピール**や**フェード**、**スライドイン**などのアニメーションがあらかじめ用意されているので、目的のアニメーションを選択するだけで設定できます。

ここで学ぶのは
▶ アニメーション（図形）
▶ スライドインの設定
▶ スライドインの変更

1 図形にアニメーション［スライドイン］を設定する

 オブジェクトにアニメーションを設定する

図形やグラフ、テキストなどのオブジェクトには、「アニメーション」を設定できます。オブジェクトにアニメーションを設定するには、オブジェクトを選択し、［アニメーション］タブの一覧から設定したいアニメーションを選択します。ここでは図形にアニメーションを設定していますが、グラフやテキストの場合も同様の手順で行います。

 アニメーションの追加

アニメーションは、［アニメーションの追加］をクリックすることでも設定できます（239ページ参照）。［アニメーションの追加］から追加する場合、1つのオブジェクトに複数のアニメーションを設定できます。それに対し、［アニメーション］タブで設定した場合（右の手順）は、既存のアニメーションは上書きされます。

1 図形をクリックして選択します。

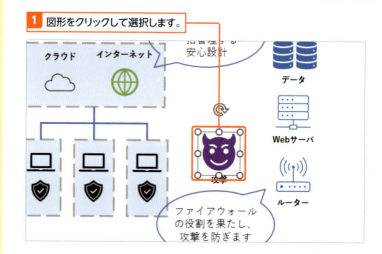

2 ［アニメーション］タブ→［アニメーション］グループにある［アニメーションスタイル］（▽）をクリックすると、

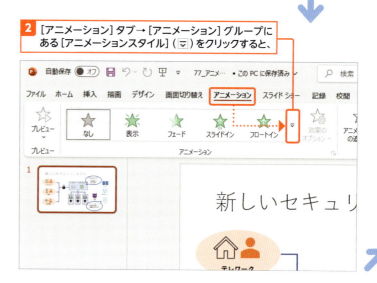

Memo 動きがプレビューされる

[アニメーション]タブの一覧からアニメーションを設定すると、アニメーションが再生されるので、動きを確認できます。

Memo スライドに星印が表示される

スライド上のオブジェクトにアニメーションを設定すると、サムネイルウィンドウのサムネイルの左横に星印が表示されます。

3 アニメーションの一覧が表示されます。

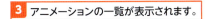

4 [スライドイン]をクリックすると、

5 図形に[スライドイン]が設定されます。

6 アニメーションが設定されている図形に、再生順を示す番号のアイコンが表示されます。

2 アニメーションの動きを変更する

解説 アニメーションのオプションを設定する

アニメーションの動きを変更するには、[効果のオプション]から変更後の動きを選択します。なお、設定できる動きはアニメーションによって異なります。

1 アニメーションが設定されている図形をクリックして選択し、

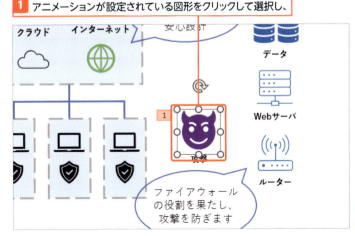

Hint　アニメーションを設定しなおす

アニメーションが設定されたオブジェクトに他のアニメーションを設定したい場合は、[アニメーション]タブから他のアニメーションを選択するだけです。アニメーションを解除したり、オブジェクトを作りなおしたりする必要はありません。

2 [アニメーション]タブ→[効果のオプション]をクリックして、

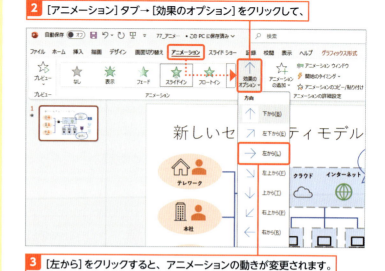

3 [左から]をクリックすると、アニメーションの動きが変更されます。

3 アニメーションを手動でプレビューする

解説　アニメーションを手動でプレビューする

[アニメーション]タブの[プレビュー]をクリックすると、アニメーションを再生できます。

1 [アニメーション]タブ→[プレビュー]をクリックすると、

2 図形が画面の左から右へ入り込んできます。

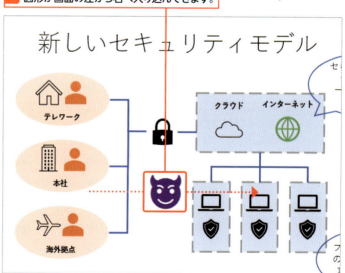

4 アニメーションを解除する

解説　アニメーションを解除する

アニメーションを解除するには、アニメーションが設定されているオブジェクトを選択し、[アニメーション] タブの一覧から [なし] を選択します。アニメーションの再生順を示す番号のアイコンをクリックして選択し、Delete キーを押しても解除できます。

アニメーションを解除した後、再度設定したい場合は、アニメーションを設定する手順を最初からやりなおします。

1 アニメーションが設定されている図形をクリックして選択し、

2 [アニメーション] タブの一覧から [なし] をクリックすると、

3 図形からアニメーションが解除されます。

アニメーションの再生順を示す番号のアイコンが削除されました。

使えるプロ技！　複数のアニメーションを設定する

図形やグラフ、テキストには、複数のアニメーションを設定できます。複数のアニメーションを設定するには、既にアニメーションが設定されているオブジェクトを選択し、[アニメーション] タブの [アニメーションの追加] をクリックして①、追加したいアニメーションをクリックします②。複数のアニメーションが設定されていると、再生順を示す番号のアイコンも複数になります③。

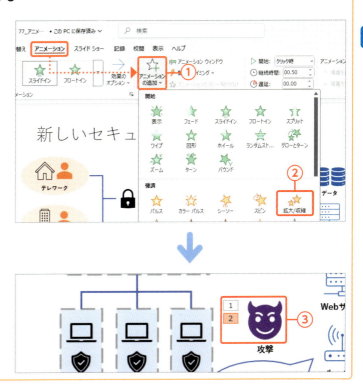

Section 78 アニメーションの順番を変更する

練習用ファイル：78_アニメーションの順番.pptx

ここで学ぶのは
- 再生順の確認
- 再生順の変更
- スライドショー

複数の図形にアニメーションを設定すると、**設定した順に再生**されます。順番はいつでも変更できるので、はじめから完成形を意識して設定する必要はありません。まずはおおまかに設定し、後から内容に合わせて変更しましょう。**アニメーションの順番**は、[アニメーションウィンドウ]作業ウィンドウから変更できます。

1 アニメーションの再生順を確認する

解説　アニメーションの再生順を表示する

アニメーションが設定されているスライドには、サムネイルウィンドウのサムネイルに星印が表示されます。スライドを選択し、[アニメーション]タブをクリックすると、アニメーションが設定されているオブジェクトに、再生順を示す番号のアイコンが表示されます。

1　[アニメーション]タブをクリックすると、

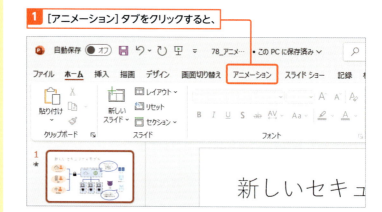

2　アニメーションが設定されている図形に、再生順を示す番号のアイコンが表示されます。

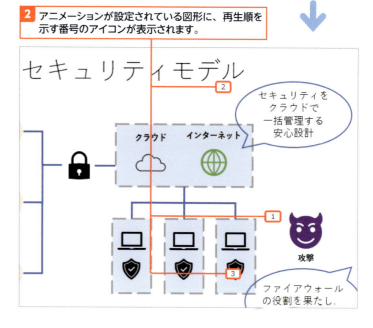

2 アニメーションの再生順を変更する

> **Hint** [アニメーション]タブでも変更できる
>
> アニメーションの再生順は、[アニメーション]タブのボタンから変更することもできます。この場合、アニメーションが設定されている図形を選択し、[アニメーション]タブの[順番を前にする]または[順番を後にする]をクリックします。

ボタンを利用すると、スライド上の図形を確認しながら直感的に作業できるので便利です。ただし、アニメーションがたくさんの図形に設定されていたり、図形がばらばらに配置されていたりする場合は、再生順が把握しにくくなります。そのときは、再生順に並んでいる[アニメーションウィンドウ]作業ウィンドウでドラッグするほうが効率的です。作業に合わせて使い分けましょう。

1 [アニメーション]タブの[アニメーションウィンドウ]をクリックすると、

2 [アニメーションウィンドウ]作業ウィンドウが表示されます。

3 アニメーションの項目をドラッグすると、

4 順番が入れ替わります。

5 連動してアニメーションの再生順が変更されます。

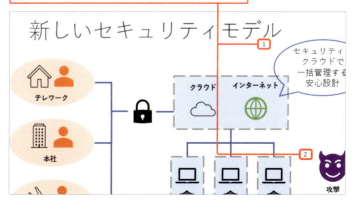

3 アニメーションのタイミングを設定する

Memo アニメーションが再生されるタイミング

初期設定では、アニメーションはスライドショーの実行時に画面をクリックすると再生されます。アニメーションが再生されるタイミングは、[アニメーション]タブの[開始]をクリックすると表示されるメニューから選択できます。

● [クリック時]
スライドショー実行時、クリックすると再生されます。

● [直前の動作と同時]
直前の動作と同時に再生されます。

● [直前の動作の後]
直前の動作の終了後に再生されます。

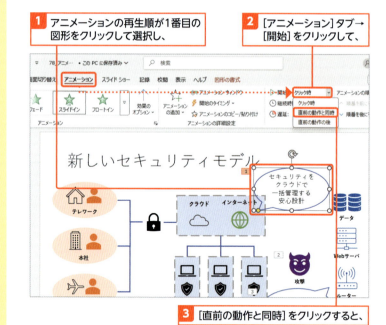

1 アニメーションの再生順が1番目の図形をクリックして選択し、

2 [アニメーション]タブ→[開始]をクリックして、

3 [直前の動作と同時]をクリックすると、

4 スライドが表示されると同時にアニメーションが開始されます。

4 アニメーションの再生時間を設定する

解説 アニメーションの再生時間

初期設定では、アニメーションの再生時間は「0.5秒」に設定されています。再生時間を変更するには、[アニメーション]タブの[継続時間]に目的の時間を入力します。

Hint 「遅延」を設定する

[アニメーション]タブの[タイミング]グループにある[遅延]は、[開始]が[クリック時]の場合、クリックされてからアニメーションが再生されるまでの時間を設定します。

現状では、「0.5秒」かけて図形が左から右へ移動してきます。

1 アニメーションが設定されている図形をクリックして選択し、

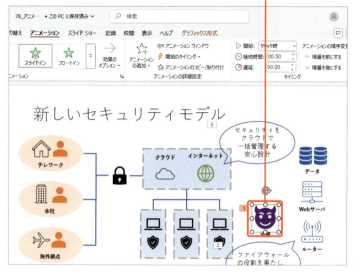

2 [アニメーション]タブの[継続時間]に「2」と入力すると、

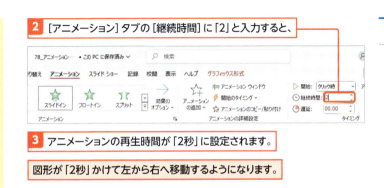

3 アニメーションの再生時間が「2秒」に設定されます。

図形が「2秒」かけて左から右へ移動するようになります。

5 アニメーションの動きを最終的に確認する

 Key word スライドショー

「スライドショー」とは、スライドを順番に表示してプレゼンテーションを実行することです。スライドショーの詳細については、282ページを参照してください。

1 F5 キーを押すと、スライドショーが実行されます。

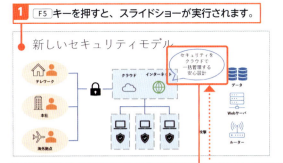

2 スライドが表示されると同時に、画面の下から図形が移動してきます。

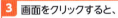

解説 スライドショーでアニメーションを確認する

アニメーションの動きは、[プレビュー]をクリックして確認できます。手っ取り早くて便利ですが、実際のプレゼンテーションでは、クリック操作でアニメーションの再生が始まります。なお、プレビューではクリック操作は再現されません。クリックしたときにアニメーションが再生されることを確認したい場合は、スライドショーを実行します。

3 画面をクリックすると、

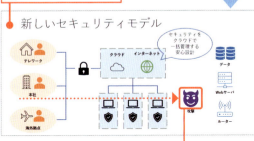

4 画面の左から次の図形が移動してきます。

5 続けてクリックすると、

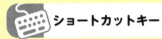 ショートカットキー

● スライドショーの実行
　F5

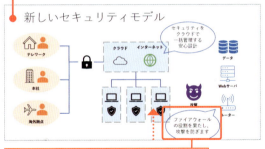

6 画面の下から次の図形が移動してきます。

Section 79 アニメーションの効果音を設定する

練習用ファイル：79_アニメーションの効果音.pptx

ここで学ぶのは
- 効果音の設定
- 効果音の再生
- サウンド

アニメーションには、再生されるときの**効果音**を設定できます。PowerPointには効果音があらかじめ用意されているので、アニメーションに合わせて設定します。ただし、効果音が多すぎても煩雑な印象になってしまいます。ちょっとしたアクセントとして設定することをおすすめします。

1 アニメーションに効果音［プッシュ］を設定する

解説 アニメーションに効果音を設定する

アニメーションに効果音を設定すると、プレゼンテーションをより印象的にすることができます。ただし、多用すると視聴者の集中力が削がれ、プレゼンテーションの内容が伝わりにくくなることがあります。アニメーションに臨場感を付けたい、特に注目してほしいと思った箇所に設定しましょう。

1 効果音を設定する図形をクリックして選択し、

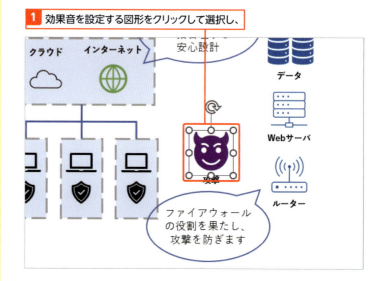

2 ［アニメーション］タブ→［アニメーション］グループにある［ダイアログ起動ツール］（ ）をクリックすると、

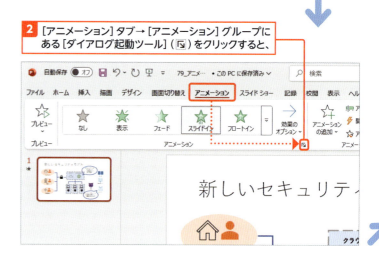

Hint 効果音を削除する

効果音を削除するには、効果音が設定されている図形を選択します。効果のオプション画面を表示し、[サウンド]から[サウンドなし]を選択して[OK]をクリックします。

Hint 作業ウィンドウから設定する

[アニメーション]タブの[アニメーションウィンドウ]をクリックすると、[アニメーションウィンドウ]作業ウィンドウが表示されます。ここからアニメーションが設定されている図形をクリックして選択し、右に表示される[▼]をクリックすると表示されるメニューから[効果のオプション]をクリックすると、効果のオプション画面が表示されます。

3 効果（ここでは[スライドイン]）のオプション画面が表示されます。

4 [サウンド]をクリックして、

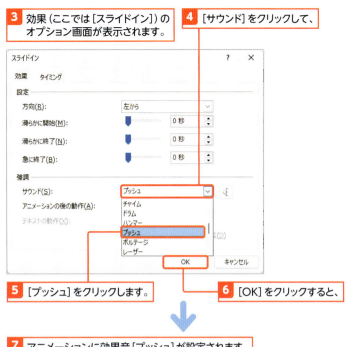

5 [プッシュ]をクリックします。

6 [OK]をクリックすると、

7 アニメーションに効果音[プッシュ]が設定されます。

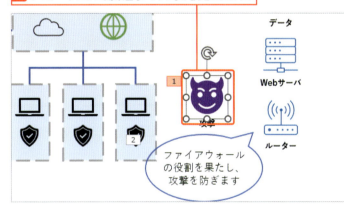

8 [プレビュー]をクリックすると、

9 効果音の付いたアニメーションが再生されます。

Section 80 文字にアニメーションを設定する

練習用ファイル：80_文字のアニメーション.pptx

アニメーションは、文字に設定することもできます。ここでは、**箇条書きにアニメーションを設定**し、箇条書きの項目がクリックするごとに表示されるようにします。通常、箇条書きはまとめて表示されますが、1つずつプレゼンテーションの説明に合わせて表示できるので説明がわかりやすくなります。

ここで学ぶのは
- アニメーション（文字）
- フェードの設定
- フェードの確認

1 箇条書きにアニメーション［フェード］を設定する

解説　箇条書きにアニメーションを設定する

通常、箇条書きはスライドが表示されると同時にまとめて表示されます。プレゼンテーションの説明に合わせ、クリックするごとに1行ずつ表示されるように設定してみましょう。

Hint　アニメーションを設定しなおす

ここでは、箇条書きに［フェード］を設定しています。後から他のアニメーションに変更したい場合は、アニメーションの一覧から目的のアニメーションを選択します。

Hint　アニメーションを解除する

アニメーションを解除するには、アニメーションの一覧から［なし］を選択します。

1 箇条書きが入力されているプレースホルダーをクリックして選択し、

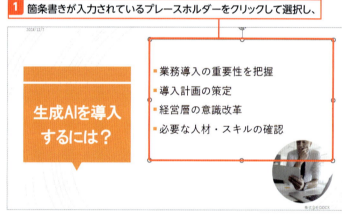

2 ［アニメーション］タブでアニメーションの一覧を表示して、

3 ［フェード］をクリックすると、

4 箇条書きに [フェード] が設定されます。

2 アニメーションの動きを確認する

解説 スライドショーでアニメーションを確認する

実際のプレゼンテーションでは、クリック操作でアニメーションの再生が始まります。プレビューではクリック操作は再現されないので、スライドショーを実行して最終的な確認を行います。スライドショーについての詳細は282ページを参照してください。

使えるプロ技！ 箇条書きが表示された後自動で消す

箇条書きが表示された後、自動的に消えるようにするには、[継続時間]（242ページ参照）を「2秒」や「3秒」に設定し①、効果のオプション画面（244ページ参照）で[アニメーションの後の動作]から[アニメーションの後で非表示にする]を設定します②。

1 F5 キーを押すと、スライドショーが実行されます。

2 画面をクリックすると、

3 箇条書きの項目が表示されます。

4 続けてクリックすると、

5 次の項目が表示されます。

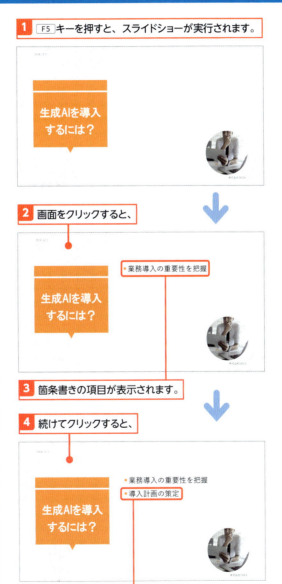

Section 81 グラフにアニメーションを設定する

練習用ファイル：81_グラフアニメーション.pptx

ここで学ぶのは
- アニメーション（グラフ）
- ワイプの設定
- ワイプの確認

PowerPointでは、**グラフにアニメーションを設定**することもできます。通常、グラフはスライドと同時にまとめて表示されますが、アニメーションを設定すると、段階的に表示できます。棒グラフがクリックするごとに表示されるように設定すると、まとめて表示するより説明しやすくなります。

1 グラフにアニメーション［ワイプ］を設定する

解説 グラフにアニメーションを設定する

グラフにアニメーションを設定するには、グラフをクリックして選択し、［アニメーション］タブの一覧から目的のアニメーションを選択します。アニメーションがグラフ全体に設定されるので、［効果のオプション］から動きを変更します。

Hint グラフのアニメーションを活用する

発表で話す内容に合わせてグラフのマーカーが表示されると、説得力が上がります。強調したい内容に合わせて、「系列別」や「項目別」の表示を使い分けましょう。また、一番強調したいデータが最後に表示されない場合は、強調部分を指し示す「吹き出し」や「矢印」などの図形を追加して、アニメーションで表示するといいでしょう。

1 アニメーションを設定するグラフをクリックして選択し、

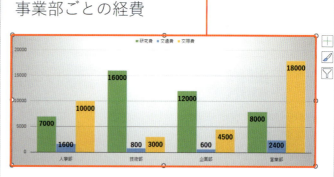

2 ［アニメーション］タブ→［アニメーション］グループにある［アニメーションスタイル］（▽）をクリックすると、

[系列の要素別]と[項目の要素別]の違い

棒グラフにアニメーションを設定すると、[効果のオプション]からは[系列別]と[項目別]を選択できます。

● 系列別

グラフの系列ごとに表示されます。

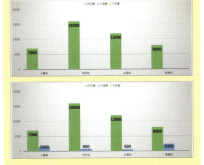

● 項目別

グラフの項目ごとに表示されます。

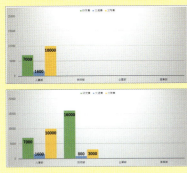

3 アニメーションの一覧が表示されます。

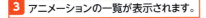

4 [ワイプ]をクリックすると、

5 グラフ全体に[ワイプ]が設定されます。

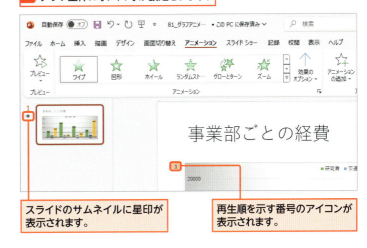

スライドのサムネイルに星印が表示されます。

再生順を示す番号のアイコンが表示されます。

2 アニメーションの動きを変更する

グラフの要素ごとにアニメーションする

先ほどの設定では、グラフ全体を1つの部品として表示するアニメーションになります。[効果のオプション]で[系列別]か[項目別]を選択すると、グラフの要素が少しずつ表示されるようになります。

1 [アニメーション]タブ→[効果のオプション]をクリックし、

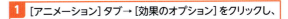
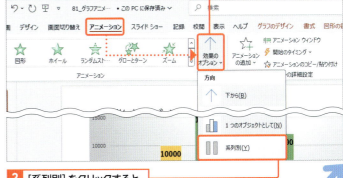

2 [系列別]をクリックすると、

3 アニメーションが段階ごとに設定されます。

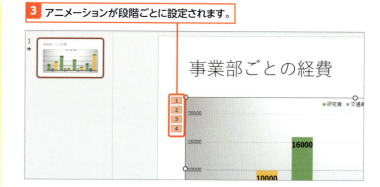

3 グラフの背景に設定されているアニメーションを解除する

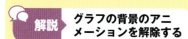

解説　グラフの背景のアニメーションを解除する

背景が設定されているグラフの場合、背景にもアニメーションが設定されるため、最初に背景が動きます。背景のアニメーションが不要な場合は、解除しましょう。アニメーションを解除するには、アニメーションの再生順を示す番号のアイコンを削除します。グラフの背景のアニメーションは「1番目」なので、[1]のアイコンをクリックして Delete キーを押します。背景からアニメーションが削除され、以降の順番がずれます。

1 [1]のアイコンをクリックして選択し、

2 Delete キーを押すと、

3 アイコンが削除されて連番がずれます。

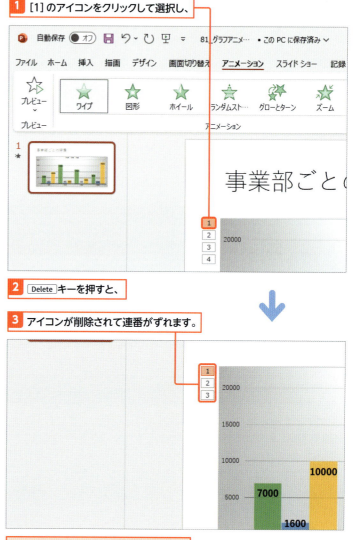

背景からアニメーションが削除されます。

4 アニメーションの動きを最終的に確認する

解説　スライドショーでアニメーションを確認する

実際のプレゼンテーションでは、クリック操作でアニメーションの再生が始まります。プレビューではクリック操作は再現されないので、スライドショーを実行して最終的な確認を行います。このとき、[スライドショー]タブの[現在のスライドから]をクリックすると、そのときに表示しているスライドからスライドショーが開始されます。表紙のスライドからスライドショーを開始したい場合は、[最初から]をクリックします。スライドショーについての詳細は282ページを参照してください。

Memo　スライドショーを終了する

スライドショーでは、スライド上をクリックすると次のスライドが表示されます。最後のスライドの後は、黒色の画面が表示され、クリックするとスライドの編集画面に戻ります。[Esc]キーを押して途中で終了することもできます。

1 [スライドショー]タブをクリックし、

2 [現在のスライドから]をクリックすると、

3 表示しているスライドからスライドショーが実行されます。

グラフの背景が表示されています。

4 画面をクリックすると、

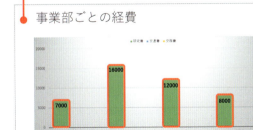

5 グラフの系列が表示されます。

6 続けてクリックすると、

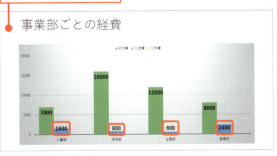

7 次の系列が表示されます。

Section 82 軌跡に沿って図形を動かす

練習用ファイル：82_軌跡に沿って動かす.pptx

ここで学ぶのは
- アニメーション（図形）
- 軌跡に沿って移動
- 移動の確認

PowerPointには[スライドイン]や[ワイプ]といったアニメーションがたくさん用意されていますが、オリジナルの動きを設定することもできます。ここでは、**図形が軌跡に沿って動くアニメーション**を設定します。「地図の経路を示したい」といった場合に有用です。

1 図形を軌跡に沿わせる

解説 軌跡に沿ったアニメーションを設定する

軌跡に沿ったアニメーションを設定するには、アニメーションを実行する図形を選択し、[アニメーション]タブのアニメーションの一覧から[ユーザー設定パス]をクリックします。次に、アニメーションの始点をクリックし、折れ線の頂点をクリックしていきます。このとき、Shiftキーを押しながらマウスを動かすと、水平／垂直方向に線を引くことができます。終点をダブルクリックすると、アニメーションが設定されます。動きは、プレビューで確認できます。

Hint 曲線上を移動させる

ここでは図形が移動する経路を折れ線で描きました。スライド上をクリックするのではなく、自由にドラッグすると、曲線を描くことができます。軌跡が曲線の場合は、図形が曲線の上を移動します。

1 アニメーションを設定する図形をクリックして選択し、

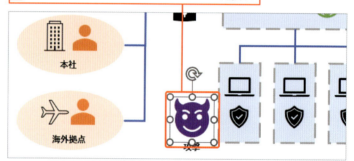

2 [アニメーション]タブ→[アニメーション]グループの[アニメーションスタイル]（▽）をクリックして、アニメーションの一覧から、

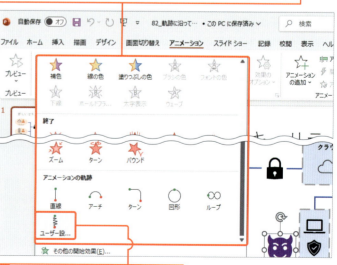

3 [ユーザー設定パス]をクリックします。

軌跡に沿ったアニメーションを解除する

軌跡に沿ったアニメーションを解除するには、軌跡の図形をクリックして選択し、Deleteキーを押して削除します。軌跡の図形をクリックして選択し、アニメーションの一覧から［なし］をクリックしても解除できます。

軌跡の動きを逆方向にする

軌跡の図形は変えずに動きを逆方向にしたい場合は、軌跡の図形を選択し、［アニメーション］タブの［効果のオプション］をクリックして「逆方向の軌跡」をクリックします。軌跡の図形を右クリックし、［逆方向の軌跡］をクリックしても設定できます。

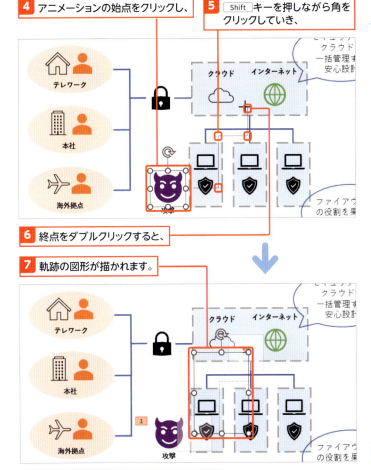

4 アニメーションの始点をクリックし、

5 Shiftキーを押しながら角をクリックしていき、

6 終点をダブルクリックすると、

7 軌跡の図形が描かれます。

軌跡に沿ったアニメーションが設定されます。

2 アニメーションの動きを確認する

プレビューを表示する

アニメーションのプレビューを表示するには、［アニメーション］タブの［プレビュー］をクリックします。

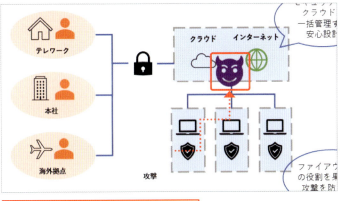

1 ［プレビュー］をクリックすると、

2 設定したアニメーションを確認できます。

253

Section 83 画面切り替えのアニメーションを設定する

練習用ファイル: 83_画面切り替え-1～2.pptx

スライドショーを実行すると、クリックするごとに次のスライドが表示されます。ただし、ただ切り替わっていくだけでは単調で、飽きやすいプレゼンテーションになってしまいます。**スライドが切り替わるときのアニメーション**を設定し、動的なプレゼンテーションを演出しましょう。

ここで学ぶのは
- アニメーション（画面）
- 画面切り替え
- キューブ

1 スライドを回転させながら画面を切り替える

 画面切り替え効果を設定する

PowerPointには、次のスライドが横から入り込んでくる効果や、ページがめくれるように次のスライドが表示される効果など、たくさんの画面切り替え効果が用意されています。スライドに画面切り替え効果を設定すると、スライドに動きが加わり、視聴者の関心を高めることができるので活用しましょう。

 効果の設定

スライドごとに異なる画面切り替え効果を設定すると、スライドの内容よりも動きに関心が集まってしまいます。シンプルな動きのものを選択し、すべてのスライドに同じ効果を設定することをおすすめします。
なお、表紙のスライドにだけ派手な画面切り替え効果を設定すると、プレゼンテーションのはじまりを盛り上げることができます。表紙には派手な効果を設定し、2枚目以降は控えめなものを設定するという作り方は、演出として効果的です。

1 画面切り替えを設定するスライドをクリックして選択し、

2 [画面切り替え]タブをクリックして、

3 [画面切り替え]グループの[切り替え効果]（▽）をクリックすると、

4 画面切り替え効果の一覧が表示されます。

5 [キューブ]をクリックすると、

Hint サムネイルに星印が付く

画面切り替え効果が設定されているスライドには、サムネイルウィンドウのサムネイルの左側に星印が表示されます。

6 画面切り替え効果の[キューブ]が設定されます。

スライドのサムネイルに星印が表示されます。

2 画面切り替えを確認する

Hint 画面切り替え効果を解除する

画面切り替え効果を解除するには、画面切り替え効果が設定されているスライドを選択し、画面切り替え効果の一覧から[なし]をクリックします。

1 F5 キーを押すとスライドショーが実行され、画面切り替え効果を確認できます。

⬇

⬇

時短のコツ すべてのスライドにまとめて設定する

画面切り替え効果が設定されているスライドを選択し、[画面切り替え]タブの[すべてに適用]をクリックすると、設定済みの画面切り替え効果がすべてのスライドにまとめて設定されます。

3 画面の切り替えに合わせて文字を置き換える

解説　画面切り替え効果[変形]を設定する

[変形]は図形や文字が少しずつ変化していく「モーフィング」を行って画面を切り替える効果です。この効果を利用するには、切り替え前と後のスライドに共通するオブジェクトが必要なので、スライドを複製してからオブジェクトの位置などを移動し、切り替え後のスライドに[変形]を設定します。

Memo　スライドを複製する

スライドを複製するには、サムネイルウィンドウで複製したいスライドを右クリックし、[スライドの複製]をクリックします。

Hint　画面切り替え時に効果音を設定する

[画面切り替え]タブの[サウンド]からは画面切り替え時の効果音を設定できます。

1 スライドのサムネイルを右クリックし、

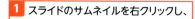

2 [スライドの複製]をクリックすると、

3 スライドが複製されます。

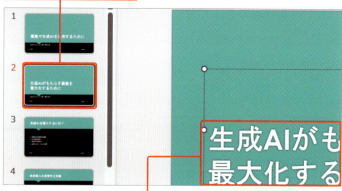

4 複製したスライドの内容を編集します。

5 編集後のスライドをクリックして選択し、

6 [画面切り替え]タブ→[画面切り替え]グループにある[切り替え効果]（▽）をクリックして、

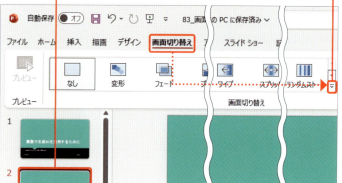

Memo [変形]の[効果の オプション]

[変形]の[効果のオプション]では、テキストのアニメーション方法を設定できます。どれを選択しても図形などは常にアニメーションします。

● オブジェクト
オブジェクト単位でアニメーションします。
● 単語
英単語単位でアニメーションします。
● 文字
1文字単位でアニメーションします。

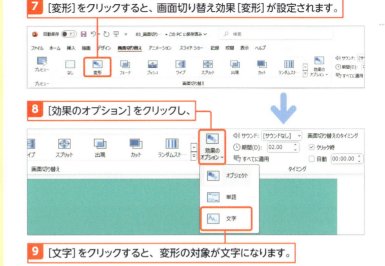

7 [変形]をクリックすると、画面切り替え効果[変形]が設定されます。

8 [効果のオプション]をクリックし、

9 [文字]をクリックすると、変形の対象が文字になります。

4 画面切り替えを確認する

Hint 図形が変形する画面切り替え効果を設定する

変形前後のスライドを作成し、画面切り替え効果[変形]を設定して、[効果のオプション]から[オブジェクト]を選択すると、スライドの図形が変形前から変形後へと動きながら変形します。

1 F5 キーを押すと、スライドショーが実行されます。

2 クリックすると、文字が動きながら次の文章に切り替わります。

2つの文章に共通する文字があると効果的です。

Section 84 ナレーションを録音する

練習用ファイル：📁 84_ナレーション.pptx

ここで学ぶのは
▶ スライドショーの記録
▶ ナレーションの録音
▶ ナレーションの修正／削除

PowerPointでは、**ナレーションを録音**できます。スライドを切り替えるタイミングも記録されるので、店頭での商品案内やインターネットでの動画配信など、発表者のいない自動プレゼンテーションで利用できます。なお、パソコンにマイク機能が搭載されているか、マイクを接続する必要があります。

1 ナレーションの録音の準備をする

Hint ビューの選択

ナレーションを録音する画面には3種類のビューがあり、画面右下の[ビュー]から切り替えられます。初期設定では、録音するスライドのみを表示する[スライド表示]が選択されています。ビデオ録画を行う場合は画面上部にノートの内容が表示される[テレプロンプター]、録音しているスライドと同時に次のスライドやアニメーション、ノートの内容を確認したい場合は[発表者ビュー]を選択します。

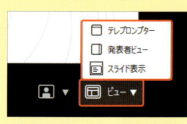

Hint アイコンが表示される

ナレーションが録音されているスライドには、スピーカーのアイコンが表示されます。発表の様子をパソコンのカメラで撮影している場合は、発表者の様子のサムネイルが表示されます。

1 [スライドショー]タブ→[録画]の文字部分をクリックし、

2 [先頭から]をクリックすると、

3 ナレーションを録音する準備が整います。

4 ビデオカメラのアイコンをクリックすると、

5 パソコンのカメラによるビデオ録画のオンとオフが切り替えられます。

パソコンにカメラが付いていない場合、カメラ画面は表示されず、ビデオカメラのアイコンもクリックできません。

2 ナレーションを録音する

解説　スライドを切り替えるタイミングなども記録される

ナレーションを録音すると、スライドを切り替えるタイミングや、ペンによる書き込みなども記録されます。

Memo　ナレーションを修正する

録音する画面からすべてのナレーションを修正する場合は、画面上部の[ビデオの撮り直し]→[すべてのスライド]をクリックすると、最初のスライドから録音が開始されます。また、一部のナレーションを修正する場合は、修正するスライドを表示した後に、[ビデオの撮り直し]→[現在のスライド]をクリックすると、修正するスライドのみの録音が開始されます。

Memo　ナレーションを削除する

ナレーションを削除するには、ナレーションが録音されているスライドを表示し、[スライドショー]タブの[録画]の文字部分→[クリア]をクリックして①、[現在のスライドショーのナレーションをクリア]または[すべてのナレーションをクリア]をクリックします②。

---

1 [記録を開始]をクリックし、ナレーションの録音を開始します。

録音が開始されるまでのカウントダウンが表示されます。

2 [次のスライドを表示]をクリックすると、

3 次のスライドが表示されます。

次のスライドに切り替えるタイミングも記録されます。

4 [記録を停止します]をクリックすると、

5 録音が終了します。

Escキーを押すと、スライドの編集画面に戻ります。

Section 85 スライドに音楽を設定する

練習用ファイル：85_音楽の挿入.pptx

ここで学ぶのは
- 音楽の挿入
- 音楽のオプション
- 音楽の自動再生

PowerPointでは、スライドに**音楽を挿入**することができます。プレゼンテーションの最中に音楽を流すと、発表の邪魔になることがありますが、「発表が始まるまでの待ち時間に音楽を流しておく」「オープニングに音楽を流して盛り上げる」といった使い方をします。

1 スライドに音楽を挿入する

 スピーカーのアイコンが表示される

スライドに音楽を挿入すると、スピーカーのアイコンが挿入されます。スピーカーのアイコンは、ドラッグして位置を変更できます。

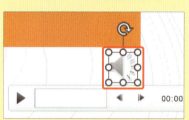

 音楽を削除する

音楽を削除するには、スピーカーのアイコンをクリックして選択し、Delete キーを押します。

Hint ナレーションを録音する

ここでは、BGMとして流す音楽を挿入しています。ナレーションの録音については、258ページを参照してください。

1 [挿入]タブ→[オーディオ]をクリックし、

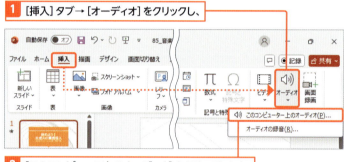

2 [このコンピュータ上のオーディオ]をクリックします。

3 音楽のファイルが保存されている場所を指定し、

4 音楽のファイルをクリックして、

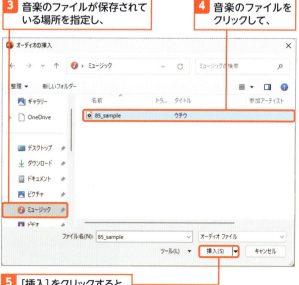

5 [挿入]をクリックすると、

解説 スピーカーのアイコンを隠す

スライドに音楽を挿入すると、スピーカーのアイコンが表示されます。スライドショーの実行中にスピーカーのアイコンを非表示にするには、[再生]タブの[スライドショーを実行中にサウンドのアイコンを隠す]にチェックを付けます。

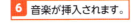
6 音楽が挿入されます。

スピーカーのアイコンが表示されます。

2 音楽のオプションを設定する

解説 音楽を自動再生する

スライドショー実行時、初期設定では、音楽は画面をクリックすると再生されます。スライドショーの開始と同時に自動的に音楽が再生されるようにするには、[再生]タブの[開始]から[自動]を選択します。

Hint 音楽を流し続ける

音楽は、スライドが切り替わると停止します。スライドの切り替え後も音楽が再生されるようにするには、[再生]タブの[スライド切り替え後も再生]にチェックを付けます。

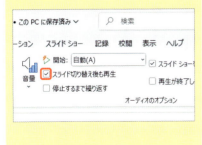

1 スピーカーアイコンをクリックし、
2 [再生]タブをクリックして、

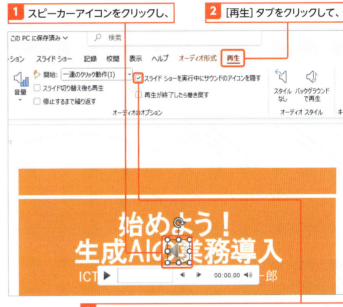

3 [スライドショーを実行中にサウンドのアイコンを隠す]にチェックを付けます。

4 [開始]をクリックして[自動]をクリックすると、

5 音楽が自動的に再生されるように設定されます。

Section 86 動画を挿入する

練習用ファイル：86_動画の挿入.pptx

ここで学ぶのは
- 動画の挿入／削除
- 動画のトリミング
- オンラインビデオ

PowerPointでは、スライドに**動画を挿入**できます。自分で用意した動画だけでなく、YouTubeなどインターネット上にある動画も挿入が可能です。動画を使うと、文字や写真では伝えることが難しい、具体的な内容を説明できます。ただし、長すぎるとプレゼンテーションの主旨があいまいになってしまうので注意が必要です。

1 スライドに動画を挿入する

 解説 動画を挿入する

スライドには動画を挿入できます。文字や写真では説明が難しい内容を表現できるため便利ですが、動画が挿入されたスライドはファイルサイズが大きくなるため、メールなどで配布する場合には注意が必要です。また、スライドを印刷して資料を配布する場合、動画は印刷されません。動画は視聴者の注目を集めることができますが、頼りすぎないように注意が必要です。

Hint プレースホルダーからビデオを挿入する

動画はコンテンツプレースホルダーから挿入することもできます。コンテンツプレースホルダーの[ビデオの挿入]をクリックして動画ファイルを指定すると、動画を挿入できます。

1 [挿入]タブ→[ビデオ]をクリックし、

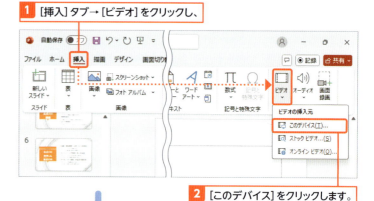

2 [このデバイス]をクリックします。

3 動画のファイルが保存されている場所を指定し、

4 動画のファイルをクリックして、

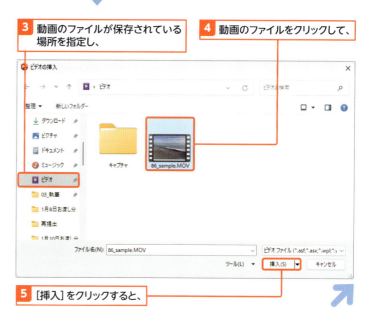

5 [挿入]をクリックすると、

Hint オンラインビデオ

[挿入]タブ→[ビデオ]をクリックすると、[このデバイス]の他に[オンラインビデオ]が表示されます。[オンラインビデオ]を使うと、YouTubeなどインターネット上にある動画を挿入できます。ただし、挿入時に動画のWebページのURLの入力が必要であること、再生時にインターネットの接続が必要であることに注意しましょう。

6 動画が挿入されます。

[再生／停止]をクリックすると、動画を再生／停止できます。

2 動画をトリミングする

解説 動画をトリミングする

多くの場合、動画のはじめと終わりには、余分な映像が記録されています。PowerPointでは、動画編集ソフトほどの機能は備えていませんが、動画の開始位置と終了位置を指定し、不要な部分を再生されないようにできます。

Memo 動画を全画面で再生する

スライドショーを実行すると、動画がスライド上で再生されます。全画面で再生したい場合は、[再生]タブの[全画面再生]にチェックを付けます。

Memo 動画を削除する

動画を削除するには、動画のサムネイルをクリックして選択し、Deleteキーを押します。

1 動画のサムネイルをクリックして選択し、

2 [再生]タブ→[ビデオのトリミング]をクリックすると、

3 [ビデオのトリミング]ダイアログが表示されます。

4 各スライダーをドラッグすると、動画の再生時間を調整できます。

5 [OK]をクリックすると、動画がトリミングされます。

Section 87 パソコンの操作を記録する

練習用ファイル： 87_操作の記録.pptx

ここで学ぶのは
- 画面の録画
- 録画領域の選択
- 録画の開始／終了

PowerPointでは、**パソコンで表示している画面を録画**して、実際にアプリを使っている様子や操作手順などを記録できます。マウスポインターを表示した状態で録画ができるため、プレゼンテーション上でアプリの使い方などを紹介するときに役立ちます。

1 パソコンの利用シーンを録画する

解説　パソコンの操作を録画する

パソコンの操作を録画すると、動画としてスライドに挿入されます。[再生／停止]をクリックすると、動画を再生／停止できます。

Memo　パソコンの操作の録画を終了する

録画を終了するには、■+Shift+Qキーを押すか、デスクトップ上部にマウスポインターを移動します。ツールバーが表示されるので、[停止]をクリックします。

録画したいウィンドウを開いておきます。

1 [挿入]タブ→[画面録画]をクリックします。

2 PowerPointが非表示になり、デスクトップが表示されます。

3 デスクトップ上部にツールバーが表示されます。

4 [領域の選択]をクリックし、

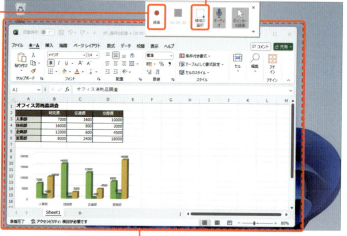

5 デスクトップ上をドラッグして録画する領域を設定します。

6 [録画]をクリックすると、録画が開始されます。

7 ■+Shift+Qキーを押すと、録画が終了します。

第 9 章

プレゼンテーションの実行と資料の配布

この章では、スライドショーを参加者に向けて再生して、プレゼンテーションを実行するさまざまな方法を紹介します。また、作成したスライドを映し出して発表するだけに留まらず、印刷資料やPDFファイルとして配布したり、ビデオ会議で利用したりすることも可能です。

Section 88	▶	プレゼンテーションをアウトプットする方法を確認する
Section 89	▶	ノートを書き込む
Section 90	▶	手描きの説明を追加する
Section 91	▶	プレゼンテーションをリハーサルする
Section 92	▶	一部のスライドを非表示にする
Section 93	▶	プレゼンテーションを校閲する
Section 94	▶	スライドショーを実行する
Section 95	▶	配布資料を印刷する
Section 96	▶	プレゼンテーションの目次となるスライドを作成する
Section 97	▶	プレゼンテーションを画像として書き出す
Section 98	▶	プレゼンテーションを PDF として書き出す
Section 99	▶	プレゼンテーションを動画として書き出す
Section 100	▶	Teams でオンラインのプレゼンテーションを行う

Section 88 プレゼンテーションをアウトプットする方法を確認する

ここで学ぶのは
- 発表用の機能
- 共有用の機能
- 配布用の機能

PowerPointには、作成したプレゼンテーションを「再生してプレゼンテーションをする」「広く配布する」ための機能が数多く搭載されています。これらの機能を使いこなして、さまざまな提案、情報の発信と共有を、よりスムーズかつ効率的に進められるようにしましょう。

1 プレゼンテーションの発表に役立つ機能

万全の状態でプレゼンテーションの本番を迎えるために、事前の準備は欠かせません。PowerPointには、スライドショーを再生して参加者に見てもらうための機能とともに、「リハーサル」「ノート」「発表者ツール」「ズームスライド」といった、プレゼンテーションの練習や、本番でのスムーズな発表に役立つ機能が充実しています。

リハーサル

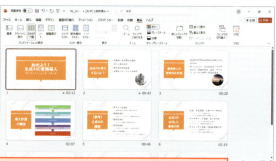

各スライドの説明にかかる時間を確認しながら、プレゼンの練習ができます。スライドの切り替えタイミングを記録しておき、そのタイミングで自動切り替えさせることもできます(272ページ参照)。

発表者ツール

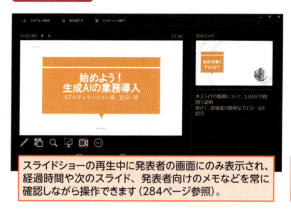

スライドショーの再生中に発表者の画面にのみ表示され、経過時間や次のスライド、発表者向けのメモなどを常に確認しながら操作できます(284ページ参照)。

ズームスライド

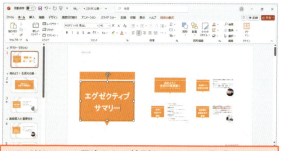

スライドショーの目次となる特別なスライドを作成できます。ズームスライドに表示されるサムネイルをクリックすると、そのスライドにすばやく切り替えられます(290ページ参照)。

2 スライドの共有、配布に役立つ機能

PowerPointには、印刷する配布資料を作成したり、インターネット上で公開するための機能も用意されています。プレゼンテーションの会場で配布する資料は、「配布資料マスター」を使って作成できます。また、資料をインターネット上で配布する場合は、画像ファイルや動画ファイルとして書き出す機能が便利です。オンラインで発表する機会が増えた昨今、PowerPointの書き出しの需要はさらに高まっています。

配布資料マスター

複数のスライドを1枚の用紙にまとめて印刷して配布する際の、レイアウトやデザインを設定できます（286ページ参照）。

別の形式への書き出し

画像やPDF、動画として書き出すことができます（292、296、298ページ参照）。別の形式に書き出すことで、PowerPointがない環境でも、スライドを閲覧できるようになります。

使えるプロ技！ ビデオ会議でオンラインのプレゼンテーションを行う

Teamsの画面共有機能を使うと、オンラインでのプレゼンテーションを実施できます。スライド画面を共有するだけでなく、発表者ツールを使用することもできます。（302ページ参照）。

Section 89 ノートを書き込む

練習用ファイル： 89_ノート.pptx

ノートは、発表者だけに見えるメモです。スライドごとに記録できるので、そのスライドを見せているときに話す内容などを書き込んでおくことができます。また、プレゼンテーションを印刷資料として使う場合は、**スライドとノートを並べて印刷**することもできます。

ここで学ぶのは
▶ ノートペインの表示
▶ ノート表示モード
▶ ノートの印刷／削除

1 ノートペインにメモを書く

解説　ノートの利用

プレゼンテーションの本番で緊張して、話そうと思っていたことを忘れてしまうことも少なくありません。そのような状況の助けとなるのが「ノート」です。ノートは発表者にしか見えないので、話すべき内容のメモを書き込んでおけば、いざというときにそれを見て思い出すことができます。

Memo　スライドとノートを印刷する

ノートは、スライドと一緒に印刷することもできます。スライドを資料として配布する際などに、その説明文をノートに書いておくという使い方が可能です。スライドにノートを付けて印刷するには、[印刷レイアウト] のメニューから [ノート] を選択します。

1 ステータスバーの [ノート] をクリックすると、

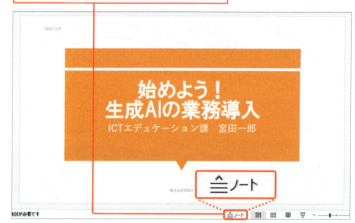

2 スライドペインの下にノートペインが表示されます。

3 ノートペインをクリックして、

4 メモを入力します。

2 [ノート]表示モードに切り替える

解説 印刷結果をプレビューする

[ノート]表示モードは、スライドにノートを付けて印刷する前にプレビューするための機能です。この表示モードでは、ノートのフォントやフォントサイズ、文字色などを変更することができます。

1 [表示]タブ→[プレゼンテーションの表示]グループの[ノート]をクリックすると、

2 表示モードが[ノート]表示モードに切り替わり、スライドとノートが表示されます。

使えるプロ技！ ノートを一括で削除する

PowerPointのファイルを第三者に公開する場合、ノートに見られたくない情報が含まれていると困ったことになります。ノートを一括で削除したい場合は、Backstageビューの[情報]→[問題のチェック]→[ドキュメント検査]をクリックして、[ドキュメントの検査]ダイアログを表示します。[プレゼンテーションノート]をチェックして[検査]をクリックすると、ノートが残っている場合は[すべて削除]というボタンが表示されるので、それをクリックして削除します。

Section 90 手描きの説明を追加する

練習用ファイル：📁 90_描画再生.pptx

ここで学ぶのは
- 描画ツール
- 描画アニメーションの設定
- 描画アニメーションの再生

描画ツールで手描きの描き込みを入れると、注目して欲しい箇所を目立たせるのに効果的です。手描きで入れた図や文字は、プレゼンテーション中にその場で描いているかのように再生できます。本番中にタッチペンなどで描き込む手間を省けるので、発表に集中できます。

1 描画ツールで手描きの描き込みをする

解説 ペンの種類

描き込みに使える[描画ツール]には、「ペン」「鉛筆書き」「蛍光ペン」があります。いずれも〜が表示されたらクリックすることで、色や線の幅などを変更できます。また、「ペン」は2種類用意することができます。線の幅や色などで使い分けるのに便利です。[描画]タブの表示／非表示は310ページを参照してください。

● 線の幅や色の変更

1 [描画]タブの[描画ツール]グループから、使用したいペンの種類を選択します。

ここでは「ペン：オレンジ、0.5mm」を選択します。

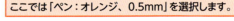

2 強調したい箇所などに描き込みを入れます。

3 アニメーションを設定するために、選択ツールを選択します。

2 アニメーションを設定する

解説 描き込む様子を再生する

[描画ツール]で描き込んだ図や文字は、何も設定しなければ、スライドショー実行時にそのまま表示されます。描き込む様子を再生したい場合は、アニメーションを設定する必要があります。

Hint 線のまとまりで1つの図形になる

[描画ツール]で描き込んだ線は、1本ずつ別の図形になるのではなく、一連のかたまりで1つの図形として扱われます。1つのかたまりがどのように分けられるかは、描き方によって変わってきます。このSectionの例では、「囲み線」、「引き出し線」と「文字部分」がそれぞれ1つの図形として扱われました。

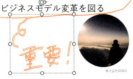

Hint 描き込んだ内容を消す

描き込んだ内容を取り消したい場合は、[描画ツール]の消しゴムを使うか、消したい描き込みを選択して[Delete]ボタンを押すと消すことができます。

1 アニメーションを設定する描き込みを選択して、

2 [アニメーション]タブをクリックします。

3 [再生]をクリックして

4 「継続時間」を0.5秒に設定します。

5 引き出し線と文字部分にも[アニメーション]タブから[再生]を設定し、

6 「開始」を[直前の動作の後]に設定します。

スライドショーを実行すると、描き込む様子が再生されます。

Section 91 プレゼンテーションをリハーサルする

練習用ファイル: 📁 91_リハーサル.pptx

ここで学ぶのは
▶ リハーサル機能
▶ リハーサルの実行
▶ スライドの表示時間

プレゼンテーションを行う前に、**リハーサル機能**で**練習**しましょう。リハーサル機能では、常に経過時間を示すタイマーが表示されており、発表時間内に収まるかどうかを検討する目安となります。また、各スライドの表示時間が記録されるので、プレゼンテーションを自動再生させるのにも利用できます。

1 リハーサル機能とは

プレゼンテーションにかかる時間は、実演してみないとわからないものです。予想より時間がかかったり、逆に時間が余ってしまうこともあります。そのような不都合が起きないよう、事前準備のために用意されているのがリハーサル機能です。実際にスライドを切り替えながら話してみて、スライドごとの経過時間を計ることができます。

1枚目のスライド(2:00)

2枚目のスライド(3:00)

3枚目のスライド(3:00)

リハーサルでは本番と同様にスライドショーを操作し、プレゼンテーション全体の経過時間を確認できます。各スライドごとの表示時間も確認、記録できます。

[記録中]ツールバー

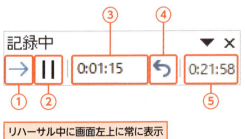

リハーサル中に画面左上に常に表示され、スライドショーの経過時間の確認などができます。

名称	機能
①次へ	次のスライドに切り替える
②記録の一時停止	経過時間の記録を一時停止する。再度クリックすると再開する
③表示時間	現在のスライドの表示時間が表示されている
④繰り返し	現在のスライドの表示時間をリセットする
⑤経過時間	現在のスライドまでの経過時間が表示されている

2 リハーサルを実行する

Memo　スライドごとの表示時間を確認する

リハーサル機能で記録された、スライドごとの表示時間は[スライド一覧]表示（39ページ参照）で確認できます。

Hint　録画

[リハーサル]ボタンの右隣にある[録画]をクリックすると、リハーサル中に話した声（ナレーション）を録音することができます。声を録音し、スライドの切り替えタイミングを記録しておくと、音声付きのスライドを自動的に再生するプレゼンテーションを作ることができます（258ページ参照）。

Hint　記録した表示時間を消去する

全スライドのタイミングは、[スライドショー]タブ→[録画]→[クリア]→[すべてのスライドのタイミングをクリア]をクリックすると消去されます。

1 [スライドショー]タブをクリックして、

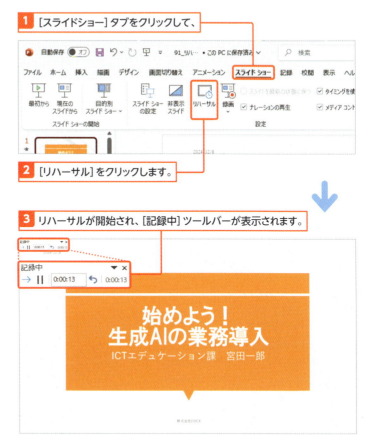

2 [リハーサル]をクリックします。

3 リハーサルが開始され、[記録中]ツールバーが表示されます。

4 本番と同様に操作、実演して、スライドショーを進めます。

5 最後のスライド上でクリックすると、スライドショーの所要時間とメッセージが表示されます。

6 [はい]をクリックすると、スライドショー全体の経過時間と各スライドの表示時間が記録されます。

Section 92 一部のスライドを非表示にする

練習用ファイル：92_スライドの非表示.pptx

本番のプレゼンテーションで使わないことにしたスライドがある場合は、その**スライドを非表示**にすれば、再生時にスキップされます。また、**目的別スライドショー**を作成すれば、一部のスライドだけをまとめた簡易的なスライドショーを実行できるようになります。

ここで学ぶのは
- スライドの非表示
- スライドの再表示
- 目的別スライドショー

1 スライドを再生時に表示されないようにする

解説　スライドの非表示

本番のプレゼンテーションでは使わないが、資料としては残しておきたいスライドがある場合は、非表示にしておきましょう。非表示のスライドはスライドショーの再生時にスキップされます。非表示にしていても通常のスライドと同様に編集することができるので、後から再利用できます。

1 サムネイルウィンドウで非表示にするスライドを選択して、

2 [スライドショー] タブ→ [非表示スライド] をクリックすると、

3 選択したスライドが半透明になり、スライドショー再生時にスキップされるようになります。

Hint　スライドの再表示

非表示にしたスライドを再表示するには、そのスライドをサムネイルウィンドウで選択し、[スライドショー] タブの [スライドの表示] をクリックします。

使えるプロ技！ 一部のスライドだけをまとめた目的別スライドショーを作成する

「目的別スライドショー」はスライドの非表示をさらに発展させた機能で、選択したスライドだけをまとめてスライドショーとして再生できる機能です。一部のスライドを割愛したダイジェスト版が必要な場合などに利用します。

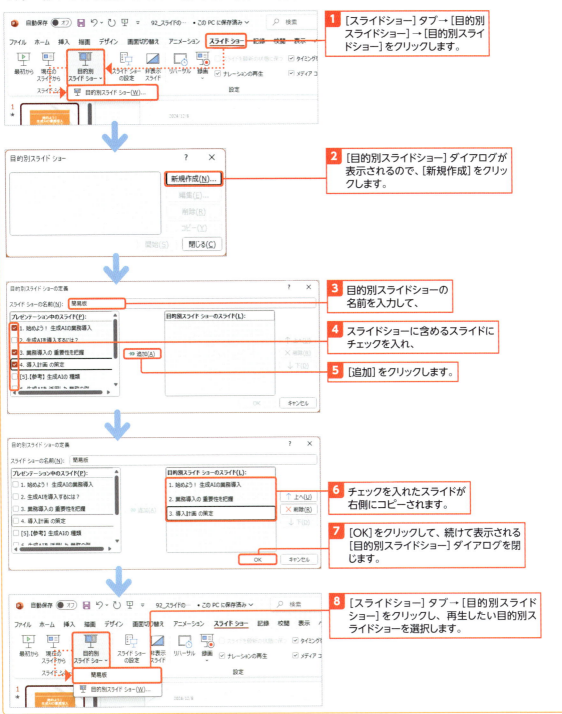

1. [スライドショー] タブ→ [目的別スライドショー] → [目的別スライドショー] をクリックします。
2. [目的別スライドショー] ダイアログが表示されるので、[新規作成] をクリックします。
3. 目的別スライドショーの名前を入力して、
4. スライドショーに含めるスライドにチェックを入れ、
5. [追加] をクリックします。
6. チェックを入れたスライドが右側にコピーされます。
7. [OK] をクリックして、続けて表示される [目的別スライドショー] ダイアログを閉じます。
8. [スライドショー] タブ→ [目的別スライドショー] をクリックし、再生したい目的別スライドショーを選択します。

Section 93 プレゼンテーションを校閲する

ここで学ぶのは
- クラシックコメント
- モダンコメント
- アクセシビリティチェック

練習用ファイル：93_コメント.pptx

プレゼンテーションの発表前に、上司や関係者の意見を聞きたいこともあります。その場合に役立つのが**コメント機能**です。スライドの任意の位置や、図形、表、テキストなどに付箋のようなコメントを貼り付け、意見を書き込んでもらうことができます。

1 「コメント」の環境を設定する

コメントの「クラシック」「モダン」環境

従来のコメント機能では、スライドの任意の場所に付箋のようなコメントを貼り付けて、意見を書き込んでもらうことができました。これを「クラシックコメント」と呼んでいます。これに対して新しく追加された「モダンコメント」では、クラシックコメントで使える機能に加えて、図形そのものやテキストボックス内のテキストに対して直接コメントをつけられるようになりました。

[オプション]の表示位置

環境によっては、[オプション]が[その他]の中ではなく、左のメニュー項目として表示される場合もあります。

コメント環境の選択

一度コメントを入れると、そのときのコメント環境からもう一方のコメント環境に変更することはできません。どちらのコメント環境を使用するかは、最初のコメントを入れる前に決めておきましょう。

1 [ファイル]タブをクリックしてBackstageビューを開き、

2 [その他]→[オプション]をクリックします。

3 「全般」をクリックして、

4 「コメント」から使用するコメントの環境を選択したら、

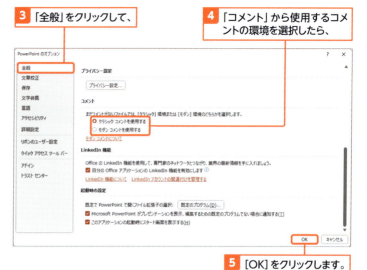

5 [OK]をクリックします。

2 「クラシック コメント」でコメントを書く

解説 コメントによる校閲

コメントはプレゼンテーションの校閲に利用できる機能です。校閲担当者にファイルを送り、コメントを追加した状態で送り返してもらいます。コメントには発信者の名前が表示されるので、誰がどのようなコメントを付けたのかがわかるようになっています。

Memo [コメント] 作業ウィンドウの表示

[コメント] 作業ウィンドウは、スライド上の吹き出しアイコンをクリックしても表示できます。

Hint クラシック コメントを使用した方がよい場面

モダン コメントはPowerPoint 2019以前のバージョンでは閲覧することができません。PowerPoint 2019以前を使用する人がいる場合は、クラシック コメントを利用するようにしましょう。

コメント環境を「クラシック コメント」に設定しておきます。

1. コメントを入力するスライドを選択して、
2. [校閲] タブ→ [新しいコメント] をクリックします。

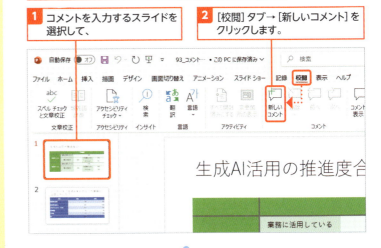

3. [コメント] 作業ウィンドウが表示されるので、
4. 修正指示や意見などを入力してEnterキーを押します。

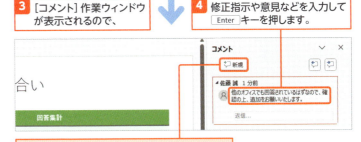

[新規] をクリックするとコメントを追加できます。

3 コメントに返信する

Memo コメントを非表示にする

スライドに付けられたコメントや、スライドに表示される吹き出しのアイコンを非表示にするには、[校閲] タブ→ [コメントの表示] の文字部分をクリックし、メニューから [コメントと注釈の表示] をクリックしてチェックを外します。コメントを再表示する場合は、同じメニューをクリックしてチェックを入れます。

1. コメントが付けられたスライドを選択して、

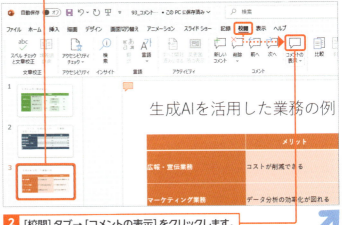

2. [校閲] タブ→ [コメントの表示] をクリックします。

Memo　クラシックコメントの吹き出しアイコン

コメントを付けると吹き出しアイコンが表示されます。「クラシックコメント」では、何も選択していない状態で追加した場合はスライドの左上にアイコンが付きます。プレースホルダーや図形などを選択して追加した場合は、その上にアイコンが付きます。アイコンはスライド内でドラッグして移動できます。

Hint　コメントを削除する

「クラシックコメント」でコメントを削除するには、[コメント]作業ウィンドウでコメントを選択すると表示される[×]をクリックします。「モダンコメント」でコメントを削除するには、[コメント]作業ウィンドウで削除したいコメントを選択し、右上の「…」をクリックして、「スレッドの削除」または「コメントを削除」をクリックします。
いずれのコメント環境でも、[校閲]タブで[削除]をクリックしても削除できます。

3 [コメント]作業ウィンドウが開き、コメントが表示されます。

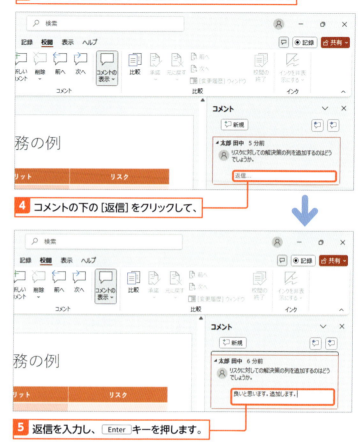

4 コメントの下の[返信]をクリックして、

5 返信を入力し、Enterキーを押します。

4 「モダン コメント」で表に対してコメントを書く

解説　図や表に対するコメント

右の例では表を選択していますが、図やテキストボックスなどを選択しても同様にコメントを書くことができます。

Memo　スライドショーには表示されない

コメントはスライドショーには表示されません。削除し忘れたとしても、スライドショーの再生中に誰かに見られてしまう心配はありません。ファイルを送る前に消したい場合は、[ドキュメントの検査]ダイアログで一括削除できます（269ページ参照）。

コメント環境を「モダン コメント」に設定しておきます。

1 コメントを付けたい表をクリックして選択して、

2 [校閲]タブ→[新しいコメント]をクリックします。

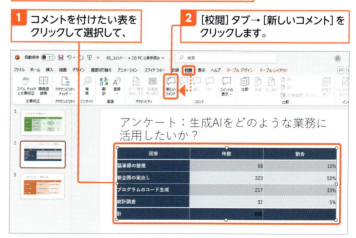

Hint　コメントを解決する

コメントで指摘を受けて修正したら、[コメント]作業ウィンドウでコメントを選択し、右上の「…」→「スレッドを解決する」をクリックし、指摘に対応したことがわかるようにします。この機能は「モダンコメント」で使用できます。

Memo　モダンコメントの吹き出しアイコン

「モダンコメント」では、何も選択していない状態でコメントを追加した場合は、スライドの右上に吹き出しアイコンが付きます。表やプレースホルダー、図形などを選択して追加した場合は、それらの領域内に吹き出しアイコンが付き、その領域内で移動できます。また、図形などを移動した場合、吹き出しアイコンも一緒に移動します。

3 [コメント]作業ウィンドウが表示されるので、

4 修正指示や意見などを入力して、

5 「コメントを投稿する」ボタンを押すか、Ctrl + Enter キーを押します。

[新規]をクリックするとコメントを追加できます。

6 [コメント]作業ウィンドウのコメントにマウスカーソルを載せると、コメントを入れた表がハイライトされます。

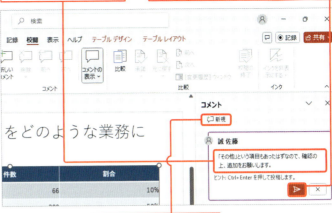

5　「モダン コメント」で文字部分に対してコメントを書く

Hint　コメントを編集する

[コメント]作業ウィンドウのコメントの右上の[コメントを編集]をクリックすると、コメントを編集できます。

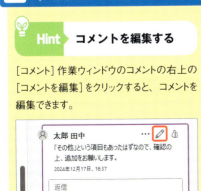

1 コメントを付けたい文字部分を選択して、

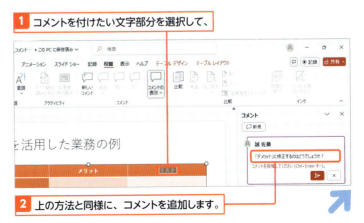

2 上の方法と同様に、コメントを追加します。

93　プレゼンテーションを校閲する

9　プレゼンテーションの実行と資料の配布

279

Hint コメントにいいねをつける

[コメント]作業ウィンドウのコメントの右上の[いいね!]をクリックすると、返信を入力しなくてもコメントに対してリアクションできます。

3 [コメント]作業ウィンドウのコメントにマウスカーソルを載せると、コメントを入れた文字部分がハイライトされます。

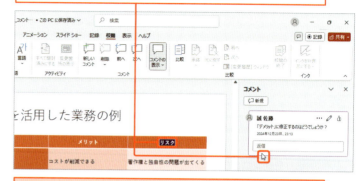

文字部分に対するコメントには、吹き出しアイコンは表示されません。

6 アクセシビリティチェックを行う

解説 アクセシビリティチェック

アクセシビリティとは、情報へのアクセスのしやすさを指します。アクセシビリティチェックを行うことで、スライドの情報を読み取る際の障壁になる要素を判別し、修正できます。例えば、右の手順❹のスライドの表はテーブルヘッダーがないために、データが何を指しているか分かりづらいという点で、アクセシビリティチェックに指摘されています。

1 [校閲]タブ→[アクセシビリティチェック]をクリックすると、

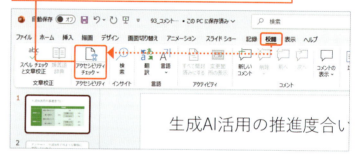

2 [ユーザー補助アシスタント]作業ウィンドウが表示されます。

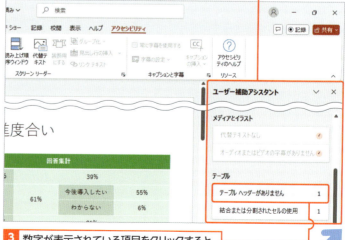

3 数字が表示されている項目をクリックすると、

解説 ステータスバーのアクセシビリティ

アクセシビリティチェック自体はプレゼンテーションを作成している間、バックグラウンドで常に実施されており、その結果はステータスバーに表示されています。

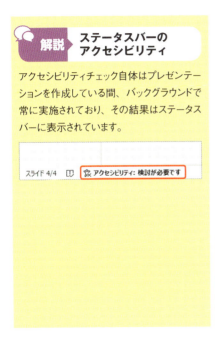

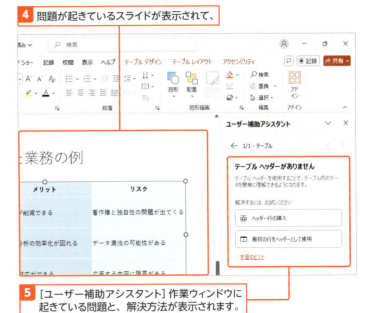

4 問題が起きているスライドが表示されて、

5 [ユーザー補助アシスタント]作業ウィンドウに起きている問題と、解決方法が表示されます。

使えるプロ技！ アクセシビリティタブ

[校閲]タブの[アクセシビリティチェック]をクリックすると、[ユーザー補助アシスタント]作業ウィンドウ以外に[アクセシビリティ]タブが表示されます。このタブにはアクセシビリティの問題を解決するのに必要な機能がまとめられており、[フォントの色]など他のタブに存在する機能以外に、色だけで情報を表現しているスライドを見分ける[色なしの確認]など[アクセシビリティ]タブ固有の機能もあります。

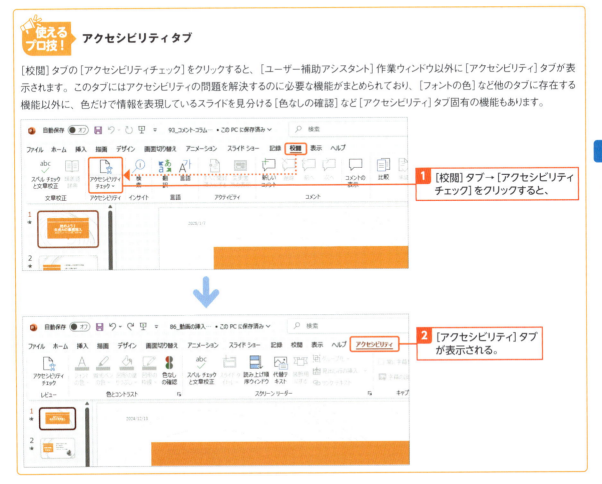

1 [校閲]タブ→[アクセシビリティチェック]をクリックすると、

2 [アクセシビリティ]タブが表示される。

Section 94 スライドショーを実行する

練習用ファイル：94_スライドショー.pptx

ここで学ぶのは
- 外部ディスプレイへの表示
- 発表者ツール
- レーザーポインター

プレゼンテーション本番では、外部ディスプレイやプロジェクターに**スライドショー**を表示します。発表者はパソコンの画面に表示される**発表者ツール**で、ノートや次のスライドなどを確認できます。また、対象を指し示す**レーザーポインター**や**ペン**などの機能も利用できます。

1 プレゼンテーションの準備をする

Memo 外部出力の準備

外部ディスプレイやプロジェクターの表示位置がずれていたり縦横比がおかしい場合、Windowsの[設定]で[システム]→[ディスプレイ]をクリックすると表示される画面で調整できます。プロジェクター側の設定が合っていないこともあるので、発表前に必ず確認が必要です。

Memo 出力先の選択

[スライドショー]タブの[モニター]では、スライドショーを出力する外部ディスプレイを選択します。通常は初期設定の[自動]で問題ないのですが、正しく表示されない場合はこの設定を確認しましょう。

1 パソコンと外部ディスプレイなどを接続します。

外部ディスプレイやプロジェクターをパソコンと接続し、パソコンの画面が表示されるようにしておきます。

2 外部ディスプレイなどの設定を行います。

PowerPointの[スライドショー]タブの[モニター]で、スライドショーの出力先を選択します。

2 外部ディスプレイにスライドショーを表示して操作する

Memo スライドショーを途中から始める／途中で止める

スライドショーの再生を2枚目以降のスライドから始めるには、開始するスライドをサムネイルウィンドウで選択しておき、［スライドショー］タブの［現在のスライドから］をクリックします。スライドショーを途中で止めるには、Escキーを押します。

Memo スライドの切り替え

次のスライドへは、現在のスライド上をクリックする他、マウスのホイールを下方向に回転させても切り替えられます。また、キーボードの←→↓↑キーを押しても、前後のスライドに切り替えられます。

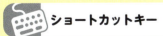
ショートカットキー

● スライドショーの再生を開始する
F5

---

1 ［スライドショー］タブをクリックして、

2 ［最初から］をクリックすると、

3 スライドショーの再生が開始され、1枚目のスライドが外部ディスプレイに表示されます。

以降、クリックするごとに次のスライドに切り替わるか、アニメーションが再生されます。

4 最後のスライドをクリックすると、このように表示されます。

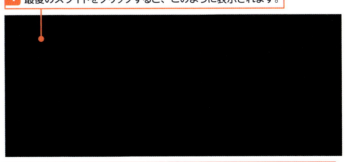

5 クリックすると再生が終了して、PowerPointのメイン画面に戻ります。

3 パソコンの画面でスライドショーを操作する

発表者ツール

発表者ツールは、スライドショーの再生時に発表者の手元で表示される画面です。この画面でスライドの切り替えの他、さまざまな情報を確認したり、各種機能を利用したりできます。なお、発表者ツールは、パソコンを外部ディスプレイに接続し、そちらにスライドショーを表示する設定になっている場合に、右の手順で表示できます。

1 [スライドショー]タブ→[発表者ツールを使用する]をクリックしてチェックを入れ、

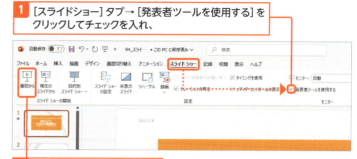

2 [最初から]をクリックすると、

3 スライドショーの再生が開始され、発表者側の画面に発表者ツールが表示されます。

スライドを自動で切り替える

リハーサル機能(272ページ参照)を使って各スライドの表示時間を記録済みの場合、タイミングに合わせて自動的にスライドを切り替えるようにすることもできます。自動切り替えを有効にするには、[スライドショー]タブで[タイミングを使用]にチェックを入れて、スライドショーを再生します。

4 外部ディスプレイに表示されているスライドをクリックすると、

◀▶をクリックしてもスライドを切り替えられます。

5 次のスライドに切り替わります。

発表者ツールの表示／非表示

スライドショーの再生中に発表者ツールを非表示にするには、画面を右クリックすると表示されるメニューから[発表者ツールを非表示]をクリックします。再表示するには同様に右クリックのメニューから、[発表者ツールを表示]をクリックします。

6 [スライドショーの終了]をクリックするか、最後のスライドをクリックすると、再生が終了します。

4 レーザーポインターを使用する

解説 レーザーポインターとペンの利用

プレゼンテーション中に、スライド上のテキストなどを指し示して視聴者に注目させたい場合は、右のように操作してレーザーポインターを利用します。また、スライド上に手描きしたい場合は、発表者ツールの画面で［ペンとレーザーポインターツール］をクリックすると表示されるメニューから、［ペン］もしくは［蛍光ペン］を選択します。手描きしたものは、スライドショーの再生を終了した後もスライド上に残ります。

Memo ［ポインターオプション］メニュー

レーザーポインターやペンは、発表者ツールの画面からだけでなく、スライドショーの画面からも使用できます。スライドショー画面で右クリックして表示されるメニューの［ポインターオプション］から、使用したいポインターを選択して使用できます。

1 発表者ツールで［ペンとレーザーポインターツール］をクリックして、

2 ［レーザーポインター］をクリックすると、

3 マウスポインターがレーザーポインターに変化します。

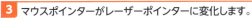

マウスポインターに戻すには、Escキーを押します。

使えるプロ技！ 発表者ツールの機能を利用する

発表者ツールでは、現在のスライドの下に表示される各ボタンから、さまざまな機能を利用できます。

番号	内容
①	手描き用のペンや蛍光ペン、レーザーポインターを利用できる
②	すべてのスライドをサムネイルで一覧表示する。サムネイルをクリックするとそのスライドに切り替わる
③	現在表示中のスライドの任意の部分を拡大表示する
④	スライドを一時停止して非表示にする
⑤	Teamsでのオンラインプレゼン中のカメラのオン／オフを切り替える
⑥	発表者ツールを非表示にしたり、スライドショーを終了したりするメニューが表示される
⑦	前のスライドに戻る
⑧	次のスライドに進む

Section 95 配布資料を印刷する

練習用ファイル：📁 95_配布資料の印刷.pptx

ここで学ぶのは
- 配布資料マスター
- タイトル／作成者の入力
- 配布資料形式での印刷

発表会でスライドを紙の資料として参加者に渡す必要がある場合は、**配布資料形式**で印刷しましょう。用紙に印刷するスライドの枚数は印刷時に指定できます。ヘッダー／フッターなどを付けたい場合は**配布資料マスター**を利用します。

1 配布資料マスターを表示する

解説　配布資料マスター

配布資料マスターの画面では、複数のスライドを1枚の用紙に印刷する際のレイアウトなどの設定をします。設定した内容が、配布資料形式での印刷結果に反映されます。

Hint　スライドのプレースホルダーは操作できない

配布資料マスターの画面では、簡易的な印刷プレビューが表示され、各スライドの表示位置がプレースホルダーで示されます。スライドのプレースホルダーは、選択したり、移動したりすることはできません。

Memo　配布資料マスターを閉じる

配布資料マスターを閉じるには、[配布資料マスター] タブの [マスター表示を閉じる] をクリックします。

1 印刷するプレゼンテーションを開いておき、

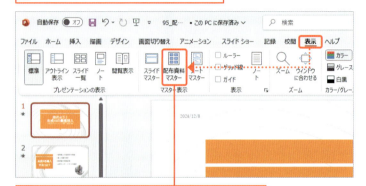

2 [表示] タブ→ [配布資料マスター] をクリックすると、

3 配布資料マスターの画面が表示されます。

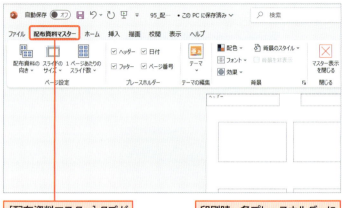

[配布資料マスター] タブが表示されます。

印刷時、各プレースホルダーにスライドが表示されます。

2 1枚の用紙に印刷するスライドの配置を確認する

Memo 背景色を変える

配布資料の背景色を変更するには、[配布資料マスター]タブの[背景のスタイル]をクリックして、表示される一覧から目的の背景色をクリックします。ここで[背景の書式設定]をクリックすると表示される[背景の書式設定]作業ウィンドウでは、一覧にない色を背景色に設定したり、背景色をグラデーションにしたりできます。

Hint 資料に会社ロゴを入れたい場合

配布資料マスターでも、[ホーム]タブで書式設定したり、[挿入]タブで画像や図を追加したりすることが可能です。配布資料に会社ロゴなどを入れたい場合は、[挿入]タブを利用して挿入してください（100ページ参照）。

1 [配布資料マスター]タブ→[配布資料の向き]をクリックして、

2 [横]をクリックすると、

3 用紙が横向きになります。

4 [1ページあたりのスライド数]をクリックして、

5 目的の枚数をクリックすると、

6 スライドのプレースホルダーの数が変わります。

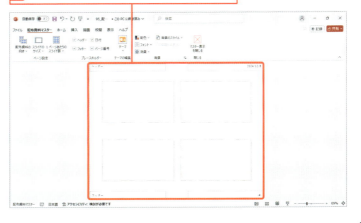

3 スライドショーのタイトルや作成者を入力する

Memo ヘッダーとフッターの位置を変える

ヘッダーとフッターの位置は、通常のプレースホルダーと同様の操作で、用紙内の好きな位置に移動させることができます。

Memo ヘッダーやフッターを非表示にする

ヘッダーやフッターを非表示にするには、[配布資料マスター]タブの[プレースホルダー]グループでチェックを外します。

Hint ヘッダーとフッターに書式を設定する

ヘッダーやフッターに入力されたテキストには、本文のプレースホルダーなどと同様に、フォントやフォントサイズ、文字色などの書式を設定できます。書式の設定はテキストを選択すると表示されるツールバーや、[ホーム]タブで行います。

1 [配布資料マスター]タブ→[ヘッダー]をクリックしてチェックを入れると、

2 ヘッダーが入力可能な状態になります。

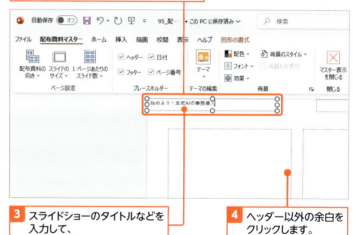

3 スライドショーのタイトルなどを入力して、

4 ヘッダー以外の余白をクリックします。

5 同様に操作して、左下のフッターに作成者などを入力します。

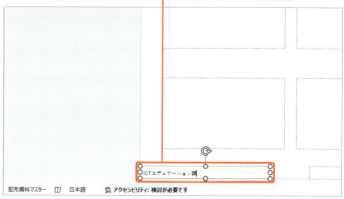

4 配布資料形式で印刷する

解説 印刷画面でスライド枚数を指定する

配布資料形式で印刷する際の1ページあたりのスライド数は、Backstageビューで選択します。配布資料マスターの[1ページあたりのスライド数]でスライド数を変更しても、[ファイル]タブ→[印刷]をクリックした際の画面には反映されません。そのため、配布資料マスターの[1ページあたりのスライド数]の選択は、印刷されるスライドの位置を確認するためのものと考えてください。

Memo ヘッダーとフッターの編集

Backstageビューで直接、ヘッダーとフッターの入力や編集もできます。[印刷]の画面の左下で[ヘッダーとフッターの編集]をクリックすると表示されるダイアログで、[ノートと配布資料]タブをクリックするとヘッダーとフッターの編集画面が表示されます。

1 [ファイル]タブをクリックします。

2 [印刷]をクリックして、

3 [フルページサイズのスライド]をクリックし、

4 [配布資料]グループから1枚の用紙に印刷するスライド数をクリックします。

5 配布資料マスターの設定が印刷プレビューに反映されます。

Section 96 プレゼンテーションの目次となるスライドを作成する

練習用ファイル： 96_目次.pptx

ここで学ぶのは
- スライドの目次／リンク
- サマリーズームスライド
- ズーム

発表用のプレゼンテーションではなく、資料としてのプレゼンテーションを作成する場合、スライドが数百枚に達する長大なものとなることがあります。その場合は、**「目次」**となる**サマリーズーム**を作っておきましょう。スライドショーの再生中に目的のスライドに簡単に切り替えることができます。

1 サマリーズームのスライドを作成する

解説　サマリーズームの作成

「サマリーズーム」は、スライドショーの目次となるスライドを作成する機能です。目次のスライドには、「ズーム」と呼ばれるスライドのサムネイルが配置されており、それをクリックして別のスライドにジャンプできます。
サマリーズームは発表用のプレゼンテーションで使うことも想定されていますが、発表中にスライドを複雑に切り替えると混乱する恐れもあります。スライド数がかなり多い資料用のプレゼンテーションを、文書として読みやすくする目的で使うのが有効でしょう。

Memo　プレゼンテーションがセクションに分割される

サマリーズームを作成すると、リンク先にしたスライドのところでセクション（70ページ参照）として分割されます。

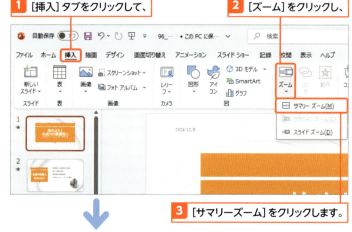

1 [挿入]タブをクリックして、
2 [ズーム]をクリックし、
3 [サマリーズーム]をクリックします。
4 現在開いているプレゼンテーションのスライドが一覧表示されます。

5 リンクしたいスライドをクリックしてチェックを入れます。
6 [挿入]をクリックします。

Memo　スライドショーの再生時に利用できる

サマリーズームはプレゼンテーションの編集中に利用するものではありません。スライドショーの実行中にリンクとして機能します。作成したサマリーズームを編集したい場合は、サマリーズームのスライドのサムネイルを選択して［ズーム］タブ→［サマリーの編集］を選択します。もしくは、サマリーズームのスライドのサムネイル全体を選択して右クリック→［サマリーの編集］を選択します。

7　スライドショーの先頭にサマリーズームのスライドが挿入されます。

8　サマリーズームのスライドのタイトルを入力します。

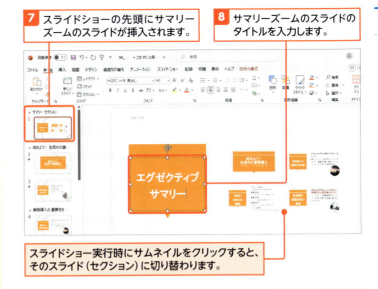

スライドショー実行時にサムネイルをクリックすると、そのスライド（セクション）に切り替わります。

2　スライドへのリンクを挿入する

解説　スライドズームの作成

スライドズームは、サマリーズームから1つのズームだけを抜き出したような機能です。既存のスライドに単独の「スライドズーム」を挿入して、他のスライドへのリンクとすることができます。

1　他のスライドへのリンクを挿入するスライドを選択して、［挿入］タブ→［ズーム］をクリックし、

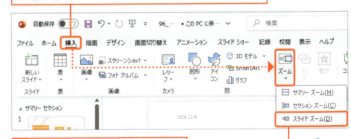

2　［スライドズーム］をクリックします。

3　リンクしたいスライドをクリックしてチェックを入れ、

4　［挿入］をクリックします。

Memo　スライドズームの編集

スライドズームは、一般的な図形と同様に操作して移動したり、大きさを変えたりすることができます。

5　他のスライドへのリンクが挿入されます。

Section 97 プレゼンテーションを画像として書き出す

練習用ファイル：📁 97_画像として書き出し.pptx

ここで学ぶのは
- 画像ファイル形式
- 画像への書き出し
- 書き出した画像の確認

作成したスライドは、**さまざまな形式の画像ファイルとして書き出す**ことができます。画像ファイルにすることで、PowerPointがインストールされていないパソコンや、スマートフォン、タブレットなどの幅広いデバイスでスライドを閲覧することができるようになります。

1 スライドを誰でも閲覧可能な画像に変換する

PowerPointの書き出し機能を利用すると、作成したプレゼンテーションの各スライドを、画像ファイルとして書き出せます。画像はたいていのデバイスで特殊なツールを使うことなく閲覧できるので、相手の閲覧環境は詳しくはわからないがとりあえずスライドを見せたい場合に向いています。書き出し機能は主要な画像ファイル形式に対応しているので、画質やファイルサイズ、OSなどに配慮して、画像ファイル形式を選択しましょう。

PowerPointで作成したスライドを一般的な画像として書き出し、それを配布することで、相手の環境を問わずスライドを閲覧してもらえます。

● PowerPointで書き出すことができる主な画像形式

形式	説明
JPEG	写真のような高精細、色鮮やかな画像で用いられる。圧縮率が高いために広く使われているが、保存のたびに画質がわずかに劣化する。拡張子は「.jpg」または「.jpeg」
GIF	Webページのバナー画像など、シンプルなデザインの画像に用いられる。圧縮率は高いが、表現できる色数が少ないために写真の保存には向かない。拡張子は「.gif」
PNG	GIFの後継として作られたファイル形式。JPEGに比べると圧縮率は低いが、保存時に画質が劣化しない。拡張子は「.png」
BMP	Windowsが標準対応しているファイル形式。データを圧縮しないため、ファイルサイズはかなり大きくなる。拡張子は「.bmp」
WMF	Windowsが標準対応しているベクター形式の画像ファイル。主にOfficeアプリ間での図のやり取りに使われる。拡張子は「.wmf」
SVG	WMFと同様のベクター形式の画像ファイル。Webで利用することを目的に開発されたため、利用範囲が広い。拡張子は「.svg」

2 スライドをBMP形式の画像として書き出す

通常の保存時に画像として書き出す

32ページで解説した［名前を付けて保存］ダイアログで、［ファイルの種類］からいずれかの画像ファイル形式を選択しても、スライドを画像ファイルとして書き出すことができます。

JPEG、PNGで書き出す場合

JPEG形式、あるいはPNG形式の画像ファイルとしてスライドを書き出す場合は、Backstageビューで［エクスポート］→［ファイルの種類の変更］とクリックして表示される画面で、［PNGポータブルネットワークグラフィックス］か［JPEGファイル交換形式］のいずれかをダブルクリックします。

1 画像として書き出すスライドを選択して、

2 ［ファイル］タブをクリックし、

3 ［その他］→［エクスポート］をクリックします。

ビットマップとベクターの違い

画像ファイルは、「ビットマップ」と「ベクター」という2つの種類に大別されます。前ページの表の画像ファイル形式のうち、WMFとSVGはベクター、それ以外はビットマップです。ビットマップは色や濃度の異なる無数の点（ドット）を集めて描画するのに対し、ベクターでは直線や曲線などの図形の集まりで描画します。ビットマップ画像は、写真のような高精細で自然な色合いが求められる画像に、ベクター画像はイラストなどの輪郭がはっきりした画像に向いています。

● ビットマップ

自然な色合いの描写と高精細さが特長ですが、すべてが点（ドット）で構成されているため、拡大すると曲線の輪郭部分にギザギザが目立ちます。

● ベクター

色の滑らかな変化といった表現は苦手なものの、拡大してもビットマップのようなギザギザは発生せず、曲線の輪郭は滑らかです。

97 プレゼンテーションを画像として書き出す

Memo　すべてのスライドをまとめて書き出す

右の手順⑩で[すべてのスライド]をクリックすると、PowerPointで開いているプレゼンテーションのすべてのスライドが画像ファイルとして書き出されます。書き出しが完了すると指定したフォルダー内に手順❼のファイル名と同名のフォルダーが作られ、その中にスライドの枚数分の画像ファイルが保存されます。

Hint　画像化プレゼンテーション形式

右の手順❽で、[ファイルの種類]から[PowerPoint画像化プレゼンテーション]を選択して書き出すと、PowerPointのプレゼンテーションファイルとして書き出されます。この形式のファイルは、PowerPointで開き、スライドの内容を確認することはできますが、各スライド上のオブジェクトがテキストも含めてすべて、単一の画像ファイルとなっているため編集することはできません。

---

4 [ファイルの種類の変更]をクリックして、

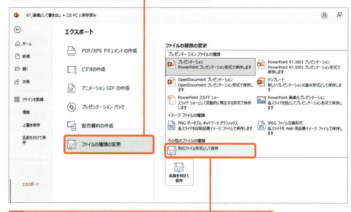

5 [別のファイル形式として保存]をダブルクリックします。

6 保存先を選択します。

7 ファイル名を入力して、

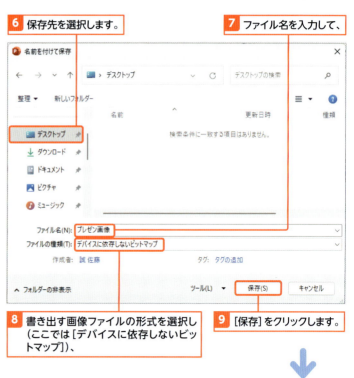

8 書き出す画像ファイルの形式を選択し（ここでは[デバイスに依存しないビットマップ]）、

9 [保存]をクリックします。

10 メッセージが表示されるので、[このスライドのみ]をクリックすると、最初に選択したスライドが画像ファイルとして書き出されます。

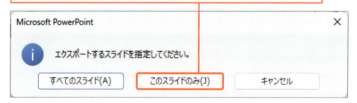

9　プレゼンテーションの実行と資料の配布

3 書き出した画像ファイルを確認する

Memo ファイルを開くアプリを選択する

パソコンの設定によっては、画像ファイルをダブルクリックすると右の中段の画面が表示されます。この画面には、パソコンにインストールされているアプリのうち、開こうとしているファイルに対応しているものが一覧表示されるので、使用したいアプリをクリックして、[常に使う]か[一度だけ]をクリックします。[常に使う]をクリックすると、以降に同じ形式のファイルをダブルクリックした際にこの画面は表示されず、選択したアプリでファイルが開くようになります。[一度だけ]をクリックすると、再度この画面が表示され、使用するアプリを選択できます。

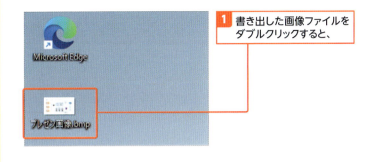

1 書き出した画像ファイルをダブルクリックすると、

パソコンの設定によってはこの画面が表示されます。

2 画像を開くアプリをクリックして、

3 [一度だけ]をクリックすると、

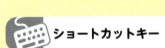

ショートカットキー

● ファイルを開く
　ファイルを選択して [Enter]

4 画像となったスライドが表示されます。

Section 98 プレゼンテーションをPDFとして書き出す

練習用ファイル： 98_PDF.pptx

ここで学ぶのは
- PDF
- PDFへの書き出し
- 書き出しのオプション

作成したプレゼンテーションを他の人に受け渡したり、スマートフォンやタブレットなどに持ち出したりしたい場合は、PDFとして書き出すといいでしょう。PDFは汎用性の高い文書ファイル形式なので、環境を問わず、しかも元のプレゼンテーションの体裁を崩さずに表示できます。

1 PDF形式のファイルを書き出す

 PDF

PDFは、閲覧用の文書ファイル形式です。PowerPointなどのアプリからPDFとして書き出されたファイルは、作成元のアプリがない他の環境でも開くことができ、元のプレゼンテーションの体裁を保った状態で表示できます。また、内容を編集されないようロックすることもできます。こうした特長から、PDFは官公庁の配布文書やメーカー提供の製品マニュアルなど、広く共有、公開される文書のファイル形式として定着しています。

1 PDFとして書き出すプレゼンテーションを開き、

2 [ファイル] タブをクリックします。

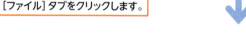

3 [エクスポート] をクリックして、

4 [PDF/XPSドキュメントの作成] をクリックし、

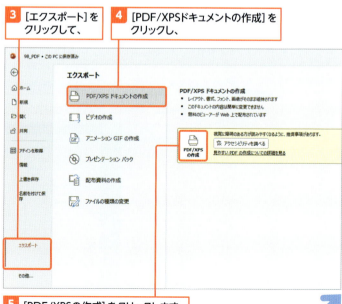

 XPS

XPSもPDFと同様の、閲覧用の文書ファイル形式です。現時点では、PDFに比べると閲覧環境が少ないため、XPSを選ぶメリットはあまりありません。

5 [PDF/XPSの作成] をクリックします。

Memo Microsoft Edgeで閲覧できる

Windowsでは、PDFのファイルをダブルクリックすると初期設定ではMicrosoft Edgeが起動し、プレゼンテーションの全スライドを閲覧できます。その他の環境でもほとんどの場合、標準のアプリでPDFのファイルを開くことができます。

Hint 専用ビューワーを使って閲覧する

PDF専用のビューワー（閲覧アプリ）を利用すれば、より快適にPDFの文書を閲覧できます。PDFの開発元であるAdobe社は、ビューワーの「Adobe Acrobat Reader」を無償で公開しているので、これを利用するといいでしょう。Adobe Acrobat Readerは、WindowsやMac、iPhone、iPad、Androidなど、さまざまな環境に対応したアプリとして提供されています。
URL：https://get.adobe.com/jp/reader/

[PDFまたはXPS形式で発行] ダイアログが表示されます。

6 書き出し先の場所を選択します。

7 ファイル名を入力して、

8 [PDF] を選択し、

9 [発行] をクリックします。

10 選択した場所にPDFのファイルが書き出されます。

設定によって、書き出した後にPDFファイルが開くことがあります。

使えるプロ技！ PDF書き出しのオプションを利用する

[PDFまたはXPS形式で発行] ダイアログで [オプション] をクリックすると、[オプション] ダイアログが表示されます。この画面では、PDFとして書き出すスライドの範囲の指定や、目的別スライドショー（275ページ参照）の書き出しが可能です。また、スライドだけでなくノートや手書きの図（268、270ページ参照）だけを抜き出してPDFにしたり、スライドを配布資料（286ページ参照）の形式で書き出したりすることもできます。

PDFとして書き出す対象を、スライドやノート、配布資料などから選択します。

PDFとして書き出すスライドやスライドの範囲を選択します。

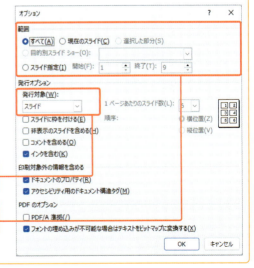

Section 99 プレゼンテーションを動画として書き出す

練習用ファイル：99_動画.pptx

ここで学ぶのは
- 動画へ書き出せる要素
- 動画への書き出し
- 動画ファイル形式

プレゼンテーションは**動画**としても書き出せます。PDFや画像として書き出す場合と比べ、スライドの切り替えやオブジェクトのアニメーションなど、**演出効果をそのまま再現できる**ことに加え、**ナレーションやレーザーポインターの動き**なども含めることができるので、どの環境でもプレゼンテーションを再現できます。

1 動画として書き出すことができる要素

解説　動画への書き出し

スライドをはじめとする、プレゼンテーションの構成要素を別の環境でも意図した通りに再現したい場合は、動画として書き出します。PowerPointには、プレゼンテーションを汎用的な形式の動画ファイルとして書き出す機能が備わっているので、他のパソコンはもちろん、スマートフォンやタブレット、テレビなどで再生できることに加え、YouTubeなどの動画共有サービスで公開することも可能です。

Hint　見栄えのする動画を作るには

実演する際は問題ないプレゼンテーションでも、動画にすると味気なくなりがちです。ナレーションを録音したり、やや多めにアニメーションを設定したりして、動画としての見応えがあるものを目指してみましょう。

スライド

プレゼンテーションを構成するすべてのスライドを、テキストはもちろん図や画像などのすべてのオブジェクトを含めて書き出すことができます。

画面切り替えとアニメーション

スライドの切り替え効果（254ページ参照）、オブジェクトのアニメーション（236ページ参照）など、「動き」の演出効果も再現されます。

> **Memo** 事前の準備が必要
>
> ナレーションやレーザーポインターの動き、スライドの切り替えタイミングなども含めて動画に収録したい場合は、事前にスライドショーの記録、リハーサルなどの機能を使って、プレゼンテーション時の操作を記録しておく必要があります。なお、これらの操作を記録済みであっても、それらを含めずに動画として書き出すこともできます。

ナレーション

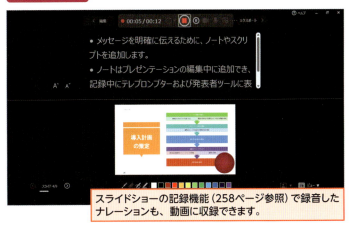

スライドショーの記録機能（258ページ参照）で録音したナレーションも、動画に収録できます。

レーザーポインターとインク

スライドショーの記録機能やリハーサル機能（272ページ参照）の利用時に使ったレーザーポインターの動きや手描きも、動画に収録できます。

スライドのタイミング

リハーサル機能などで記録した、スライドの切り替えタイミングも、動画では再現できます。

> **使えるプロ技！** 動画編集ソフトでクオリティを高める
>
> MPEG-4形式で書き出した動画は、Adobe Premiereなどの動画編集ソフトで編集できます。より動画としてのクオリティを高めたい場合は、さらに編集を行うというのも1つの手です。

2 動画として書き出す

Memo 動画のファイル形式

PowerPointからの書き出し時に選択できる動画のファイル形式は、「MPEG-4」と「Windows Mediaビデオ」のいずれかです。どちらも高画質と高圧縮率を両立させた動画ファイル形式ですが、MPEG-4はパソコンはもちろん、スマートフォンやテレビなどでも標準機能で再生できる上、一般的な動画共有サービスでも推奨されているため、汎用性の面でWindows Mediaビデオ形式よりも優れています。なお、MPEG-4の拡張子は「.mp4」、Windows Mediaビデオの拡張子は「.wmv」となります。

Hint 動画の表示サイズ

右の手順6の図では、書き出す動画の表示サイズを、大きいものから順に「Ultra HD」「フルHD」「HD」「標準」のいずれかから選択します。動画を再生するディスプレイに合わせて選択するといいでしょう。表示サイズが大きいものほど、ファイルサイズが大きくなる点に注意してください。

注意 トランジションのサウンドが再生されない

動画として書き出すと、トランジション（画面切り替え効果）のサウンドが再生されないというバグがあります。対処するには、トランジションの代わりに音楽を挿入するしかありません（260ページ参照）。

1 書き出すプレゼンテーションを開き、

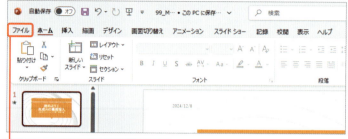

2 ［ファイル］タブをクリックします。

3 ［エクスポート］をクリックして、

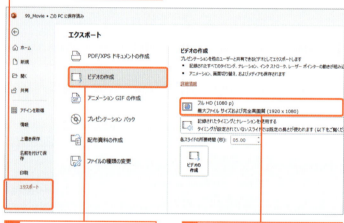

4 ［ビデオの作成］をクリックし、

5 動画の表示サイズのメニューをクリックします。

6 表示されるメニューから、設定したい動画の表示サイズをクリックし、

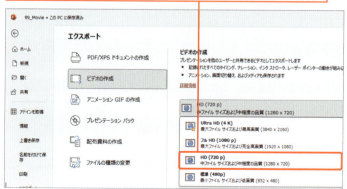

> **Memo** プレゼンテーション時の操作を含める

手順7では、ナレーションやスライドの切り替えタイミングなどのプレゼンテーション時の操作を動画に含めるかどうかを選択します。含めない場合は、[記録されたタイミングとナレーションを使用しない]を選択し、[各スライドの所要時間]にスライドが自動的に切り替わるまでの時間を指定します。

> **Memo** 動画を再生する

右の手順で書き出したMPEG-4形式の動画は、Windowsでは標準の「メディアプレーヤー」アプリで再生できます。また、標準のWebブラウザーである「Microsoft Edge」などでも再生できます。

7 [記録されたタイミングとナレーションを使用する]を選択して、

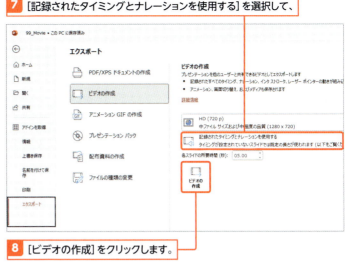

8 [ビデオの作成]をクリックします。

9 保存先を選択して、

10 動画のファイル名を入力し、

11 [エクスポート]をクリックすると、

12 選択した場所に動画のファイルが書き出されます。

Section 100 Teamsでオンラインのプレゼンテーションを行う

練習用ファイル： 100_オンラインでプレゼンテーション.pptx

ここで学ぶのは
- Teamsでのビデオ会議の開催
- スライド画面の共有
- ビデオ会議の終了

昨今のリモートワークの普及により、ビデオ会議で**オンラインのプレゼンテーション**を聞いたり発表したりする機会が増えてきました。PowerPointでオンラインのプレゼンテーションを行う方法として、Windows 11に標準インストールされているMicrosoft Teamsを使用する方法を紹介します。

1 ビデオ会議のスケジュールを設定する

Microsoft Teams

Microsoft Teams（以降「Teams」と表記）とは、Windows 11に標準インストールされているビデオ会議アプリケーションです。インターネットを介して、相手の映像を見ながら会話することができます。画面共有機能も搭載されており、資料を見ながら打ち合わせを行うこともできます。Windows 10では標準インストールされていませんが、Microsoftのページからダウンロードしてインストールすれば、使用することができます。

Teamsアプリがなくても参加できる

Teamsを使用したビデオ会議には、Webブラウザーを使用して参加することもできます。Teamsアプリを使用する場合と同様に、カメラとマイクをセットアップして、映像と音声で会話することができます。

1 Teamsを起動します。

2 [Meet]をクリックして、　　**3** [会議の予約]をクリックします。

4 会議の日時やタイトル、参加者のメールアドレス、メッセージを入力して、

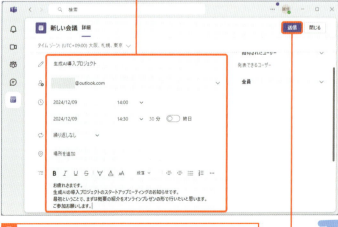

5 [送信]をクリックすると、招待メールが送信されます。

Hint Microsoftアカウントがなくても参加できる

Microsoftアカウントを持っていなくても、Microsoftアカウントを持つユーザーから招待されるとTeamsを使用した会議に参加できます。スケジュールを設定して会議を開催するには、Microsoftアカウントが必要です。

招待された人にはこのようなメールが届きます。

6 日時になったらリンクをクリックして会議に参加します。

2 プレゼンテーションを始める準備をする

 Memo [チャット]機能

Teamsには、ビデオ会議機能に加えて「チャット」機能が備わっています。チャット機能では、テキストや絵文字などをやり取りして意見を交換したり、情報共有したりできます。チャット機能は、Teamsのメイン画面で「チャット」をクリックすると表示される画面から利用できます。

プレゼンテーションで使用するPowerPointのファイルを開いておきましょう。

1 Teamsを起動して、

2 [Calendar]をクリックし、

3 作成した会議をクリックします。

4 ポップアップが表示されたら、[参加]をクリックします。

Memo　機材の確認をしよう

ビデオ会議を開始する前にカメラやマイクをパソコンに接続し、正常に動作するかを確認しておきましょう。

Memo　プレゼンテーション直前の準備

会議を主催しプレゼンテーションを行う場合は、プレゼンテーションをすぐに開始できるようにあらかじめ準備をしておくことをおすすめします。会議を開始してからファイルを開いてプレゼンテーションを実行しようとすると、意外と手間がかかります。また、本番になってファイルが開かないといったトラブルが発生すると、会議の進行にも支障が出ます。参加者が会議に参加するよりも前に、一通りの準備を済ませておきましょう。

Hint　PowerPoint Liveを使用したプレゼンテーション

Microsoft 365のサブスクリプション契約を行っている場合、[ウィンドウ]の選択画面からPowerPoint Liveという機能を使用することができます（PowerPoint 2024からも使用できます）。この機能を使用してプレゼンテーションを行うと、参加者がプレゼンを聴きながら自分の見たいスライドに移動できるなど、より効果的に伝わるプレゼンテーションを行うことができます。

5 ビデオ会議の画面が表示されたら[今すぐ参加]をクリックして、

6 [コンテンツを共有]をクリックして

7 [ウィンドウ]をクリックします。

8 開いていたPowerPointファイルをクリックすると、

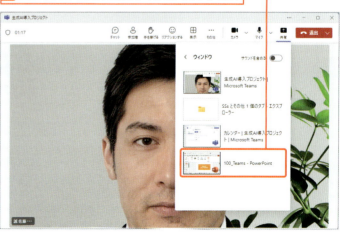

解説 Teamsのウィンドウは小さく最上面に表示される

ウィンドウを共有すると、右上段の画像のようにTeamsのウィンドウが小さく表示されます。この表示のことを「コンパクトビュー」と呼び、常に最上面に表示され続けますが、参加者の画面には表示されません。

解説 共有コントロールバーを利用する

ウィンドウを共有すると、画面上部に「共有コントロールバー」が表示されます。共有コントロールバーには、カメラやマイクのオンオフを切り替えるボタンや、参加者を追加招待するためのボタンが表示されます。また、スライドショーの経過時間も表示されます。共有コントロールバーは操作していないと自動的に最小化され、その状態でバーをクリックすると元の表示に戻ります。なお、共有コントロールバーも他の参加者の画面には表示されません。

共有コントロールバー

最小化された共有コントロールバー

Memo 発表者ツールは他の参加者には見えない

ウィンドウ共有時にスライドショーで発表者ツールを使用すると、参加者に共有されるのはスライド画面だけとなります。他の参加者には発表者ツールの画面は見えないので、次のスライドや用意しておいたノートなどを確認しながら発表することができます。

⑨ PowerPointのウィンドウが共有され、ウィンドウの枠が赤くなります。

⑩ [スライドショー] タブをクリックし、

⑪ [最初から] をクリックします。

⑫ スライドショーの画面上で右クリックして、

⑬ [発表者ツールを表示] をクリックすると、

⑭ 発表者ツール画面が表示されます。

この状態で、参加者が参加するのを待ちしましょう。

3 プレゼンテーションを実行する

　ロビーでの待機

参加者が会議に参加する前に、待機する仮想的な場所をロビーといいます。会議の主催者はロビーで待機しているユーザーを確認し、この会議に参加してよいかを判断します。なお、会議の設定あるいは参加者の参加方法によっては、右の手順のように主催者が許可しなくても、すぐに会議に参加できます。

　画面共有を停止する

画面共有を停止するには、共有コントロールバーの[共有を停止]（最小化している場合は[共有停止]）をクリックするか、コンパクトビューの[共有を停止]をクリックします。

共有コントロールバー

1 [共有を停止]をクリック

コンパクトビュー

1 [共有を停止]をクリック

1 開始時間が近くなると、参加者が招待メールのリンクをクリックして会議に参加します。

2 参加者の名前を確認し、[参加許可]をクリックします。

3 時間になったら、プレゼンテーションを開始します。

ペンツールで描いた線やレーザーポインターなども、参加者の画面に表示されます。

4 ビデオ会議を終了する

　[退出]と[会議を終了]

[退出]をクリックすると、自分が会議から抜けた後も、残ったメンバーで会議を継続することができます。参加者全員の会議を終了する場合に[会議を終了]をクリックします。

1 [退出]ボタン右の∨をクリックして

2 [会議を終了]をクリックして会議を終了します。

第**10**章

使い方が広がる
その他の機能

　最後の章では、リボンやクイックアクセスツールバーをカスタマイズして、PowerPointをより使いやすくする方法を解説します。さらに、あらゆる場所・デバイスで、PowerPointをはじめとするOfficeアプリを利用できる無料のクラウドサービスや、同じくPowerPointをはじめとするOfficeアプリを操作できるAIアシスタントサービス・Copilotについても紹介します。

Section 101 ▶ よく使う機能を集めたタブ（リボン）を作る

Section 102 ▶ Microsoft アカウントでサインインする

Section 103 ▶ ネット上のファイル共有スペースを使う

Section 104 ▶ Copilot を使ってプレゼンテーションや画像を作る

Section 101 よく使う機能を集めたタブ（リボン）を作る

練習用ファイル：101_タブとボタン.pptx

ここで学ぶのは
- タブ（リボン）の作成
- ボタンの追加
- リボンのユーザー設定

PowerPointを操作していて、リボンのタブの切り替えがあまりにも多い場合、リボンの機能の分類が自分が行っている作業と合っていないのかもしれません。既存のタブをカスタマイズすることはできませんが、**新しいタブを作成してそこに必要なボタンを集める**ことができます。

1 オリジナルのリボンを作成する

オリジナルのリボンの作成

右の手順に従って操作すると、自分がよく使う機能を呼び出すためのボタンやコマンドをまとめたオリジナルのリボンを作成できます。オリジナルのリボンは通常のリボンと同様に、タブをクリックして切り替えられ、PowerPointでの作業中、常に画面上部に表示されるようになります。

右クリックメニューからオプションを表示する

右の手順の他、いずれかのタブを右クリックすると表示されるメニューから、[リボンのユーザー設定]をクリックしても、次ページ最上段の画面を表示できます。

[オプション]の表示位置

環境によっては、[オプション]が[その他]の中ではなく、左のメニュー項目として表示される場合もあります。

1 [ファイル]タブをクリックすると、

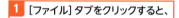

2 Backstageビューが表示されるので、[その他]→[オプション]をクリックします。

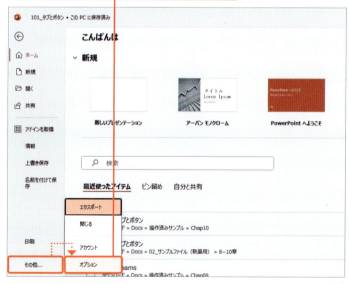

Memo グループも自動作成される

リボンを新規作成すると、同時にリボン内にグループも自動的に作成されます。グループは右図で[新しいグループ]をクリックして追加できるので、リボン内のボタンやコマンドを分類する際に利用しましょう。

Hint リボンを並べ替える

右図の[メインタブ]での並び順は、そのままタブの並び順となります。この並び順を変えるには、変えたいリボンを[メインタブ]の中から選択して、画面右端にある ▲ あるいは ▼ をクリックします。

Memo リボンを削除する

[メインタブ]の一覧でオリジナルのリボンを選択して、画面中央の[削除]をクリックすると、そのリボンは削除されます。このとき、リボン内のグループやボタン、コマンドも同時に削除されます。なお、[ホーム]や[挿入]などの既定のリボンを削除することはできません。また、チェックボックスのチェックを外すと、一時的に非表示にすることができます。

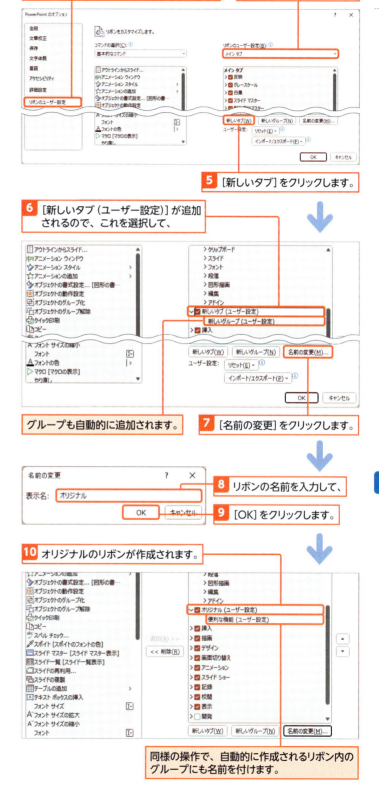

3 [リボンのユーザー設定]をクリックして、
4 [メインタブ]を選択し、
5 [新しいタブ]をクリックします。
6 [新しいタブ(ユーザー設定)]が追加されるので、これを選択して、
グループも自動的に追加されます。
7 [名前の変更]をクリックします。
8 リボンの名前を入力して、
9 [OK]をクリックします。
10 オリジナルのリボンが作成されます。
同様の操作で、自動的に作成されるリボン内のグループにも名前を付けます。

2 オリジナルのリボンにボタンを追加する

Hint 既存のリボンにないコマンドを表示する

右図で[コマンドの選択]のリストをクリックすると表示されるメニューから、[リボンにないコマンド]を選択すると、既存のリボンにはないボタンやコマンドが、その下の一覧に表示されます。

Memo リボンからコマンドやボタンを削除する

オリジナルのリボンに追加したコマンドやボタンを削除するには、右図の[メインタブ]の一覧で削除するコマンド、ボタンを選択して、画面中央の[削除]をクリックします。一時的に非表示にしたい場合は、チェックボックスのチェックを外します。

Hint 既定のリボンもカスタマイズできる

オリジナルのリボンの場合と同様の操作で、[ホーム]や[挿入]などの既定のリボンやコンテキストリボンにも、ボタンやコマンドを追加することができます。また、タッチ操作非対応のパソコンで[描画]が非表示になっている場合は、チェックボックスにチェックすることで表示できます。

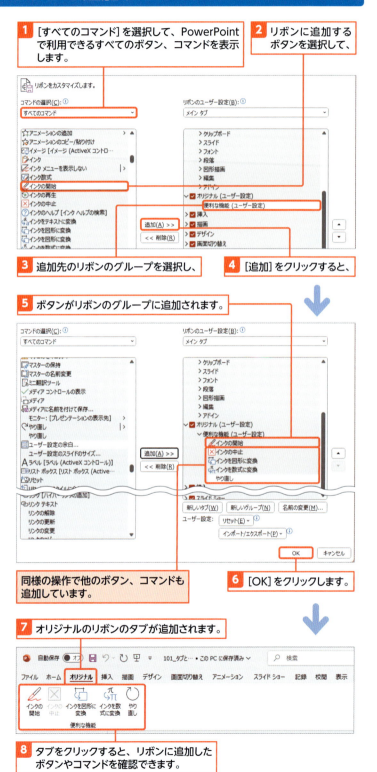

1 [すべてのコマンド]を選択して、PowerPointで利用できるすべてのボタン、コマンドを表示します。

2 リボンに追加するボタンを選択して、

3 追加先のリボンのグループを選択し、

4 [追加]をクリックすると、

5 ボタンがリボンのグループに追加されます。

同様の操作で他のボタン、コマンドも追加しています。

6 [OK]をクリックします。

7 オリジナルのリボンのタブが追加されます。

8 タブをクリックすると、リボンに追加したボタンやコマンドを確認できます。

クイックアクセスツールバーを使いやすくする

「クイックアクセスツールバー」を利用すると、PowerPointでの作業中によく利用する機能を常に表示することができます。これにより、リボンを切り替える手間もなく、ボタンをクリックするだけで機能を実行できて便利です。初期設定では、［上書き保存］や［先頭から開始］といった最低限のボタンしかありませんが、メニューから選択するだけでボタンを追加できるので、よく使う機能を呼び出すボタンを追加しておくといいでしょう。メニューに目的のボタンがない場合は、［PowerPointのオプション］の画面からボタンを探して追加することもできます。

メニューからボタンを追加する

1 ［クイックアクセスツールバーのユーザー設定］をクリックして、

3 その機能を呼び出すボタンが追加されます。

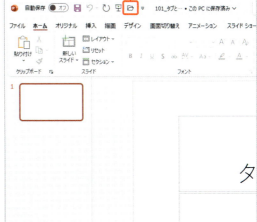

2 メニューから目的の機能をクリックすると、

メニューにないボタンを追加する

1 ［クイックアクセスツールバーのユーザー設定］をクリックして、

3 ［PowerPointのオプション］の［クイックアクセスツールバー］が表示されます。

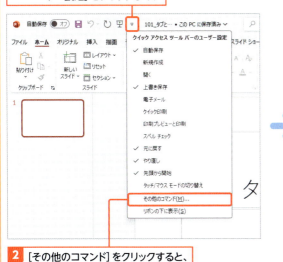
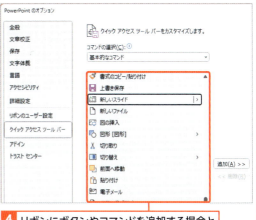

2 ［その他のコマンド］をクリックすると、

4 リボンにボタンやコマンドを追加する場合と同様の操作で、左の一覧からクイックアクセスツールバーにボタンを追加できます。

Section 102 Microsoftアカウントでサインインする

ここで学ぶのは
- Microsoft アカウント
- OneDrive
- サインイン

インターネット上のデータ保存領域である **OneDrive** は、**Microsoftアカウント** を持っている人であれば無料で利用できます。OneDriveをPowerPointで作成したプレゼンテーションの保存先として利用するには、Backstageビューからメールアドレスとパスワードを入力して、Microsoftアカウントで**サインイン**します。

1 OneDriveとは

OneDriveは、インターネット上に用意されたユーザー専用の保存領域のことで、パソコンの内蔵ドライブと同様に、PowerPointで作成したプレゼンテーションをはじめとするさまざまなデータを保存できます。OneDriveを利用することで、パソコンの内蔵ドライブの容量を節約できるだけでなく、スマートフォンやタブレットなどのインターネット接続可能なデバイスからもファイルを開くことができるため、時間や場所を問わずに作業できるというメリットがあります。なおOneDriveは、Microsoftアカウントを持っていれば無料アカウントでも約5GBの容量が利用できます。

● OneDrive の利点

利点	説明
パソコンの内蔵ドライブの節約	ファイルをOneDriveに保存することで、パソコンの内蔵ドライブの空き容量を節約できる
時間と場所を問わずに作業できる	インターネットに接続され、同じMicrosoftアカウントでサインインしていれば、パソコン、スマートフォン、タブレットなどのデバイスで、OneDriveに保存したファイルを開いて編集することができる
他の人とファイルを共有できる	他のユーザーとOneDriveに保存したファイルを共有し、文書を共同編集できる
アプリがなくても編集できる	OneDriveにはWebブラウザーからアクセスすることもでき、対応するファイルをWebブラウザー上で動作するWebアプリ（Officeオンライン）で開き、編集できる

2 OneDriveの利用を開始する

Key word　サインイン

Microsoftアカウントなどの情報を入力して、サービスを利用できるようにすることを、「サインイン」と呼びます。

Key word　Microsoft アカウント

Microsoftアカウントは、Microsoft社が提供するOneDriveをはじめとする各種サービスを利用するためのユーザーの識別情報で、任意のメールアドレスとパスワードを登録することで、誰でも無料で作成できます。MicrosoftアカウントはWindows 11のユーザーであれば最初に作成することを促されるため、この際に作成してサインインしていれば、改めてサインインの操作は必要ありません。

Memo　アカウントの作成

Microsoftアカウントは、右の上から3番目の画面のリンクから作成できる他、公式サイト（https://account.microsoft.com/）から作成することもできます。

Hint　アカウント情報の確認

すでにMicrosoftアカウントを使ってサインイン済みであれば、Backstageビューの［アカウント］の画面で、ユーザーの氏名やメールアドレスを確認できます。ここで［サインアウト］をクリックすると、サービスの利用を停止（サインアウト）することができます。

---

1 ［ファイル］タブをクリックし、Backstageビューに切り替えます（31ページ参照）。

2 ［その他］→［アカウント］をクリックし、

3 ［サインイン］をクリックします。

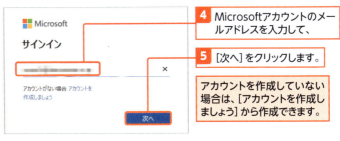

4 Microsoftアカウントのメールアドレスを入力して、

5 ［次へ］をクリックします。

アカウントを作成していない場合は、［アカウントを作成しましょう］から作成できます。

6 Microsoftアカウントのパスワードを入力して、

7 ［サインイン］をクリックします。

Section 103 ネット上のファイル共有スペースを使う

練習用ファイル： 📁 103_ファイル保存.pptx

作成したプレゼンテーションは、アプリから直接 **OneDrive に保存** できます。OneDrive にサインインしておくと、パソコン内の文書ファイルなどを OneDrive に保存することが可能になり、OneDrive を通してさまざまなデバイスで作業の続きをしたり、他の人と **共同編集** したりできるようになります。

ここで学ぶのは
- ファイルの保存（OneDrive）
- ファイルの移動（OneDrive）
- ファイルを開く（OneDrive）

1 OneDrive にプレゼンテーションを保存する

 解説　OneDriveへ保存する

OneDrive へのプレゼンテーションの保存は、パソコンの内蔵ドライブに保存する場合と同様に、Backstage ビューから行い、右の手順のように操作します。

 Memo　エクスプローラーでOneDriveを表示する

次ページの最上段図では、エクスプローラーで OneDrive の中身を表示しています。OneDrive にサインイン（313ページ参照）すると、エクスプローラーのクイックアクセスに［(ユーザー名)-個人用］が追加されるので、これをクリックすると OneDrive 内を表示できます。

1 ［ファイル］タブをクリックし、Backstageビューに切り替えます（31ページ参照）。

2 ［名前を付けて保存］をクリックして、

3 ［OneDrive］をクリックし、　**4** 表示されるフォルダーをクリックします。

5 OneDrive内の保存先を選択して、

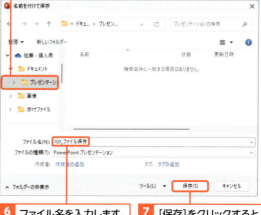

6 ファイル名を入力します。　**7** ［保存］をクリックすると、

Hint OneDrive 内にフォルダーを作成する

OneDrive内には、任意のフォルダーを作成できます。フォルダーを作成するには、前ページ下の画面で［新しいフォルダー］をクリックして作成します。また、エクスプローラーでOneDriveを表示すれば、パソコンの内蔵ドライブの場合と同様の操作でフォルダーを作成できます。

8 OneDrive内のフォルダーにファイルが保存されます。

2 パソコン内のファイルを OneDrive に移動する

Memo ファイルの同期

OneDriveにサインインすると、OneDrive内のデータがパソコンのOneDriveフォルダ内に表示されるようになります。状態が「オンライン時に使用可能」となっているファイルは、オンライン時に開く際に、パソコン内にダウンロードされ、状態が「このデバイスで使用可能」になります。この状態ではオフラインでも編集でき、再度オンライン状態になるとOneDriveに上書きされ、データは同じ状態になります。こうした動作のことを「同期」と呼びます。ファイルの状態については、317ページのMemoを参照してください。

1 エクスプローラーで、パソコン内のファイルをクリックして、

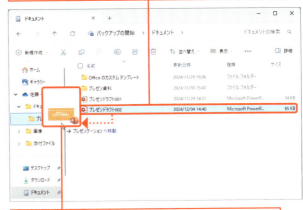

2 そのままクイックアクセスの［(ユーザー名)-個人用］内のフォルダーにドラッグします。

3 マウスのボタンから指を離すと（ドロップ）、

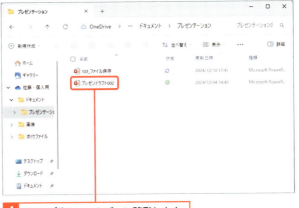

4 ドロップ先のフォルダーに移動します。

Memo 自動保存

OneDriveに保存すると［自動保存］がオンになり、作業内容の保存が自動的に行われるようになります。自動的に保存したくない場合は、クリックしてオフにすることもできます。

3 アプリからOneDriveのファイルを開く

解説　OneDriveのファイルを開く

OneDrive内のファイルをPowerPointで開く場合も、パソコンの内蔵ドライブに保存されたものと同様に、Backstageビューから右の手順のように操作します。なお、OneDriveにファイルを保存する、保存したファイルをアプリから開く操作は、WordやExcelなどの他のOfficeアプリで共通です。

Hint　WebブラウザーでOneDriveを表示する

OneDriveの中身は、Microsoft EdgeなどのWebブラウザーでも表示でき、フォルダーを作成したり、フォルダーにファイルを移動したりできます。WebブラウザーでOneDriveを表示するには、公式ページ（https://onedrive.live.com/）にアクセスして、自分のMicrosoftアカウントを入力してサインインします。

1 Backstageビューを表示します。

2 [開く]をクリックして、

3 [OneDrive]をクリックし、

4 ファイルが保存されたフォルダーをクリックします。

5 フォルダーの中身が表示されるので、目的のファイルをクリックすると、

6 プレゼンテーションのファイルが開きます。

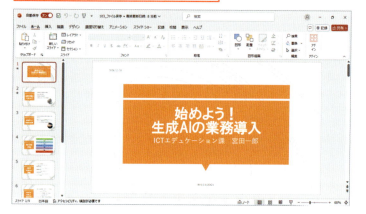

4 エクスプローラーから OneDrive のファイルを開く

Memo 同期の状態を確認する

エクスプローラーでは、OneDriveへのデータの同期状況がアイコンで表示されます。それぞれのアイコンが意味する内容は、下表の通りです。

アイコン	状態
✅(緑)	常にパソコンに保存するように設定されたファイル
👤	他の人と共有しているファイル
🔄	同期中のファイル
☁	インターネット上にしかないファイル。操作するときにダウンロードされる
✅	パソコン内に保存されているファイル

1 エクスプローラーのウィンドウを表示します。

2 [(ユーザー名)-個人用]をクリックして、

3 OneDrive内のフォルダーを開き、

4 保存されているファイルをダブルクリックすると、

5 PowerPointが起動して、プレゼンテーションのファイルが開きます。

使えるプロ技! スマートフォンやタブレットでスライドを作成できる

PowerPointをはじめとするOfficeアプリは、スマートフォンやタブレット向けにも用意されています。パソコンと同じMicrosoftアカウントでアプリにサインインすれば、OneDriveのデータも共有できるため、パソコンで作った文書などを外出先で編集したり、閲覧したりできます。また、OneDriveアプリも提供されているので、スマートフォンからOneDrive内のデータを操作できます。なお、各Officeアプリはアプリストアから無料でダウンロードできますが、文書の編集をする場合はMicrosoftアカウント(無料で登録できる)でサインインする必要があります。

● Microsoft PowerPoint

スライドの作成と編集、閲覧が可能で、iOS / iPadOS / Androidの各OSに対応します。

● Microsoft OneDrive

OneDriveへのファイルのアップロード、ダウンロードをはじめとする、ファイルやフォルダーの管理が可能なアプリです。iOS / iPadOS / Androidの各OSに対応します。

5 プレゼンテーションの共同編集に招待する

解説　ファイルの共同編集

OneDriveに保存されたプレゼンテーションは、右の手順のように操作し、相手に招待メールを送信することで、その相手と共有できるようになります。共有されたプレゼンテーションは、招待メールを送信したユーザー、招待メールを受け取ったユーザーのどちらからでも編集でき、それぞれが加えた変更がすべて反映されます。そのため複数人で分担しながら1つのプレゼンテーションを作成するような場合に便利です。

Hint　共有範囲を変更する

ファイルの共同編集機能の初期設定では、共有リンクをクリックしたすべての人に、ファイルに変更を加える権限が与えられます。この権限を変更することで、プレゼンテーションファイルの表示と閲覧が可能のまま、編集のみ不可にできます。権限を変更するには、まず右の手順❸を実施後に、同じ画面の「リンクを知っていれば誰でも編集できます」をクリックし、以下の画面を表示させます。次に[編集可能]をクリックすると①表示されるリストから[表示可能]をクリックして②[適用]をクリックしてから③、右の手順❹以降のように操作します。

1 OneDriveに保存されているファイルを開き、**2** [共有]をクリックし、

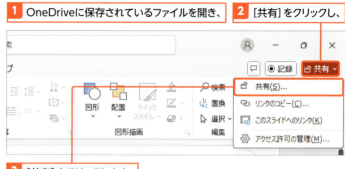

3 [共有]をクリックします。

4 共同編集する相手のMicrosoftアカウント（メールアドレス）を入力して、

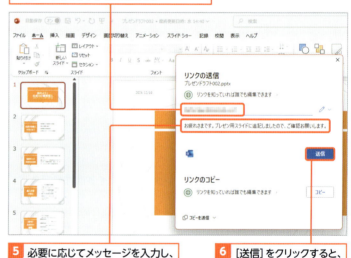

5 必要に応じてメッセージを入力し、　**6** [送信]をクリックすると、

7 指定したアドレスに共有リンクが送信されます。

6 共同編集に参加する

PowerPointがなくても編集できる

共有されたプレゼンテーションは、Webブラウザー上で利用できるPowerPointオンラインで編集できるため、相手がPowerPointを持っていなくても共同編集が可能です。PowerPointオンラインでプレゼンテーションを編集するには、右の画面で[編集]→[編集]をクリックします。

編集にはMicrosoftアカウントが必要

共有されたプレゼンテーションを編集するためには、右の画面に表示される[サインイン]をクリックし、Microsoftアカウントでサインインする必要があります。

招待された相手が共有リンクのメールを受け取り、メール本文の[開く]をクリックすると、Webブラウザーが起動して、プレゼンテーションが表示されます。

1 [編集]をクリックして、

2 [編集]をクリックすると、Webブラウザー上でプレゼンテーションを編集できます。

7 他のユーザーが変更した箇所を確認する

リアルタイムで相手の編集箇所がわかる

同じファイルを複数人で同時に編集している場合、スライドと編集箇所それぞれの右上に編集している人のアイコンが表示されるため、他のユーザーの編集箇所をリアルタイムに確認できます。また、自分がファイルを閉じている間に他のユーザーが変更行った場合、右の解説のように変更箇所が表示されます。

1 他のユーザーが編集していたファイルを開くと、

2 変更のあったスライドにマークが付きます。

3 変更があったスライドを選択して、

4 左下のマークにカーソルを当てると、

5 スライド内の変更があった箇所が強調して表示されます。

Section 104 Copilotを使ってプレゼンテーションや画像を作る

練習用ファイル：104_Copilot.pptx

ここで学ぶのは
- Copilot
- プレゼンテーションの作成
- 画像の作成

Copilotは、Officeアプリを操作できるAIアシスタントサービスです。Copilotを使用すれば、自分の手を動かさなくても、指示（プロンプト）を送信することで、プレゼンテーションの作成や編集などが可能です。ただし、使用には条件があるため、プランや使用できる機能などを理解する必要があります。

1 Copilot とは

Copilotは、プロンプトを送信してOfficeアプリを操作できる生成AIサービスです。PowerPointに対しても使用が可能ですが、本書執筆時点（2025年2月）では使える機能が限られており、自由記述のプロンプトではエラーが出やすくなっています。そのため、用意されているプロンプトに追加で入力して送信するのがコツです。用意されているプロンプトは、次の手順で確認します。

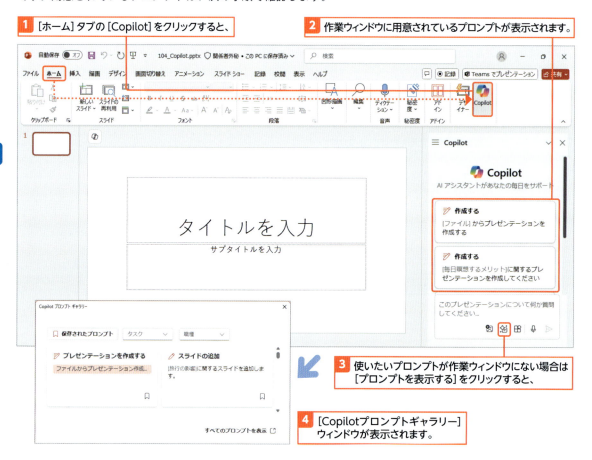

2 個人向けのCopilotの利用を開始する

解説　Copilotのプラン

PowerPoint 2024ではCopilotが使えません。PowerPointでCopilotを使いたいときの選択肢には、Microsoft Copilot Pro・法人向けのMicrosoft 365・個人向けのMicrosoft 365があります。

右の手順ではMicrosoft Copilot Proを公式サイト（https://www.microsoft.com/ja-jp/store/b/copilotpro）から契約する方法を紹介しています。この契約ではWebブラウザーのPowerPointで手軽にCopilotが使えます。デスクトップのPowerPointでCopilotを使いたい場合は、法人向けか個人向けのMicrosoft 365を使いましょう。法人向けは個人で必要な登録はありません。個人向けにはCopilotが使えないプランもあるので、契約時に注意が必要です。

本書では法人向けのMicrosoft 365を使う方法を紹介しています。

1 Webブラウザーで公式サイトを開いて、

2 [無料試用版をお試しください] をクリックすると、

3 Microsoft Copilot Proの契約画面が表示されるため、手順に沿って入力し、契約します。

3 Wordファイルを元にプレゼンテーションを作成する

Hint　Wordファイルのスタイルの設定

Wordではファイルに統一感を持たせるために「表題」や「見出し」といったスタイルが設定できます。スタイルが設定されていないWordファイルでもプレゼンテーションは作成できますが、内容に合ったスタイルを設定したWordファイルを使うことで、見出しの内容がスライドのタイトルに反映されるなど、適切なスライドが作成されやすくなります。

1 元になるWordファイルを準備します。

2 WebブラウザーでOneDriveを開きます。

3 [新規追加] をクリックして、

4 [ファイルのアップロード] をクリックします。

Copilot が参照できる場所

法人向けのプランであるMicrosoft 365では、ローカルのフォルダに保存されているプレゼンテーションに対してCopilotを使用できます。ただし、Copilotを使ってWordファイルを元にプレゼンテーションを作る場合は、元になるWordファイルをOneDriveかMicrosoft 365 SharePointに保存する必要があります。これは、Copilotが参照できる場所がその二つに限定されているためです。

Web ブラウザーのOneDrive

右の手順では元になるWordファイルをWebブラウザーのOneDriveに保存しましたが、エクスプローラーのOneDriveに移動しても、Copilotで使用できます（315ページ参照）。

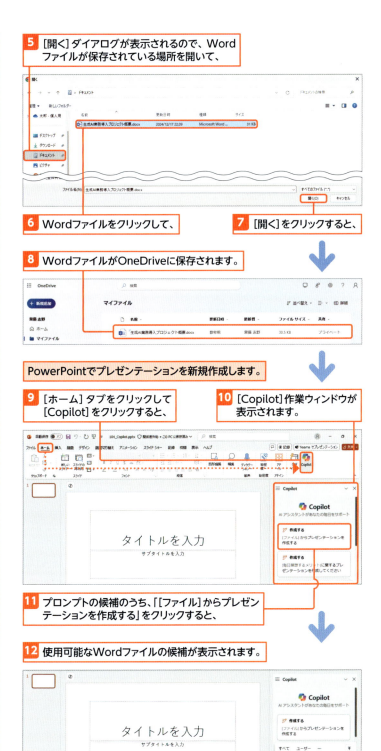

注意　Copilotが生成したコンテンツ

Copilotでプレゼンテーションを作成すると、デザインの設定以外に画像の挿入やノートの生成も行われます。ただし、Wordファイルにない情報や画像に関しては正しくない可能性があるため、注意が必要です。

Hint　テーマを元に作成する

Copilotを使ってプレゼンテーションを作る方法は、元となるWordファイルを準備する方法以外に、プロンプトにテーマを入力する方法があります。[Copilot]作業ウィンドウに表示されるプロンプトの候補のうち、「[毎日瞑想するメリット]に関するプレゼンテーションを作成してください」というプロンプトをクリックし、テーマ部分を書き換えて[送信]をクリックします。そうするとWordファイルを準備する方法と同様に作成できます。ただし、スライドの詳細な内容は指定できないので、プレゼンテーションの下書きの作成として使える機能です。

14 [送信]をクリックすると、

15 プレゼンテーションが生成されます。

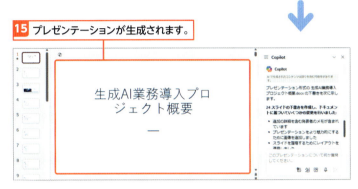

元になったWordファイル

Wordファイルを元に生成されたプレゼンテーション

4 画像を作成して挿入する

Microsoft Designer

Copilotは、生成AIで画像やデザインを生成するMicrosoft Designerというサービスを使って画像を生成します。画像は、作成時にプロンプトに入力したテーマと違っていたり、誤っていたりする可能性があるので、よく確認してください。

ストック画像を挿入する

Copilotでスライドに画像を挿入する方法は、Microsoft Designerを使う方法以外に、ストック画像を使う方法があります。[Copilot]作業ウィンドウの[プロンプトを表示する]をクリックして表示される[Copilotプロンプトギャラリー]ウィンドウのうち、[タスク]→[編集する]をクリックします。表示されたプロンプトの中の「[説明]のストック画像を提案する」というプロンプトをクリックすると、右と同じ手順で画像を挿入できます。

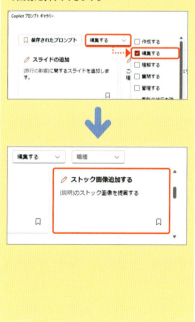

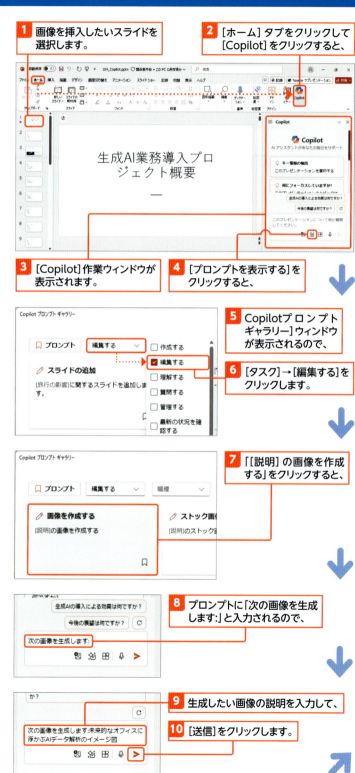

1. 画像を挿入したいスライドを選択します。
2. [ホーム]タブをクリックして[Copilot]をクリックすると、
3. [Copilot]作業ウィンドウが表示されます。
4. [プロンプトを表示する]をクリックすると、
5. Copilotプロンプトギャラリー]ウィンドウが表示されるので、
6. [タスク]→[編集する]をクリックします。
7. 「[説明]の画像を作成する」をクリックすると、
8. プロンプトに「次の画像を生成します:」と入力されるので、
9. 生成したい画像の説明を入力して、
10. [送信]をクリックします。

Memo スライドデザインを修正する

Copilotで画像を挿入すると、画像でスライドの文字が隠れたり、デザインが崩れたりする場合があります。画像のハンドルからサイズや配置を変える方法もありますが、Copilotが画像生成時に使用しているMicrosoft Designerを使うと、元のスライドの内容と画像を組み合わせたデザインアイデアが生成されます。デザインアイデアを確認したいときは、[ホーム]タブの[デザイナー]をクリックして[Designer]作業ウィンドウを表示させましょう。

Hint 画像作成のプロンプト

右の手順では短いテーマから画像を作成しましたが、長く説明的なテーマをプロンプトに入力することで、よりイメージに近い画像を作成することができます。

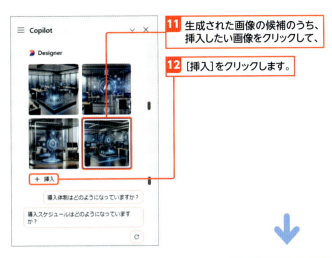

11 生成された画像の候補のうち、挿入したい画像をクリックして、

12 [挿入]をクリックします。

13 スライドに選択した画像が挿入されます。

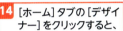
14 [ホーム]タブの[デザイナー]をクリックすると、

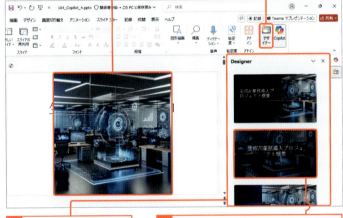

15 [Designer]作業ウィンドウが表示されます。

16 表示されたデザインアイデアのうち、使用したいデザインをクリックすると、

17 スライドに反映されます。

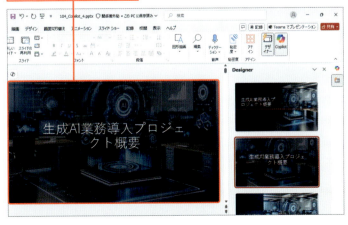

便利なショートカットキー

PowerPoint使用時に知っておくと便利なショートカットキーを用途別にまとめました。例えば、ファイルを新規作成する場合に使用するCtrl＋Nとは、Ctrlキーを押しながらNキーを同時に押すことです。

ファイルの操作

キー	操作
Ctrl ＋ N	プレゼンテーションを新規作成
Ctrl ＋ O	Backstageビューの［開く］を表示
Ctrl ＋ F12	［ファイルを開く］ダイアログを表示
Ctrl ＋ S	上書き保存
F12	［名前を付けて保存］ダイアログを表示
Ctrl ＋ W	ウィンドウを閉じる
Ctrl ＋ Q	アプリの終了
Ctrl ＋ P	Backstageビューの［印刷］を表示

編集機能

キー	操作
Ctrl ＋ X	選択したものを切り取る
Ctrl ＋ C	選択したものをコピー
Ctrl ＋ V	コピー／切り取りしたものを貼り付ける
Ctrl ＋ Shift ＋ C	書式のみをコピー
Ctrl ＋ Shift ＋ V	書式のみを貼り付け
Ctrl ＋ Alt ＋ V	［形式を選択して貼り付け］ダイアログを開く
Ctrl ＋ Z	直前の操作を元に戻す
Ctrl ＋ Y、F4	直前の操作を繰り返す

ウィンドウの操作

キー	操作
Ctrl ＋ マウスホイールを奥に回す	拡大表示
Ctrl ＋ マウスホイールを手前に回す	縮小表示
⊞ ＋ ↑	ウィンドウを最大化
⊞ ＋ ↓	ウィンドウの大きさを元に戻す
⊞ ＋ ↓	ウィンドウを最小化

スライドの操作

キー	操作
Ctrl ＋ M	新しいスライドを追加
PageDown	次のスライドに移動
PageUp	前のスライドに戻る

文字の書式

キー	操作
Ctrl ＋ B	太字を設定／解除
Ctrl ＋ U	下線を設定／解除
Ctrl ＋ I	斜体を設定／解除
Ctrl ＋ Shift ＋ +	上付き文字を設定／解除
Ctrl ＋ T	［フォント］ダイアログを開く
Ctrl ＋ K	［ハイパーリンクの挿入］ダイアログを開く
Ctrl ＋ E	段落を中央揃えにする
Ctrl ＋ J	段落を両端揃えにする
Ctrl ＋ L	段落を左揃えにする
Ctrl ＋ R	段落を右揃えにする
Shift ＋ F3	大文字と小文字を切り替え
Tab	箇条書きのレベルを下げる
Shift ＋ Tab	箇条書きのレベルを上げる

オブジェクトの操作

キー	操作
Ctrl ＋ Shift ＋ [	オブジェクトを1つ背面に移動
Ctrl ＋ Shift ＋]	オブジェクトを1つ前面に移動
Ctrl ＋ G	選択したオブジェクトをグループ化
Ctrl ＋ Shift ＋ G	選択したグループをグループ解除
Ctrl ＋ Shift ＋ C	選択したオブジェクトの属性をコピー
Ctrl ＋ Shift ＋ V	選択したオブジェクトに属性を貼り付け

アウトライン表示	
Alt + Shift + ←	段落のレベルを上げる
Alt + Shift + →	段落のレベルを下げる
Alt + Shift + ↑	選択した段落を上に移動する
Alt + Shift + ↓	選択した段落を下に移動する

その他の便利なショートカットキー	
Ctrl + F	[検索]ダイアログボックスを表示
Ctrl + H	[置換]ダイアログボックスを表示
Shift + F4	最後の[検索]操作を繰り返す
Shift + F9	グリッドの表示／非表示を切り替え
Alt + F9	ガイドの表示／非表示を切り替え

スライド上のビデオの再生	
Alt + Q	再生を停止
Alt + P	再生または一時停止
Alt + ↑	音量を上げる
Alt + ↓	音量を下げる
Alt + U	ミュートを設定／解除
Alt + Shift + PageDown	3秒早送りする
Alt + Shift + PageUp	3秒巻き戻す
Alt + Shift + →	0.25秒コマ送りしてから一時停止
Alt + Shift + ←	0.25秒コマ戻ししてから一時停止

スライドショーの実行	
F5	スライドショーを最初から開始
Shift + F5	スライドショーを現在のスライドから開始
Alt + F5	発表者ツールでスライドショーを開始
→、↓、N	次のアニメーションを実行する。または、次のスライドに進む
←、↑、P	前のアニメーションを実行する。または、前のスライドに戻る
B、.	黒い画面を表示する。または、黒い画面からスライドショーに戻る
W、.	白い画面を表示する。または、白い画面からスライドショーに戻る
S	自動実行プレゼンテーションを停止または再開する
Esc	スライドショーを終了
Ctrl + S	[すべてのスライド]ダイアログを表示する。
Home	最初のスライドを表示
End	最後のスライドに移動
Ctrl + T	Windowsのタスクバーを表示
Tab	現在のスライドの次のハイパーリンクに移動
Shift + Tab	現在のスライドの前のハイパーリンクに移動

スライドショー中にポインターと注釈を使用	
Ctrl + L	レーザーポインターを開始
Ctrl + P	ポインターをペンに変更
Ctrl + A	矢印ポインターに変更
Ctrl + E	ポインターを消しゴムに変更
Ctrl + H	ポインターと移動ボタンを非表示
Ctrl + M	インクのマークアップの表示／非表示を切り替え
E	スライドへの書き込みを削除

PowerPoint 用語集

PowerPointを使用する際によく使われる用語を紹介していきます。すべてを覚える必要はありません。必要なときに確認してみてください。

アルファベット

Backstageビュー
［ファイル］タブをクリックすると表示される画面です。ファイルの操作や印刷などを行うことができます。

Copilot
Officeアプリで利用できるAIアシスタントサービスです。PowerPointのCopilotでは、指示（プロンプト）を送信することで、プレゼンテーションの作成や編集などを行えます。

Creative Commons
写真やイラストなどの著作物のライセンスの一種です。

Microsoft Search
ボタンの名前や場所を忘れてしまったときに、キーワードを入力すると機能を実行してくれる操作補助機能です。

Microsoftアカウント
OneDriveなどのMicrosoft社が提供する各種サービスを利用するために必要なアカウント（利用権）です。

Microsoft 365
月額もしくは年額制で利用できるサブスクリプションタイプのMicrosoft Officeです。機能が自動的に更新されるため、買い切りタイプのPowerPoint 2024にない機能を持つことがあります。

OneDrive
Microsoft社が提供するインターネット上のファイル共有サービスです。OneDriveにファイルを保存することにより、ファイルの共有が手軽に行えます。

PDF（Portable Document Format）
文書データをコンピュータ上で扱うためのファイル形式です。印刷状態を再現できるため、印刷物をインターネット上で共有する目的で使われます。

[PowerPointのオプション] ダイアログ
Backstageビューから表示する設定画面です。PowerPointの挙動を変えるさまざまな設定を行います。

SmartArt
流れ図や組織図を自動的に作成する機能です。箇条書きを元にリアルタイムで生成するため、作成／編集が容易です。

あ

アウトライン表示
各スライドのテキストを抜き出してアウトライン（骨組み）として表示するモードです。テキスト編集だけでスライド順の入れ替えなどが行えるため、プレゼンテーションの構成を練る際に役立ちます。

アスペクト比
画面の縦と横の比率のことです。よく使われるものに「4:3」と「16:9」があります。

アニメーション
絵を動かして見せることです。PowerPointではスライド上のオブジェクトを目立たせるために使われます。

印刷プレビュー
印刷する前に印刷状態を確認する画面です。Backstageビューの［印刷］に表示されます。

インデント
文章の行頭を字下げすることです。PowerPointの箇条書きでは、レベルを上げ下げする操作にもなります。

閲覧表示
画面上でプレゼンテーションを見るのに適した画面です。スライドショーが全画面ではなく、ウィンドウ内で再生されます。

オブジェクト
何らかの物体を指す用語ですが、PowerPointではスライド上に配置された図形などを指します。

か

カーソル
文字の入力位置を表す点滅する線です。プレースホルダーやテキストボックス内をクリックすると表示されます。

箇条書き
先頭に行頭記号や番号を付け、複数の項目をわかりやすく示す表現です。

拡張子
ファイルの種類を表す文字です。PowerPointのファイルの拡張子は「.pptx」か「.ppt」です。

行間
複数行にわたる文字列において、行と行の間隔のことです。

行頭記号
箇条書きの行頭に付ける記号です。

クイックアクセスツールバー
PowerPointの画面の左またはリボンの下に表示される小さなツールバーのことで、上書き保存など頻繁に利用する機能のボタンを配置します。

クリップボード
データのコピーや移動を行うために、一時的にデータを保存するWindowsの記憶領域です。PowerPoint上でコピー、切り取りした文字や図形はクリップボードに一時保存され、貼り付け操作でクリップボードから取り出されます。アプリケーション間のデータのやり取りにも使われます。

グループ化
複数の図形を一体化し、1つの図形のように扱えるようにする機能です。グループ化を解除して、元のバラバラの図形に戻すことができます。

蛍光ペン
書式設定の一種で、文字の背景に蛍光色を設定して目立たせます。

罫線
表のデータの区切りを示す線です。

コネクタ
複数の図形をつなぐように引かれる線のことです。コネクタを接続した後で図形を動かすと、追随して線が引きなおされます。

コマンド
PowerPointの機能を実行するためのボタンなどの部品のことで、リボン上に配置されているものを指します。

コメント
プレゼンテーションを第三者にチェックしてもらう際に、意見などを書き込んでもらうための機能です。［校閲］タブで設定できます。

コンテキストタブ
選択したオブジェクトの種類によって表示されるタブです。図形選択時に表示される［描画ツール］の［図形の書式］タブや、表選択時に表示される［表ツール］の［テーブルデザイン］タブ・［テーブルレイアウト］タブなどがあります。

コンテンツ
「内容」を表す用語で、PowerPointではスライド上に配置するテキストや画像、グラフ、表などを指します。

コンテンツプレースホルダー
表やグラフなどのコンテンツを配置するためのボタンが追加されたプレースホルダーのことです。

さ

作業ウィンドウ
PowerPointの画面右側に表示される、選択したオブジェクトの細かい設定を行うために使われるウィンドウです。［図形の書式設定］などの種類があります。

サマリーズーム
目次の役割をするスライドを挿入する機能です。スライドに配置されたスライドのサムネイルを「ズーム」と呼び、クリックすると各スライドにジャンプできます。

サムネイルウィンドウ
PowerPointの画面左側に表示される、スライドのサムネイルが表示されるウィンドウです。編集対象のスライドを切り替えるために使います。

スタート画面
PowerPointの起動時に表示される画面です。新規プレゼンテーションの作成や、過去に編集したプレゼンテーションを開くことができます。

ステータスバー
PowerPointの画面下部にあるバーのことで、スライドの番号などの情報が表示されます。

スライドショー
スライドを切り替えながら、プレゼンテーションを実演する機能です。プレゼンテーションの本番で利用します。

スライドペイン
PowerPointの画面中央にある編集対象のスライドが表示される領域です。

スライドマスター
スライドのレイアウトやデザインを決める特殊なスライドのことです。スライドマスターに対して行った書式設定はすべてのスライドに反映されるため、プレゼンテーション全体の書式をまとめて変更したいときに利用します。

[スライド一覧] 表示
画面全体にスライドのサムネイルを並べて表示する表示モードです。スライド順の変更などに適しています。

画面切り替え効果
スライドを切り替える際に行われるアニメーション効果で、トランジションとも呼びます。[画面切り替え] タブで設定します。

セクション
長いプレゼンテーションの内容を把握しやすくするために、途中に入れる区切りのことです。

セル
表を構成するマス目のことです。中に文字を入力することができます。

た

ダイアログ
ファイルの保存時などに表示される設定用の小さなウィンドウです。[名前を付けて保存] や [フォント] などの種類があります。

タイトルスライド
スライドのレイアウトの一種で、プレゼンテーションの先頭に表示し、スライドのタイトルや発表者名などを入力します。

段組み
長文を読みやすくするために、プレースホルダー内を複数の段に分ける書式設定です。

段落番号
箇条書きの行頭に表示する連番のことです。数字だけでなくアルファベットを使うこともできます。

データラベル
グラフが表す数値を見やすくするために、棒や折れ線などのマーカー上に表示するラベルです。

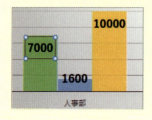

データ系列
グラフの元データのうち、1つのデータを表す数値の集まりを指します。英語ではシリーズ (Series) と呼びます。

テーマ
プレゼンテーションのデータを一括して変更するための機能です。スライドレイアウト、配色、フォントパターンなどを組み合わせたもので、個別に変更することもできます。

テキストボックス
文字を入力できる図形のことです。プレースホルダーもテキストボックスの一種で、違いはスライドに最初から存在するかどうかと、コンテンツを挿入するボタンの有無です。

テンプレート
プレゼンテーションを新規作成するために利用するひな型のことです。デザインに加えて、内容が入ったスライドが配置されていることもあります。

トランジション
画面切り替え効果のことです。

トリミング
画像の一部を切り取ったように表示する書式設定のことです。

な

ナレーション
スライドごとに音声を録音し、自動再生プレゼンテーションを作るための機能です。

ノート
スライドショーの実行時に参照するためのメモのことです。スライドごとに入力できます。

は

配色
テーマの設定の一部で、スライド上で利用する色をまとめて切り替えることができます。

配布資料マスター
印刷して使用する資料のデザインを設定する画面です。

発表者ツール
複数画面でスライドショーを実行する際に、発表者側の画面に表示されるツールです。視聴者に気づかせずに、次に表示されるスライドやノートなどを見ることができます。

[貼り付けのオプション] ボタン

クリップボードからテキストを貼り付けたあとに表示されるボタンで、書式も引き継ぐかなどを選択することができます。

ハンドル

図形の周りに表示される操作用のマークです。サイズ変更ハンドル、回転ハンドル、調整ハンドルの3種類があります。

凡例

グラフの部品の一種で、データ系列の名前を表示します。

フォントパターン

テーマの書式の一部で、フォントの組み合わせを設定できます。タイトル用、本文用、日本語用、欧文用に個別にフォントを指定できます。

フッター

スライドまたは配布資料の下部の領域を指し、ページ番号や日付などを表示できます。

ぶら下げインデント

段落に対する書式の一種で、複数行の文章の先頭行だけを左に突き出させます。箇条書きなどに使われます。

プレースホルダー

スライド上にあらかじめ配置されている枠のことです。テキストの他、写真やグラフ、表などのコンテンツを入れることができます。

プレゼンテーション

セミナーなどで視聴者に向けて行う発表のことです。PowerPointではファイルのことも指します。

ヘッダー

配布資料の上部の領域を指し、日付などを表示します。

ま

マウスホイール

マウスに付けられた回転する車輪状の部品です。スクロールやズームなどの操作をすばやく行うことができます。

マウスポインター

マウスが指し示す位置を表す矢印です。合わせる対象によって形が変化します。

ミニツールバー

テキストや表をマウスで選択したときに表示される小さなツールバーです。書式設定をすばやく行うことができます。

目的別スライドショー

目的に合わせて、スライドの組み合わせを切り替える設定です。

ら

リハーサル

スライドショーの準備のために、発表者がスライドショーを実行し、発表にかかる時間などを記録する機能です。

リボン

PowerPointの画面上部に表示される領域のことで、各操作を行うためのボタン（コマンド）が配置されています。タブをクリックして、表示するボタンを切り替えることができます。

リンク貼り付け

Excelなど別アプリケーションのデータを、元のファイルとのつながりを残したまま貼り付ける機能です。元ファイルを編集すると変更が反映されます。

ルーラー

スライドペインの上と左に表示される目盛りです。インデントの設定を微調整するために使われます。

レイアウト

スライドごとの設定の1つで、スライド上に配置されるプレースホルダーの種類や組み合わせを決めます。代表的なレイアウトに、「タイトルスライド」や「タイトルとコンテンツ」があります。

レイアウトマスター

スライドマスター表示で利用できる特殊なスライドで、スライドのレイアウトをカスタマイズするために使用します。

索 引

アルファベット

Backstage ビュー	31, 33, 34, 289
BMP	292
Copilot	320
Creative Commons	102
[Designer] 作業ウィンドウ	26, 325
Excel	148, 159, 176
GIF	292
JPEG	292
Microsoft アカウント	312
MPEG-4	300
Office テーマ	74
OneDrive	312, 314, 321
PDF	296
PNG	292
[PowerPoint のオプション] ダイアログ	42, 309
pptx	33
SmartArt	120
SVG	292
Teams	302
WMV	300
XPS	296

あ行

アート効果	113
アイコン	118, 180, 194
アウトライン表示	39, 56
明るさ	112
アクセシビリティチェック	276
アニメーション	234, 298
[アニメーションウィンドウ] 作業ウィンドウ	241, 245
アニメーションのオプション	238
アニメーションの解除	239
アニメーションの追加	236
[色の設定] ダイアログ	89, 147
色のトーン	113
インク	299
印刷プレビュー	268, 289
インデント	59, 96, 221

上揃え	95
上付き	93
埋め込み	149
英数字用フォント	81
エクスプローラー	317
閲覧表示	39
円	188
円グラフ	154, 168
円弧	212
円柱	232
欧文フォント	78
オブジェクトの選択と表示	228
折れ線	216
折れ線グラフ	154, 164
音楽の挿入	260
オンライン画像	101
オンラインテンプレート	36
オンラインビデオ	263

か行

回転ハンドル	105, 213
外部ディスプレイ	282
カギ線コネクタ	183
拡張子	33
影を付ける	115
重なり順	188
重なり抽出	231
箇条書き	58, 120, 220
[箇条書きと段落番号] ダイアログ	59
箇条書きの書式	84
箇条書きの入力	52
下線	90
画像化プレゼンテーション形式	294
[画像の圧縮] ダイアログ	109
画像の移動	105
画像の回転	105
画像の書き出し	292
画像のサイズ変更	104
画像の挿入	100, 324
型抜き／合成	231
株価	155
画面切り替え	254, 298
画面録画	264

［記号と特殊文字］ダイアログ	54, 61
軌跡	252
行間	84, 222
行頭記号	60
共同編集	318
行の選択	133
行の挿入／削除	134
行の高さの変更	138
切り出し	231
切り取り	55, 67
［記録中］ツールバー	272
均等配置	95
クイックアクセスツールバー	28, 311
グラデーション	195
グラフエリア	152
グラフスタイル	160
グラフタイトル	152, 162
グラフのアニメーション	248
グラフの作成	156
グラフの種類の変更	158
グラフ要素	162
グラフを修正	159
繰り返し操作	196
グループ化	208
グループ化の解除	209
蛍光ペン	91
罫線	144
継続時間	242
系列別	249
検索	62
効果	77
効果音	244
降下線	174
項目別	249
コネクタ	182, 193
コピー	55, 148
コマンド	30, 310
コメント	276
コンテキストタブ	83
コンテンツプレースホルダー	156
コントラスト	112

さ行

サイズ変更ハンドル	187, 213, 219
再生順	240
最大化	47
彩度	113
サインイン	313
作業ウィンドウ	28
サマリーズーム	290
サムネイルウィンドウ	28, 66
散布図	155, 170
四角形	186
軸ラベル	152
字下げ	56, 59
字下げインデント	97
字下げの幅	96
下揃え	95
下付き	93
実線／点線	191
自動保存	29, 315
縞模様	143
シャープネス	112
斜体	90
集計行	143
上下中央揃え	95
書式のコピー／貼り付け	198
書式のリセット	86
ズームスライダー	28, 38
図形の結合	230
図形のコピー	185
図形のサイズ	187
［図形の書式設定］作業ウィンドウ	207
図形の名前	229
図形の塗りつぶし	190
図形の非表示	229
図形の変更	227
図形の枠線	125, 191
スタート画面	26, 44
スタートメニュー	27
ステータスバー	28, 281
図の効果	115
図の枠線	114
すべての書式をクリア	91
スポイト	89, 125

スマートガイド	184
スライド	45
スライド一覧表示	39, 70
スライドイン	236
スライドショー	39, 243, 251, 282
スライドショーの記録	258
スライドズーム	291
スライドのコピー	69
スライドのサイズ	46
スライドの削除	69
スライドのタイトル	52
スライドの追加	50
スライドの背景画像	102
スライドの非表示	274
スライドの複製	68
スライドのレイアウト	51
スライドペイン	28
スライドマスター	82
正円	189
正方形	186
セクション	70, 290
セル	131
セルの結合	136
セルの選択	133
セルの分割	136
セルの余白	141
［選択］作業ウィンドウ	228
線の先端	215
前面へ移動	188
操作アシスト	40
組織図	126

た行

第2軸	175
ダイアログ起動ツール	31
タイトル行	143
タイトルスライド	45
タイトルとコンテンツ	45
タイトルバー	28
タイミング	273, 299
タスクバー	27
縦書き	141
縦書きテキストボックス	200

縦棒グラフ	153, 156
タブ	28, 98
段組み	54, 222
単純型抜き	231
段落	94
［段落］ダイアログ	85, 96
遅延	242
中央揃え	94, 140
調整ハンドル	203, 213, 219
頂点の編集	224
直方体	232
積み上げ面グラフ	154
ツリーマップ	155
データ系列	152
データマーカー	152, 169
データラベル	152, 161, 169
テーマ	74
テキストウィンドウ	122
テキストのみ保持	149
テキストボックス	53, 200
テキストボックスの自動調整	207
テキストボックスの余白	207
テンプレート	36
透過性	223
動画の書き出し	298
動画の挿入	262
透明度	103
［ドキュメントの検査］ダイアログ	269
取り消し線	90
トリミング	106, 181

な行

名前を付けて保存	32
波カッコ	218
ナレーション	258, 299
塗りつぶしなし	190
塗りつぶしの色	223
ノート	28, 268

は行

背景色	77, 287
背景の削除	116
［背景の書式設定］作業ウィンドウ	77, 103

配色	76
ハイパーリンク	93
配布資料マスター	286
背面へ移動	188
発表者ツール	284
バブル	155
バリエーション	75
貼り付け	55, 67, 149
[貼り付けのオプション] ボタン	55
パレート図	172
半透明	223
凡例	152, 162
左揃え	95, 140
日付軸	167
ビットマップ	293
ビデオ	258
[描画] タブ	91
表示モード	39
表全体を選択	139
表の作成	130
表のスタイル	142
ピン留め	27
ファイル共有スペース	314
フェード	246
フォントサイズ	86
[フォント] ダイアログ	92
フォントの検索	87
フォントパターン	78
吹き出し	202
複合グラフ	172
複数の図形を選択	192, 210
複数のテキストを選択	89
フッター	64, 288
太字	90
ぶら下げインデント	97
フリーフォーム	216
プレースホルダー	28, 45, 48, 85, 101
プレゼンテーション	45
プレゼンテーションの作成	26, 36, 44
プレゼンテーションの保存	32
プレゼンテーションを開く	34
プロジェクター	282
ブロック矢印	232

プロットエリア	152
ベクター	293
ヘッダー	65, 288
[ヘルプ] 作業ウィンドウ	41

ま行

丸点線	215
右揃え	95, 140
ミニツールバー	88, 132
目盛線	152, 163
面取り効果	145
目的別スライドショー	275
文字種の変換	92
文字揃え	140, 206
文字の影	90
文字の間隔	92
文字列の方向	141
元の書式を保持	149

や行

矢印	214
ユーザー設定パス	252
[ユーザー補助アシスタント] 作業ウィンドウ	280
横棒グラフ	154
余白の調整	206, 223

ら行

リハーサル	272
リボン	28, 30
リボンのカスタマイズ	308
リボンの並べ替え	309
両端揃え	95
リンク貼り付け	150
ルーラー	98
レイアウトの変更	51
レイアウトマスター	82
レーザーポインター	285, 299
列の選択	133
列の挿入／削除	134
列幅の変更	138
レベル	59, 120
連番	58

注意事項

- 本書に掲載されている情報は、2025年2月28日現在のものです。本書の発行後にPowerPointの機能や操作方法、画面が変更された場合は、本書の手順どおりに操作できなくなる可能性があります。
- 本書に掲載されている画面や手順は一例であり、すべての環境で同様に動作することを保証するものではありません。読者がお使いのパソコン環境、周辺機器、スマートフォンなどによって、紙面とは異なる画面、異なる手順となる場合があります。
- 読者固有の環境についてのお問い合わせ、本書の発行後に変更されたアプリ、インターネットのサービス等についてのお問い合わせにはお答えできない場合があります。あらかじめご了承ください。
- 本書に掲載されている手順以外についてのご質問は受け付けておりません。
- 本書の内容に関するお問い合わせに際して、編集部への電話によるお問い合わせはご遠慮ください。

本書サポートページ https://isbn2.sbcr.jp/30201/

著者紹介

リブロワークス

「ニッポンのITを本で支える！」をコンセプトに、IT書籍の企画、編集、デザインを手がける集団。デジタルを活用して人と企業が飛躍的に成長するための「学び」を提供する（株）ディジタルグロースアカデミアの1ユニット。SE出身のスタッフが多い。最近の著書は『Excel シゴトのドリル 本格スキルが自然と身に付く』（技術評論社）、『Copilot for Microsoft 365ビジネス活用入門ガイド』（SBクリエイティブ）、『よくわかる Microsoft Excel マクロ／VBA 超実践トレーニングOffice 2021／2019／2016／Microsoft 365対応』（FOM出版）など。
https://www.libroworks.co.jp

カバーデザイン　西垂水 敦（krran）

PowerPoint 2024 やさしい教科書
[Office 2024 ／ Microsoft 365対応]

2025年4月5日　初版第1刷発行

著　者	リブロワークス
発行者	出井 貴完
発行所	SBクリエイティブ株式会社 〒105-0001 東京都港区虎ノ門2-2-1 https://www.sbcr.jp/
印　刷	株式会社シナノ

落丁本、乱丁本は小社営業部にてお取り替えいたします。
定価はカバーに記載されております。
Printed in Japan　ISBN978-4-8156-3020-1